普通高等教育“十四五”规划教材

工业机器人离线编程与仿真

主 编 田 炜 宋 辉 李忠良
副主编 秦丽媛 蔡 爽

北 京
冶 金 工 业 出 版 社
2024

内 容 提 要

本书以 FANUC 工业机器人为研究对象，系统地介绍了工业机器人离线编程与仿真的基本知识。全书共分 3 篇 9 章，主要内容包括：基础篇，初识离线编程仿真软件；仿真篇，创建仿真机器人工作站、离线示教编程与程序修正、基础搬运的离线仿真、分拣搬运的离线仿真；编程篇，轨迹绘制的编程、球面工件打磨的编程、基础焊接工作站操作编程、带外部轴焊接工作站操作编程。

本书可作为高等院校机器人工程专业以及装备制造类、自动化类等相关专业的教材，也可供有关工程技术人员和研究人员参考。

图书在版编目(CIP)数据

工业机器人离线编程与仿真/田炜，宋辉，李忠良主编．—北京：冶金工业出版社，2024. 1

普通高等教育“十四五”规划教材

ISBN 978-7-5024-9758-3

Ⅰ. ①工…　Ⅱ. ①田…　②宋…　③李…　Ⅲ. ①工业机器人—程序设计—高等学校—教材　②工业机器人—计算机仿真—高等学校—教材　Ⅳ. ①TP242. 2

中国国家版本馆 CIP 数据核字(2024)第 043677 号

工业机器人离线编程与仿真

出版发行　冶金工业出版社　**电　话**　(010)64027926

地　址　北京市东城区嵩祝院北巷 39 号　**邮　编**　100009

网　址　www. mip1953. com　**电子信箱**　service@ mip1953. com

责任编辑　俞跃春　杜婷婷　美术编辑　吕欣童　版式设计　郑小利

责任校对　葛新霞　责任印制　禹　蕊

三河市双峰印刷装订有限公司印刷

2024 年 1 月第 1 版，2024 年 1 月第 1 次印刷

787mm×1092mm　1/16；13. 5 印张；329 千字；208 页

定价 49. 00 元

投稿电话　(010)64027932　投稿信箱　tougao@cnmip. com. cn

营销中心电话　(010)64044283

冶金工业出版社天猫旗舰店　yjgycbs. tmall. com

(本书如有印装质量问题，本社营销中心负责退换)

前　　言

目前，我国智能制造产业进入了一个快速发展时期，我国正从制造大国走向“智”造强国。大规模机器人的出现正催生大量新岗位，包括机器人操作和维修、调试、编程、销售与服务、研发等岗位。为了满足智能制造相关行业人才需求，国内各大本科、职业院校都相继开设了工业机器人技术专业。

机器人是先进制造业的重要支撑装备，也是未来智能制造业的关键切入点，工业机器人作为机器人家族中的重要一员，是目前技术成熟、应用广泛的一类机器人。工业机器人的研发和产业化应用是衡量科技创新和高端制造发展水平的重要标志之一。目前，工业机器人自动化生产线被大量使用在汽车、电子电器、工程机械等行业，工业机器人的使用在保证产品质量的同时，改善了工作环境，提高了生产效率，有力推动了社会生产力发展。

当前，大多生产方式向柔性、智能、精细化转变，因此，大力发展工业机器人产业，对于打造我国制造业新优势，推动工业转型升级，加快制造强国建设，具有深远意义。

本书选用 FANUC 工业机器人的 ROBOGUIDE 离线编程与仿真软件，以典型工作站为突破口，系统介绍了工业机器人离线编程与仿真的相关知识，并将知识点和技能点融入典型工作站的实施中，以满足工学结合、教学一体化的教学需求。

本书由呼伦贝尔学院田炜、宋辉，北京华晟经世信息技术股份有限公司李忠良担任主编，呼伦贝尔学院秦丽媛、蔡爽担任副主编，全书由田炜负责统稿，具体编写分工如下：第一章、第六章、第八章由田炜编写；第二章、第九章由宋辉编写；第五章由李忠良编写；第三章由秦丽媛编写；第四章、第七章由蔡爽编写。

本书在编写过程中，参考了有关文献资料，在此，对文献资料作者表示感谢。

由于编者水平所限，书中不妥之处，敬请广大读者批评指正。

编 者

2023年9月

目　　录

基　础　篇

仿　真　篇

编 程 篇

基础篇

第一章　初识离线编程仿真软件

【学习目标】

（1）了解工业机器人离线编程与仿真技术。

（2）了解常用离线编程软件。

（3）能够安装 ROBOGUIDE 仿真软件。

（4）掌握 ROBOGUIDE 仿真模块的功能。

【知识储备】

（1）离线编程与仿真技术的认知。工业机器人离线编程是使用软件在计算机中构建整个工作场景的三维虚拟环境，根据要加工零件的大小、形状，同时配合一些操作，自动生成机器人的运动轨迹，即控制指令，然后在软件中仿真与调整轨迹，最后生成机器人程序传输给机器人。

在离线程序生成的整个周期中，人们通过利用离线编程软件的模拟仿真技术，在软件提供的仿真环境中运行程序，并将程序的运行结果可视化。离线编程与仿真技术为工业机器人的应用建立了以下的优势。

1）减少机器人的停机时间，当对下一个任务进行编程时，机器人仍可在生产线上进行工作。

2）通过仿真功能预知要产生的问题，从而将问题消灭在萌芽阶段，保证了人员和财产的安全。

3）适用范围广，可对各种机器人进行编程，并能方便地实现优化编程。

4）可使用高级计算机编程语言对复杂任务进行编程。

5）便于及时修改和优化机器人程序。

机器人离线编程的诸多优势已经引起了人们极大的兴趣，并成为当今机器人学中一个十分活跃的研究方向。应用离线编程技术是提高工业机器人作业水平的必然趋势之一。

目前市场中，离线编程与仿真软件的品牌有很多，但是其基本流程大致相同，如图1-1所示。首先，应在离线编程软件的三维界面中，用模型搭建一个与真实环境相对应的仿真场景；然后，软件通过对模型信息的计算来进行轨迹、工艺规划设计，并转化成仿真程序，让机器人进行实时的模拟仿真；最后，通过程序的后续处理和优化过程，向外输出机器人的运动控制程序。

（2）主流的工业机器人离线编程与仿真软件。

1）RobotMaster。RobotMaster 源自加拿大，几乎支持市场上绝大多数机器人品牌（KUKA、ABB、FANUC、MOTOMAN、史陶比尔、珂玛、三菱、DENSO、松下等），是目前国外顶尖的离线编程软件。

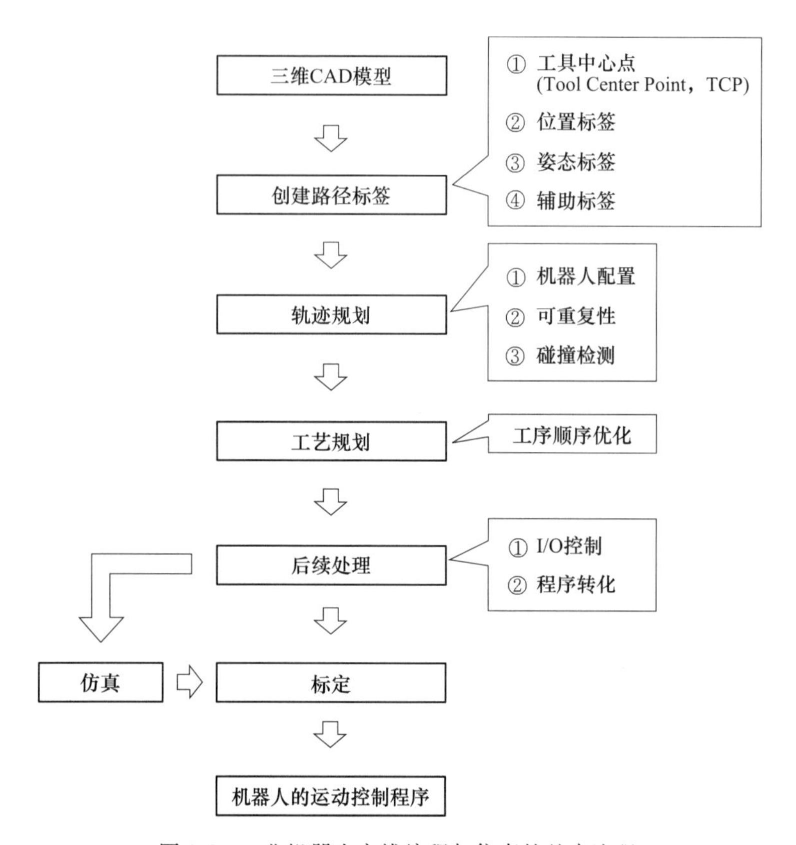

图 1-1 工业机器人离线编程与仿真的基本流程

功能：RobotMaster 在 MasterCAM 中无缝集成了机器人编程、仿真和代码生成功能，提高了机器人的编程速度。

优点：RobotMaster 可以依靠产品数学模型生成程序，适用于切割、铣削、焊接、喷涂作业等；独特的优化功能使得运动学规划和碰撞检测十分精确；支持外部轴（直线导轨系统、旋转变位系统）和复合外部轴组合系统。

缺点：RobotMaster 暂时不支持多台机器人同时模拟仿真，即只能模拟一个工作站。

2）RobotWorks。RobotWorks 是来自以色列的工业机器人离线编程仿真软件，与 RobotMaster 类似，是基于 SolidWorks 做的二次开发。使用时，需要先购买 SolidWorks。

功能如下。

① 全面的数据接口，RobotWorks 是基于 SolidWorks 平台开发，SolidWorks 可以通过 IGES、DXF、DWG、PrarSolid、Step、VDA、SAT 等标准接口进行数据转换。

② 强大的编程能力，从输入 CAD 数据到输出工业机器人加工代码只需四步。

第一步，从 SolidWorks 直接创建或直接导入其他三维 CAD 数据，选取定义好的工业机器人工具与要加工的工件组合成装配体。所有装配夹具和工具客户均可以用 SolidWorks 自行创建调用。

第二步，RobotWorks 选取工具，然后直接选取曲面的边缘或者样条曲线进行加工产生数据点。

第三步，调用所需的工业机器人数据库，开始做碰撞检查和仿真，在每个数据点均可以自动修正，包含工具角度控制，引线设置，增加减少加工点，调整切割次序，在每个点增加工艺参数。

第四步，RobotWorks 自动产生各种工业机器人代码，包含笛卡尔坐标数据，关节坐标数据、工具与坐标系数据、加工工艺等，按照工艺要求保存不同的代码。

③ 强大的工业机器人数据库，系统支持市场上主流的大多数的工业机器人，提供各大工业机器人各个型号的三维数模。

④ 完美的仿真模拟，独特的工业机器人加工仿真系统可对工业机器人手臂，工具与工件之间的运动进行自动碰撞检查，轴超限检查，自动删除不合格路径并调整，还可以自动优化路径，减少空跑时间。

⑤ 开放的工艺库定义，系统提供了完全开放的加工工艺指令文件库，用户可以按照自己的实际需求自行定义添加设置自己的独特工艺，添加的任何指令都能输出到工业机器人加工数据里面。

优点：RobotWorks 拥有多种生成轨迹的方式，支持多种机器人和外部轴应用。

缺点：由于 SolidWorks 本身不带 CAM 功能，所以 RobotWorks 的编程过程比较烦琐，机器人运动学规划策略的智能化程度低。

3）ROBCAD。ROBCAD 是西门子旗下的软件，其体积庞大，价格也是同类软件中比较高的。该软件的重点在生产线仿真，且支持离线点焊、多台机器人仿真、非机器人运动机构仿真及精确的节拍仿真，主要应用于产品生命周期中的概念设计和结构设计两个前期阶段。

功能如下。

① Workcell and Modeling，对白车身生产线进行设计、管理和信息控制。

② Spotand OLP，完成点焊工艺设计和离线编程。

③ Human，实现人因工程分析。

④ Application 中的 Paint、Arc、Laser 等模块，实现生产制造中喷涂、弧焊、激光加工、绲边等工艺的仿真验证及离线程序输出。

⑤ ROBCAD 的 Paint 模块，喷漆的设计、优化和离线编程，具体包括：喷漆路线的自动生成、多种颜色喷漆厚度的仿真、喷漆过程的优化。

优点：与主流的 CAD 软件（如 NX、CATIA、IDEAS）无缝集成；实现工具工装、机器人和操作者的三维可视化；制造单元、测试以及编程的仿真。

缺点：价格昂贵，离线功能弱，UNIX 移植过来的接口，人机接口不友好。

4）DELMIA。DELMIA 是法国达索公司旗下的 CAM 软件，它包含面向制造过程设计的 DPE、面向物流过程分析的 QUEST、面向装配过程分析的 DPM、面向人机分析的 HUMAN、面向机器人仿真的 ROBOTICS、面向虚拟数控加工仿真的 VNC 6 大模块。其中，ROBOTICS 解决方案涵盖汽车领域的发动机、总装和白车身（Body-in-White），航空领域的机身装配、维修、维护，以及一般制造业的制造工艺。

功能：DELMIA 中的 ROBOTICS 模块利用其强大的 PPR 集成中枢可快速地进行机器人工作单元的建立、仿真与验证，提供了一个完整的、可伸缩的、柔性的解决方案。

优点：用户能够轻松地从含 400 种以上的机器人资源目录中下载机器人和其他的工具资源；利用工厂的布置来规划工程师所要完成的工作；加入工作单元中工艺所需的资源，

进一步细化布局。

缺点：DELMIA 属于专家型软件，操作难度太高，适合于机器人学领域的研究生及以上人员使用，不适宜初学者学习。

5）RobotStudio。RobotStudio 是 ABB 工业机器人的配套软件，也是机器人制造商配套软件中做得较好的一款。

功能：RobotStudio 支持机器人的整个生命周期，使用图形化编程、编辑和调试机器人系统来创建机器人的运行程序，并模拟优化现有的机器人程序。

优点如下。

① CAD 导入方便：可方便地导入各种主流 CAD 格式的数据，包括 IGES、STEP、VRML、VDAFS、ACIS 及 CATIA 等。

② Auto Path 功能：该功能能通过使用待加工零件的 CAD 模型，在数分钟之内便可自动生成跟踪加工曲线所需的机器人位置（轨迹）信息。

③ 程序编辑器：可生成机器人程序，使用户能够在 Windows 环境中离线开发或维护机器人程序，可显著缩短编程时间、改进程序结构。

④ 路径优化：可以对 TCP 的速度、加速度、奇异点或轴线等进行优化，缩短编程周期时间。

⑤ 可达性分析：用户通过 Autoreach 可自动进行可达性分析，能任意移动机器人或工件，直到所有位置均可到达，然后在数分钟之内便可完成工作单元的平面布置验证和优化。

⑥ 虚拟示教台：是实际示教台的图形显示，其核心技术是 VirtualRobot。从本质上讲，所有可以在实际示教台上进行的工作都可以在虚拟示教台（QuickTeach）上完成，因而是一种非常出色的教学和培训工具。

⑦ 事件表：一种用于验证程序的结构与逻辑的理想工具。程序执行期间，可通过该工具直接观察工作单元的 I/O 状态。可将 I/O 连接到仿真事件，实现工位内工业机器人及所有设备的仿真。该功能是一种十分理想的调试工具。

⑧ 碰撞检测：碰撞检测功能可避免设备碰撞造成的严重损失。选定检测对象后，RobotStudio 可自动监测并显示程序执行时这些对象是否会发生碰撞。

⑨ VBA 功能：可采用 VBA 改进和扩充 RobotStudio 功能，并根据用户的具体需要开发功能强大的外接插件、宏或定制用户界面。

⑩ 直接上传和下载：整个工业机器人程序无须任何转换便可直接下载到实际工业机器人系统，该功能得益于 ABB 独有的 VirtualRobot 技术。

缺点：对其他品牌的机器人兼容性差，只适用于 ABB 品牌的工业机器人。

6）RobotArt。RobotArt 是目前国内品牌离线编程软件中最顶尖的软件。

软件根据几何数模的拓扑信息生成工业机器人运动轨迹，之后轨迹仿真、路径优化、后置代码一气呵成，同时集碰撞检测、场景渲染、动画输出于一体，可快速生成效果逼真的模拟动画。广泛应用于打磨、去毛刺、焊接、激光切割、数控加工等领域。

RobotArt 教育版针对教学实际情况，增加了模拟示教器、自由装配等功能，帮助初学者在虚拟环境中快速认识工业机器人，快速学会工业机器人示教器基本操作，大大缩短学习周期，降低学习成本。

优点：

① 支持多种格式的三维 CAD 模型，可导入扩展名为 step、igs、stl、x_t、prt(UG)、prt(ProE)、CATPart、sldpart 等格式；

② 支持多种品牌工业机器人离线编程操作，如 ABB、KUKA、Fanuc、Yaskawa、Staubli、KEBA 系列、新时达、广数等；

③ 拥有大量航空航天高端应用经验；

④ 自动识别与搜索 CAD 模型的点、线、面信息生成轨迹；

⑤ 轨迹与 CAD 模型特征关联，模型移动或变形，轨迹自动变化；

⑥ 一键优化轨迹与几何级别的碰撞检测；

⑦ 支持多种工艺包，如切割、焊接、喷涂、去毛刺、数控加工；

⑧ 支持将整个工作站仿真动画发布到网页、手机端。

缺点：软件不支持整个生产线仿真（不够万能），对小品牌工业机器人也不支持，不过作为工业机器人离线编程，还是相当给力的，功能一点也不输给国外软件。

7）Robomove。Robomove 来自意大利，同样支持市面上大多数品牌的工业机器人。

功能：工业机器人加工轨迹由外部 CAM 导入。

优点：与其他软件不同的是，Robomove 走的是私人定制路线，根据实际项目进行定制；软件操作自由，功能完善，支持多台工业机器人仿真。

缺点：需要操作者对工业机器人有较为深厚的理解，策略智能化程度与 Robotmaster 有较大差距。

第一节 ROBOGUIDE 的认知

ROBOGUIDE 是与 FANUC 工业机器人配套的一款软件，由日本 FANUC 公司提供，该软件支持机器人系统布局设计和动作模拟仿真，可进行机器人干涉性、可达性的分析和系统的节拍估算，还能够自动生成机器人的离线程序、优化机器人的程序以及进行机器人故障的诊断等。

一、ROBOGUIDE 仿真模块简介

ROBOGUIDE 是一款核心应用软件，其常用的仿真模块有 ChamferingPRO、HandlingPRO、WeldPRO、PalletPRO 和 PaintPRO 等。其中，ChamferingPRO 模块用于去毛刺、倒角等工件加工的仿真应用；HandlingPRO 模块用于机床上下料、冲压、装配、注塑机等物料的搬运仿真；WeldPRO 模块用于焊接、激光切割等工艺的仿真；PalletPRO 模块用于各种码垛的仿真；PaintPRO 模块用于喷涂的仿真。不同的模块决定了其实现的功能不同，相应加载的应用软件工具包也会不同，见表 1-1。

除了常用的模块之外，ROBOGUIDE 中其他功能模块可使用户方便快捷地创建并优化机器人程序，见表 1-2。例如，4D Edit 模块可以将 3D 机器人模型导入到真实的 TP 中，再将 3D 模型和 1D 内部信息结合形成 4D 图像显示；MotionPRO 模块可以对 TP 程序进行优化，包括对节拍和路径的优化（节拍优化要求在电机可接受的负荷范围内进行，路径优化需要设定一个允许偏离的距离，从而使机器人的运动路径在设定的偏离范围内接近示教

点）；iR PickPRO 模块可以通过简单设置创建 Workcell 自动生成布局，并以 3D 视图的形式显示单台或多台机器人抓放工件的过程，自动生成高速视觉拾取程序，进而进行高速视觉跟踪仿真。

表 1-1　ROBOGUIDE 软件的仿真模块与应用软件包

<table>
<tr><th>序号</th><th>常用仿真模块</th><th>可加载的应用软件工具包</th></tr>
<tr><td>1</td><td>ChamferingPRO（倒角、去毛刺模块）</td><td rowspan="2">Arc Tool（弧焊工具包）
Handling Tool（搬运工具包）
LR Handling Tool（MATE 控制器搬运工具包）
LR Tool（MATE 控制器弧焊工具包）
MATE Spot Tool +（MATE 控制器点焊工具包）
Spot Tool +（点焊工具包）</td></tr>
<tr><td>2</td><td>HandlingPRO（物料搬运模块）</td></tr>
<tr><td>3</td><td>WeldPRO（弧焊模块）</td><td>Arc Tool（弧焊工具包）
Handling Tool（搬运工具包）
LR Arc Tool（MATE 控制器弧焊工具包）
MATE Spot Tool+（MATE 控制器点焊工具包）</td></tr>
<tr><td>4</td><td>PalletPRO（码垛模块）</td><td>Handling Tool（搬运工具包）
MATE Spot Tool+（MATE 控制器点焊工具包）</td></tr>
<tr><td>5</td><td>PaintPRO（喷涂模块）</td><td>Paint Tool（N. A.）（喷涂工具包）
MATE Spot Tool+（MATE 控制器点焊工具包）</td></tr>
</table>

表 1-2　ROBOGUIDE 软件的其他功能模块

序号	其他功能模块	说　　明
1	4D Edit（4D 编辑模块）	创建图形文件，可导入 R-30iB 真实机器人的 4D 图形示教器中
2	OlpcPRO（入门模块）	进行 TP 程序、KAREL 程序相关的编辑
3	MotionPRO（运动优化模块）	分析机器人的运动数据，可根据需求优化 TP 程序
4	DiagnosticsPRO（诊断模块）	可对机器人进行运动报警或者伺服报警诊断，还可以进行预防性诊断
5	iR PickPRO（iR 拾取模块）	可生成高速视觉拾取程序以及进行高速视觉跟踪仿真
6	PalletPROTP（码垛 TP 程序版模块）	可生成码垛程序以及进行码垛仿真

另外，ROBOGUIDE 还提供了一些功能插件来拓展软件的功能，如图 1-2 所示。例如，当在 ROBOGUIDE 中安装 Line Tracking（直线跟踪）插件后，机器人可以自动补偿工件随导轨流动而产生的位移，将绝对运动的工件当作相对静止的物体，以便对时刻运动的流水线上的工件进行相应的操作；安装 Coordinated Motion（协调运动）插件后，机器人本体轴与外部附加轴做协调运动，从而使机器人处于合适的焊接姿态来提高焊接质量；安装 Spray Simulation（喷涂模拟）插件后，可以根据实际情况建立喷枪模型，然后在 ROBOGUIDE 软件中模拟喷涂效果，查看膜厚的分布情况；安装能源消耗评估插件后，可以在给定的节拍内优化程序，使能源消耗降到最低，也可在给定的能源消耗内优化程序，使节拍最短；安装寿命评估插件后，可以在给定的节拍内优化程序，使减速机寿命最长，

也可在给定的寿命内优化程序，使节拍最短。

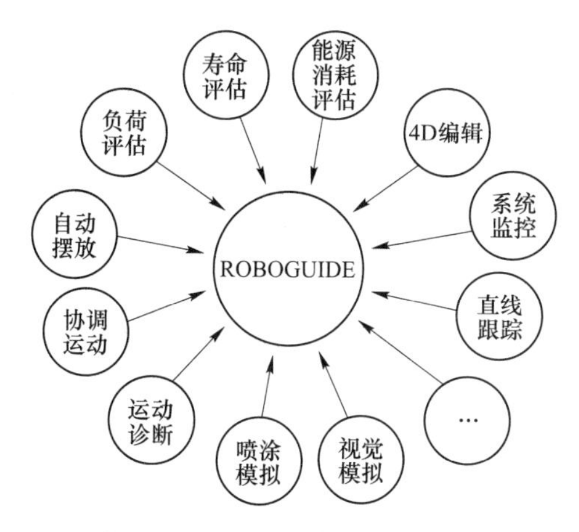

图 1-2　ROBOGUIDE 软件拓展功能

二、ROBOGUIDE 离线编程与仿真的实施

在 ROBOGUIDE 软件中进行工业机器人的离线编程与仿真，主要可分为以下几个步骤。

（一）创建工程文件

根据真实机器人创建相应的仿真机器人工程文件。创建过程中需要选择从事作业的仿真模块、控制柜及控制系统版本、软件工具包、机器人型号等。工程文件会以三维模型的形式显示在软件的视图窗口中，在初始状态下只提供三维空间内的机器人模型和机器人的控制系统。

（二）构建虚拟工作环境

根据现场设备的真实布局，在工程文件的三维世界中，通过绘制或导入模型来搭建虚拟的工作场景，从而模拟真实的工作环境。例如，要模拟焊接的工作场景，就需要搭建焊接机器人、焊接设备及其他焊接辅助设备组成的三维模型环境。

（三）模型的仿真设置

由三维绘图软件绘制的模型除了在形状上有所不同外，其他并无本质上的差别。而 ROBOGUIDE 软件建立的工程文件要求这些模型充当不同的角色，如工件、机械设备等。编程人员要对相应的模型进行设置，赋予它们不同的属性以达到仿真的目的。当机器人工程文件能够仿真某些任务时，也可称为机器人仿真工作站。

（四）控制系统的设置

仿真工作站的场景搭建完成以后，需要按照真实的机器人配置对虚拟机器人控制系统进行设置。控制系统的设置包括工具坐标系的设置、用户坐标系的设置、系统变量的设置等，以赋予仿真工作站与真实工作站同等的编程和运行条件。

（五）编写离线程序

在 ROBOGUIDE 软件的工程文件中利用虚拟示教器（Teach Pendant，TP）或者轨迹自动规划功能的方法创建并编写机器人程序，实现真实机器人所要求的功能，如焊接、搬运、码垛等。

（六）仿真运行程序

相对于真实机器人运行程序，在软件中进行程序的仿真运行实际上是让编程人员提前预知了运行结果。可视化的运行结果使得程序的预期性和可行性更为直观，如程序是否满足任务要求，机器人是否会发生轴的限位、是否发生碰撞等。针对仿真结果中出现的情况进行分析，可及时纠正程序错误并进一步优化程序。

（七）程序的导出和上传

由于 ROBOGUIDE 软件中机器人控制系统与真实机器人控制器的高度统一，所以离线程序只需小范围的转化和修改，甚至无须修改便可直接导出到存储设备并上传到真实的机器人中运行。

第二节 ROBOGUIDE 的安装

本书所使用的计算机操作系统为 Windows 10 中文版。操作系统中的防火墙和杀毒软件因识别错误，可能会造成 ROBOGUIDE 安装程序的不正常运行，甚至会引起某些插件无法正常安装而导致整个软件安装失败。建议在安装 ROBOGUIDE 之前关闭系统防火墙及杀毒软件，避免计算机防护系统擅自清除 ROBOGUIDE 的相关组件。作为一款较大的三维软件，ROBOGUIDE 对计算机的配置有一定的要求，如果想要达到流畅地运行体验，计算机的配置不能太低。建议的计算机配置见表 1-3。

表 1-3 建议的计算机配置

配 件	要 求
CPU	Inter 酷睿 i5 系列或同级别 AMD 处理器及以上
显卡	NVIDIA GeForce GT650 或同级别 AMD 独立显卡及以上，显存容量在 1 GB 及以上
内存	容量在 4 GB 及以上
硬盘	剩余空间在 20 GB 及以上
显示器	分辨率在 1920×1080 及以上

注：如果屏幕的分辨率小于 1920×1080，会导致 ROBOGUIDE 界面的某些功能窗口显示不完整，给软件的操作造成极大的不便。

（1）将 ROBOGUIDE 软件的安装包进行解压，然后进入到解压后的文件目录中，鼠标右键单击并以管理员身份运行“setup. exe”安装程序，如图 1-3 所示。

（2）在软件安装向导中要求重启计算机，这里选择第 2 项稍后重启，单击“Finish”按钮进入下一步，如图 1-4 所示。

（3）再次打开安装程序，单击“Next”按钮进入下一步，如图 1-5 所示。

（4）图 1-6 所示界面是关于许可协议的设置，单击“Yes”按钮接受此协议进入下一步。

（5）在图 1-7 所示界面中可设置安装目标路径。用户可在初次安装时更改安装路径。默认的安装路径是系统盘。由于软件占用的空间较大，建议更改为非系统盘，单击“Next”按钮进入下一步。

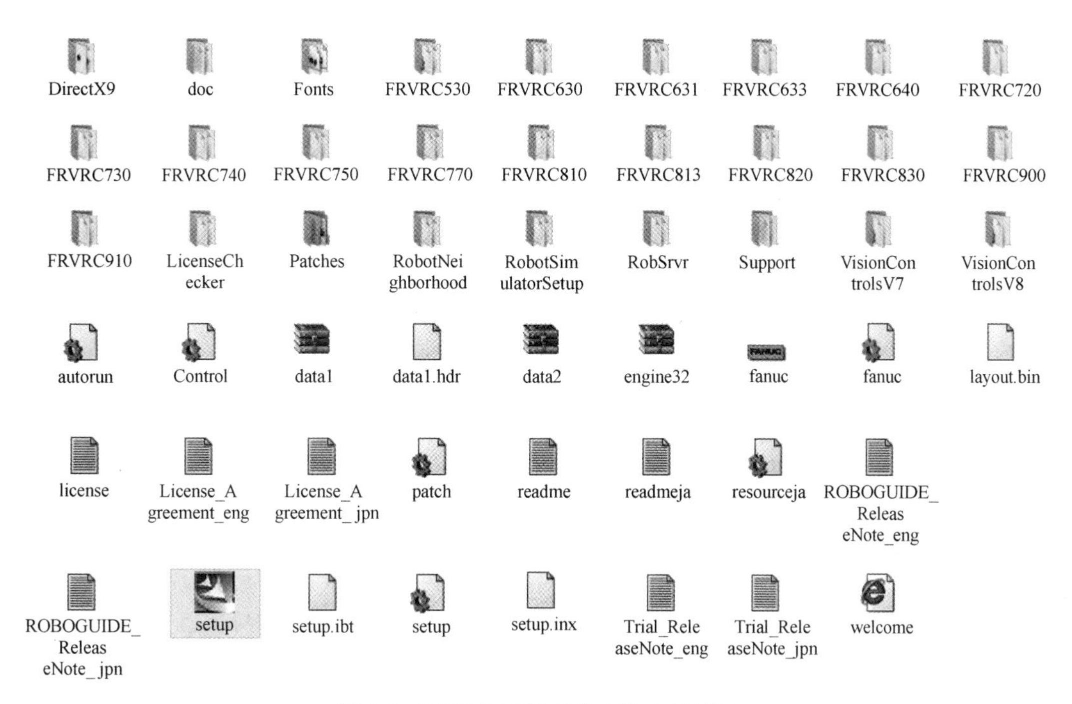

图 1-3 ROBOGUIDE 软件安装文件目录

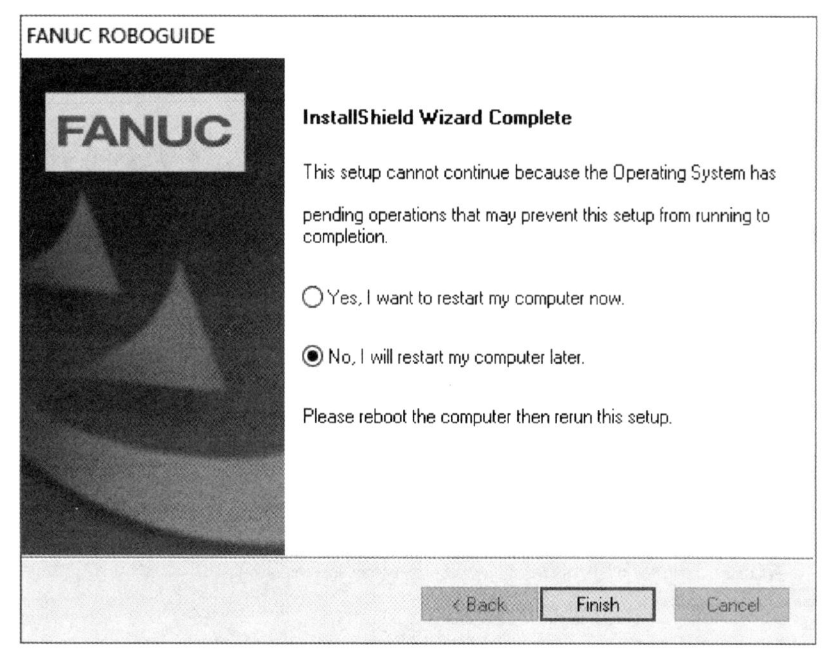

图 1-4 选择稍后重启

（6）在图 1-8 所示界面中选择需要安装的仿真模块，一般保持默认即可。单击“Next”按钮进入下一个选择界面。

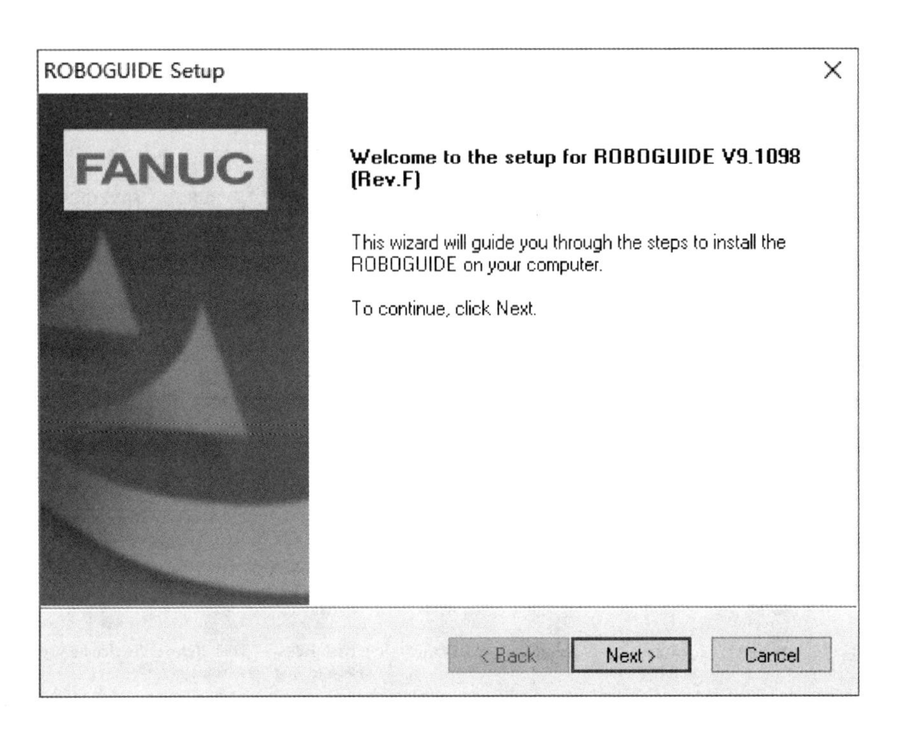

图 1-5　再次打开安装程序

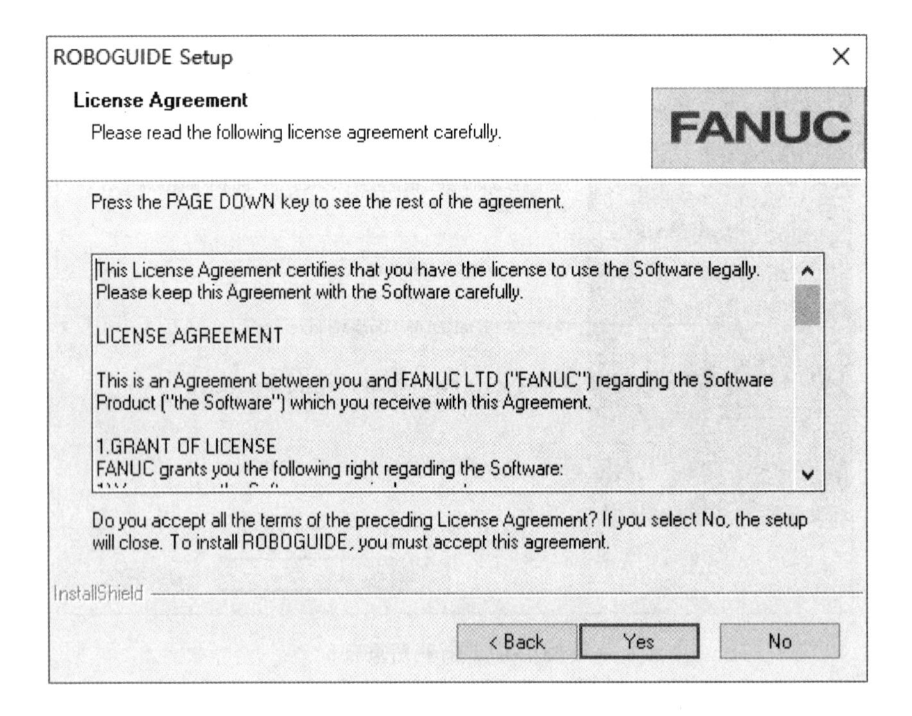

图 1-6　许可协议的设置

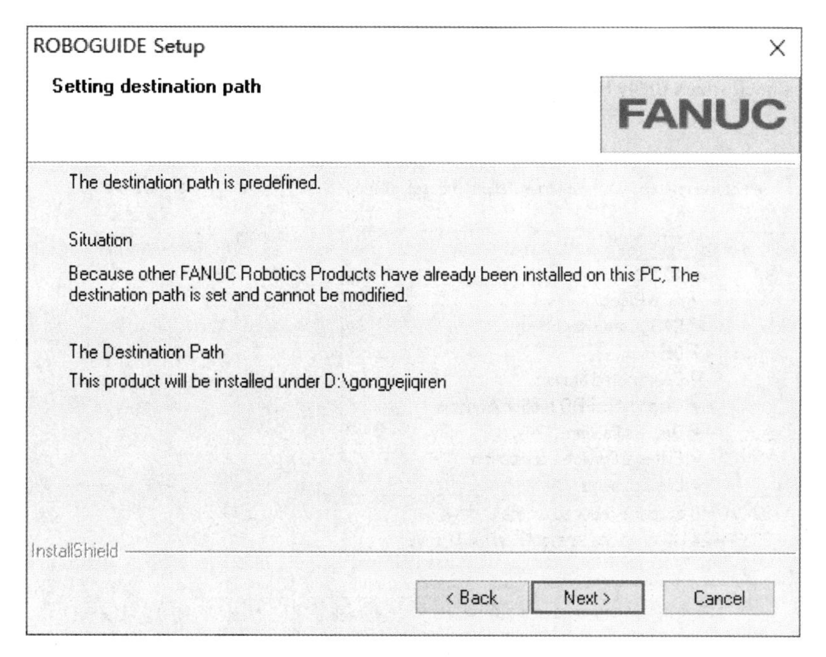

图 1-7　设置安装目标的路径

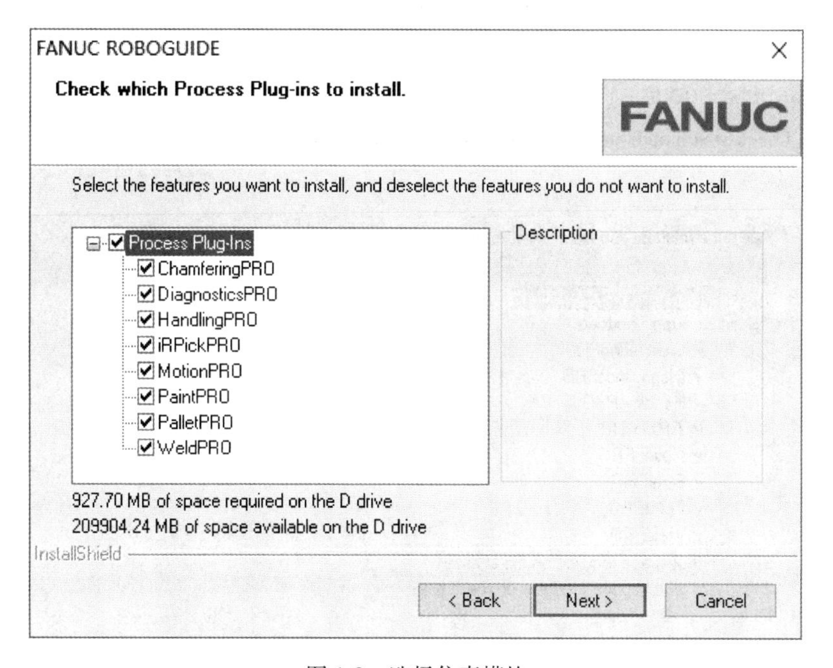

图 1-8　选择仿真模块

（7）在图 1-9 所示界面中选择需要安装的扩展功能，一般保持默认即可。单击“Next”按钮进入下一个选择界面。

（8）在图 1-10 所示界面中选择软件的各仿真模块是否创建桌面快捷方式，确认后单击“Next”按钮进入下一个选择界面。

（9）在图 1-11 所示界面中选择软件版本，一般直接选择最新版本，这样可节省磁盘

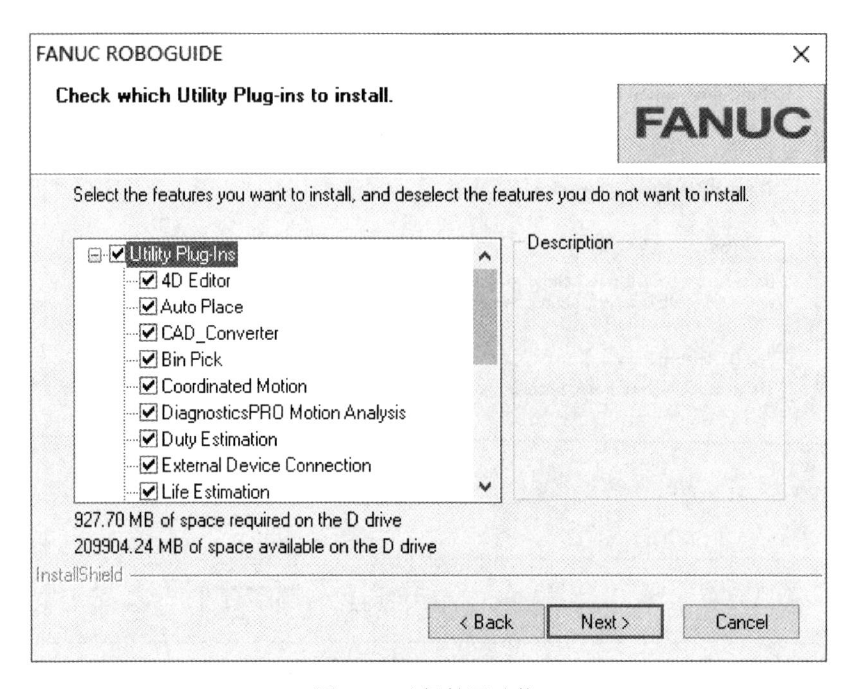

图 1-9 选择扩展功能

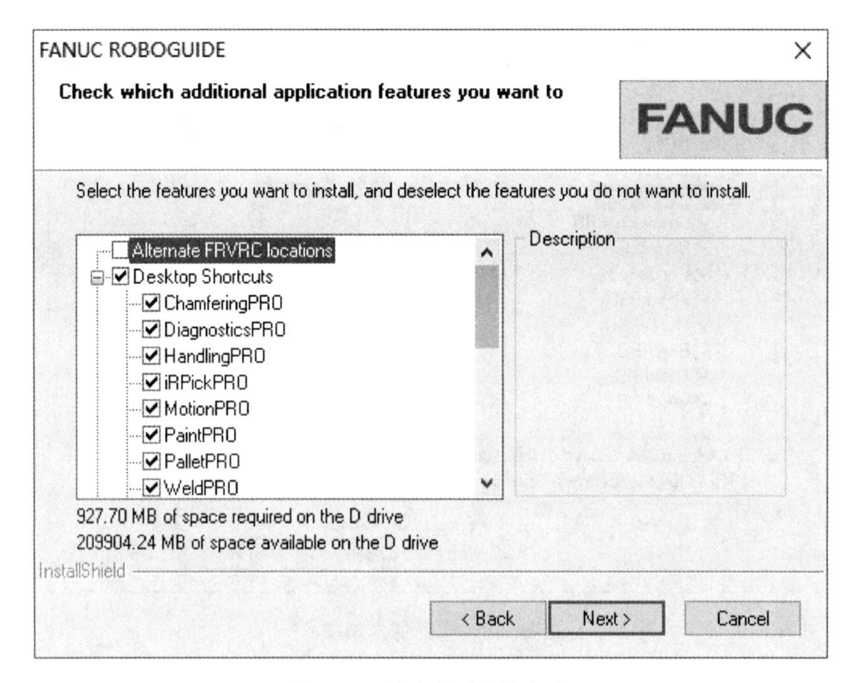

图 1-10 创建桌面快捷方式

空间。如果机器人是比较早期的型号，可选择同时安装之前对应的版本，单击“Next”按钮进入下一步。

（10）图 1-12 所示界面中列出了之前所有的选择项，如果发现错误，单击“Back”按钮可返回更改，确认无误后单击“Next”按钮进入下一步，由此便进入了时间较长的安装过程。

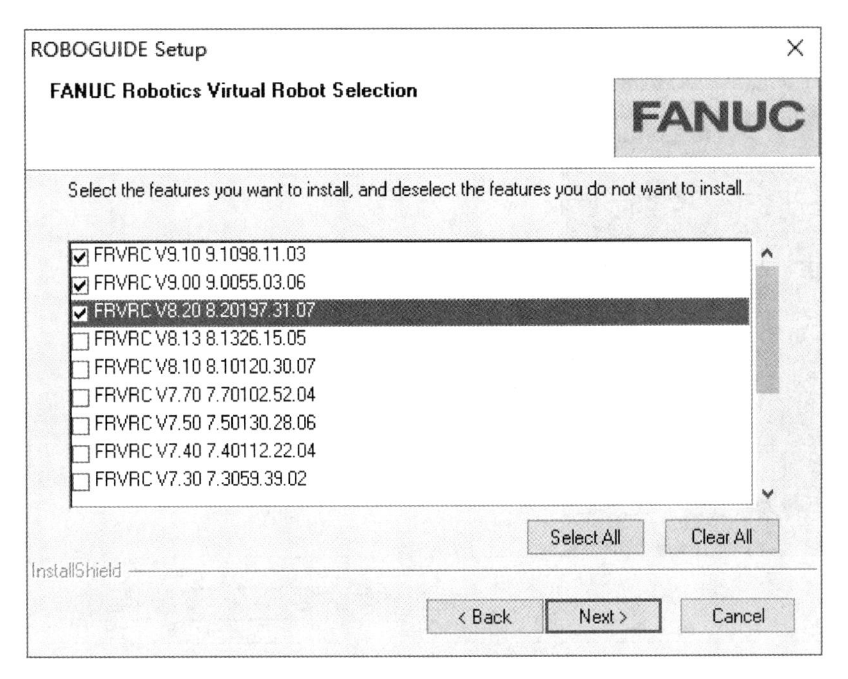

图 1-11　选择软件版本

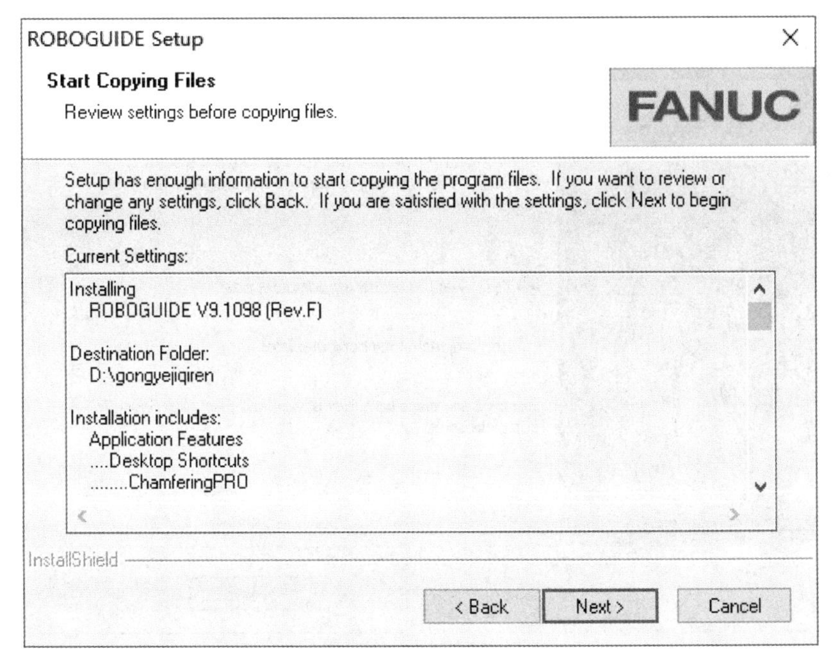

图 1-12　配置总览界面

（11）图 1-13 所示的结果表明软件已经成功安装。在界面中单击“Finsh”按钮退出安装程序。

（12）在图 1-14 所示界面中选择第 1 项，单击“Finish”按钮重启计算机。系统重启完成后即可正常使用 ROBOGUIDE 软件。

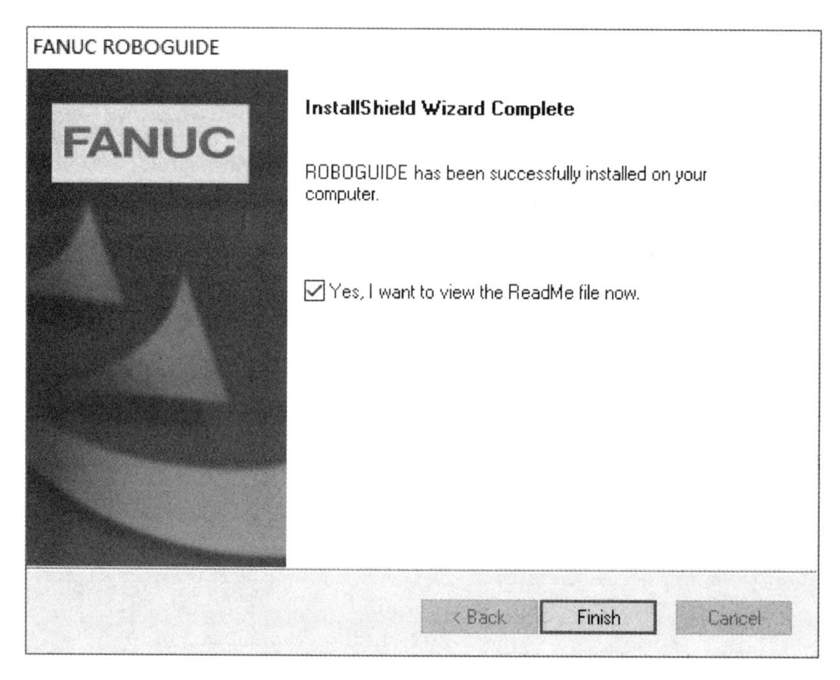

图 1-13 安装成功界面

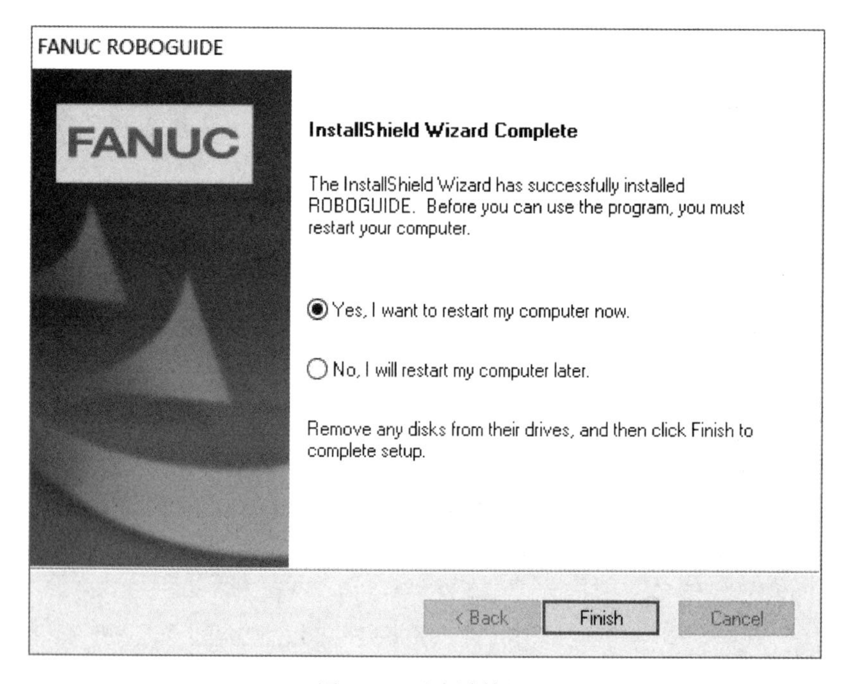

图 1-14 重启计算机

第三节 创建机器人工程文件

机器人工程文件是一个含有工业机器人模型和真实机器人控制系统的仿真文件，为仿真工作站的搭建提供平台。机器人工程文件在 ROBOGUIDE 软件中具体表现为一个三维的虚拟世界，编程人员可在这个虚拟的环境中运用 CAD 模型任意搭建场景来构建仿真工作站。ROBOGUIDE 软件拥有从事各类工作的机器人仿真模块，如焊接仿真模块、搬运仿真模块、喷涂仿真模块等。不同的模块对应着不同的机器人型号和应用软件工具，实现的功能也不同。

ROBOGUIDE 软件中菜单和工具栏的应用是基于工程文件而言的，在没有创建或者打开工程文件的情况下，菜单栏和工具栏中的绝大部分功能呈灰色，处于不可用的状态，如图 1-15 所示。ROBOGUIDE 软件创建的工程文件在计算机的存储中是以文件夹的形式存在的，也可以称为工程包。工程包内包括启动文件、模型文件、机器人系统配置文件、程序文件等，如图 1-16 所示，其中启动文件的后缀名为“. frw”；另外，ROBOGUIDE 软件也可以将工程文件生成软件专用的工程压缩包，后缀名是“. rgx”。

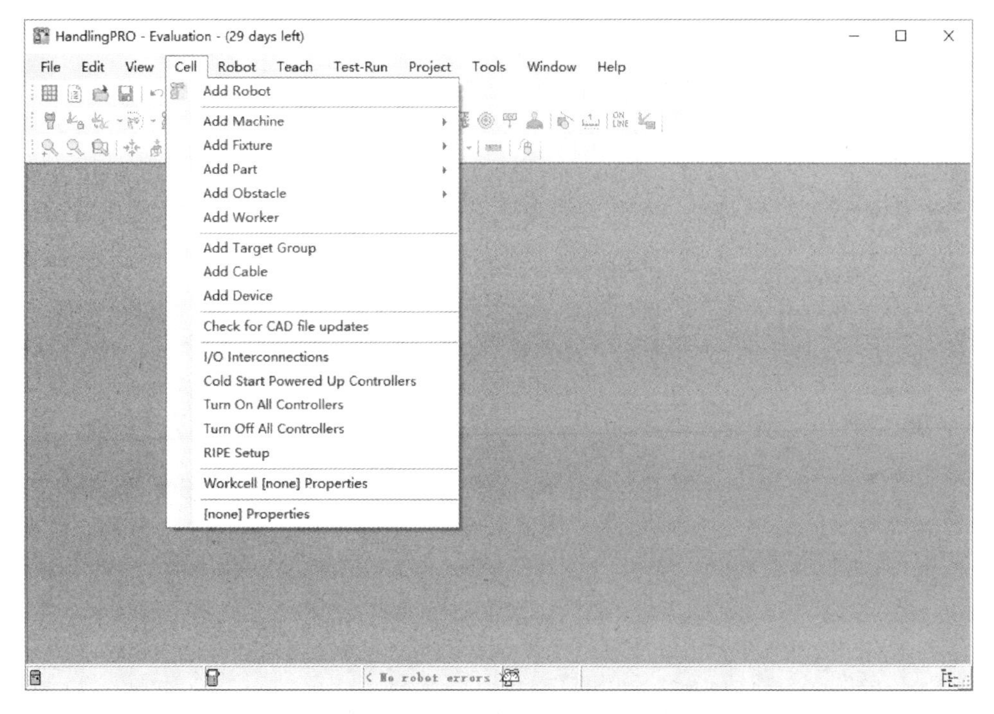

图 1-15　软件的初始界面

一、创建工程文件

打开 ROBOGUIDE 软件后，单击工具栏上的新建按钮或执行菜单命令“File”→“New Cell”创建工程文件，如图 1-17 所示。

二、选择工程模块

单击新建按钮，弹出工程文件创建向导界面。在图 1-18 所示的界面中根据工程对象选择不同的工程模块，以加载不同的软件包，此处以 HandlingPRO 物料搬运模块为例，选择后单击“Next”按钮进入下一步。

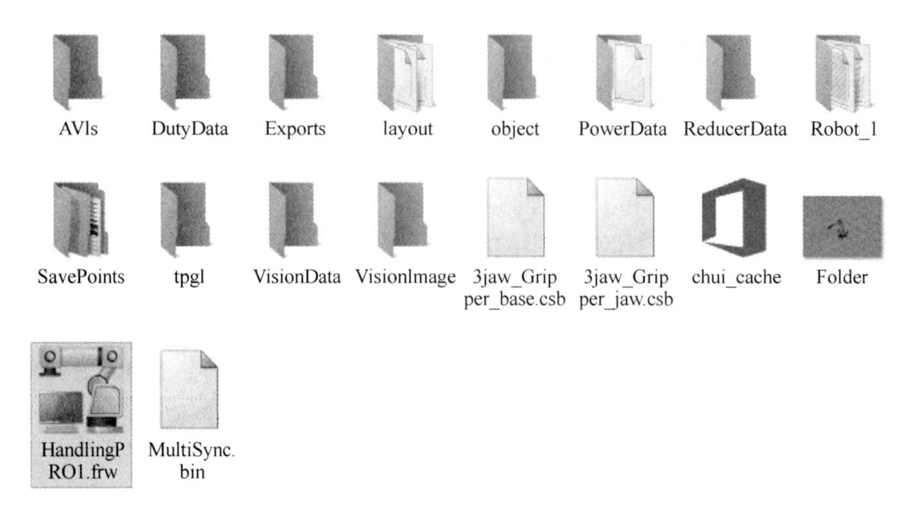

图 1-16　工程文件目录

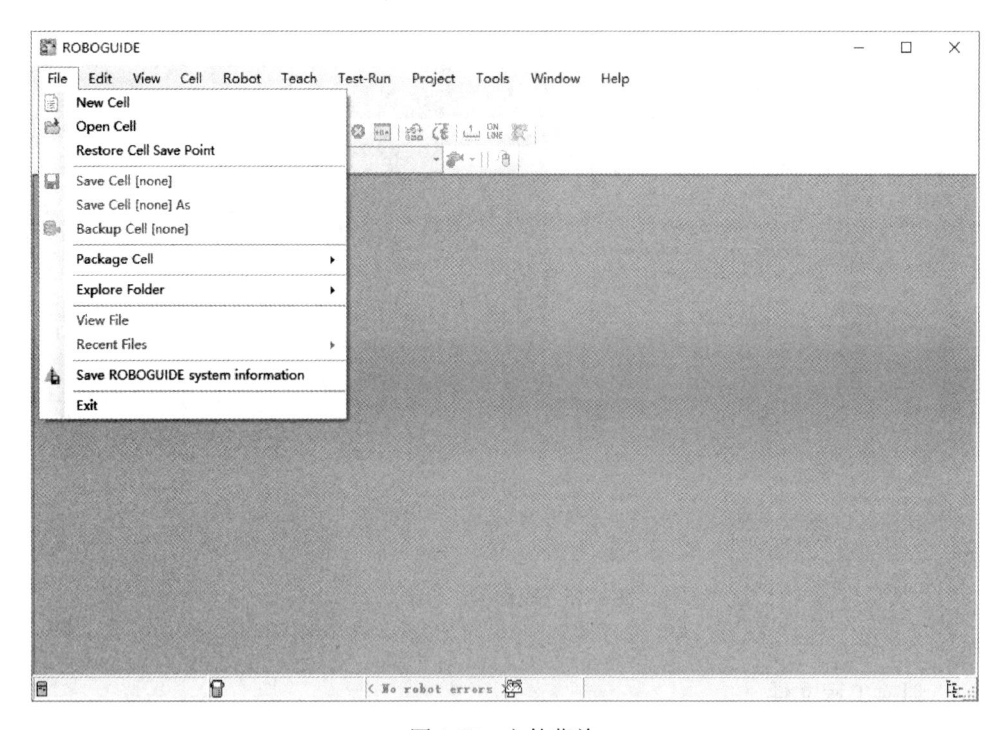

图 1-17　文件菜单

三、工程文件的命名

在图 1-19 所示的界面中确定工程文件的名称，也可以使用默认名称。另外，名称也支持中文输入，为了方便文件的管理与查找，建议重新命名。命名完成后，单击“Next”按钮进入下一步。

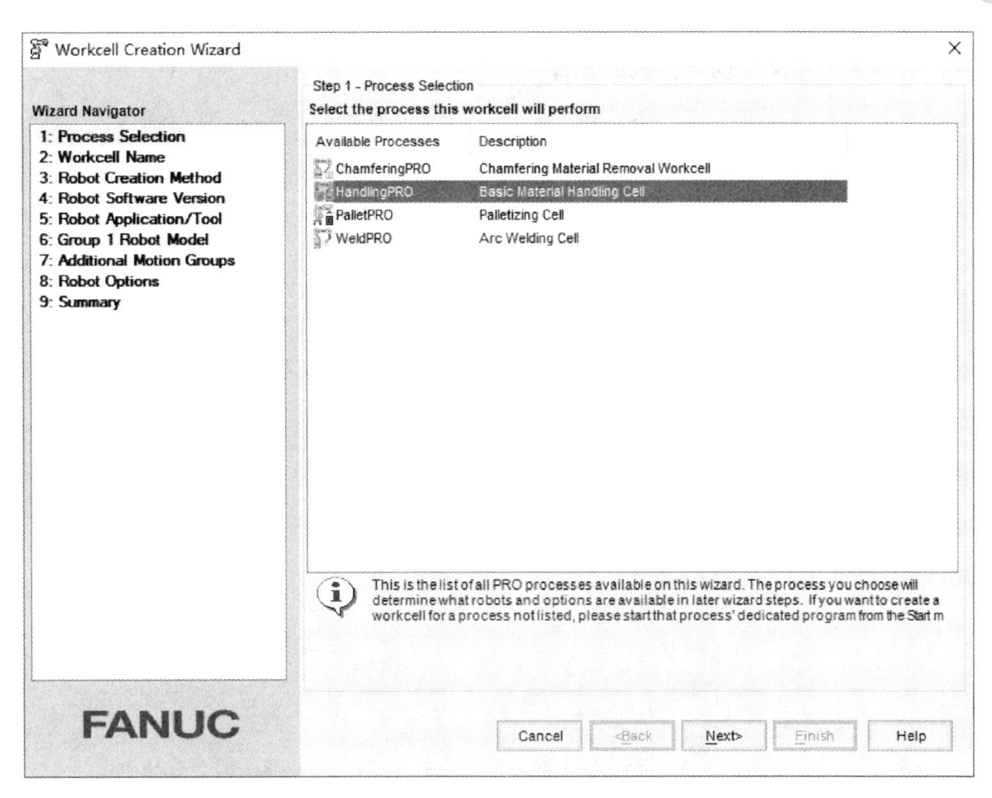

图 1-18　工程模块选择界面

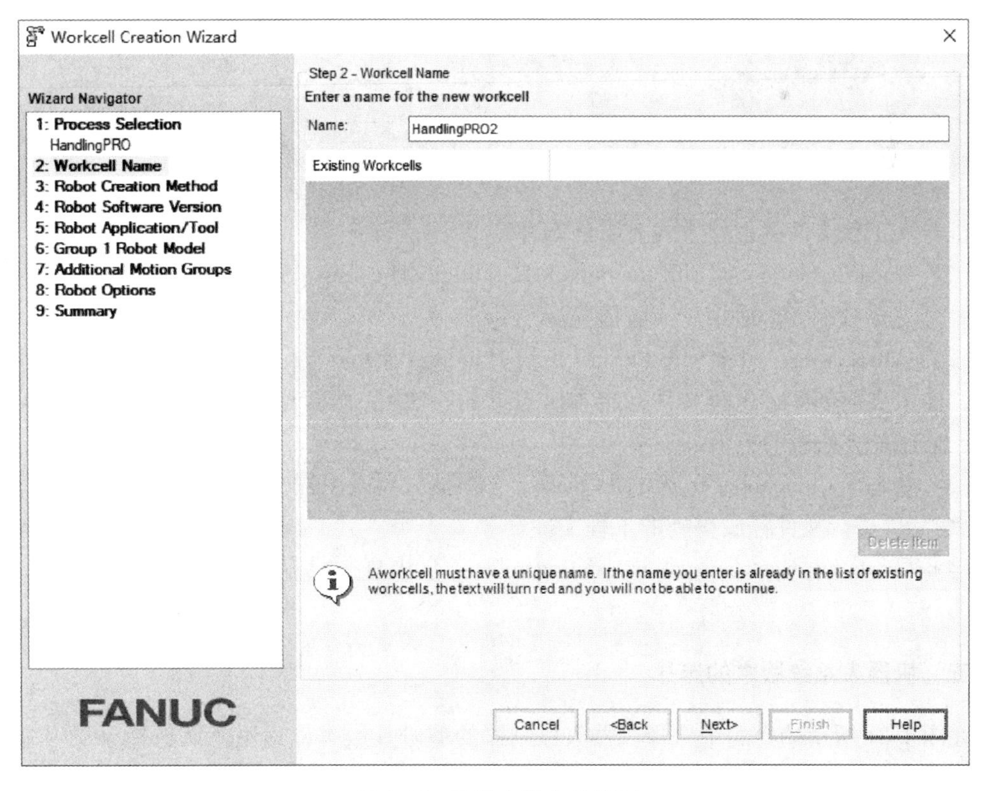

图 1-19　工程文件命名界面

四、机器人工程文件创建方式的选择

在图 1-20 所示的界面中选择创建机器人工程文件的方式，有四种工程文件的创建方式，一般情况下选择第 1 项，然后单击“Next”按钮进入下一步。

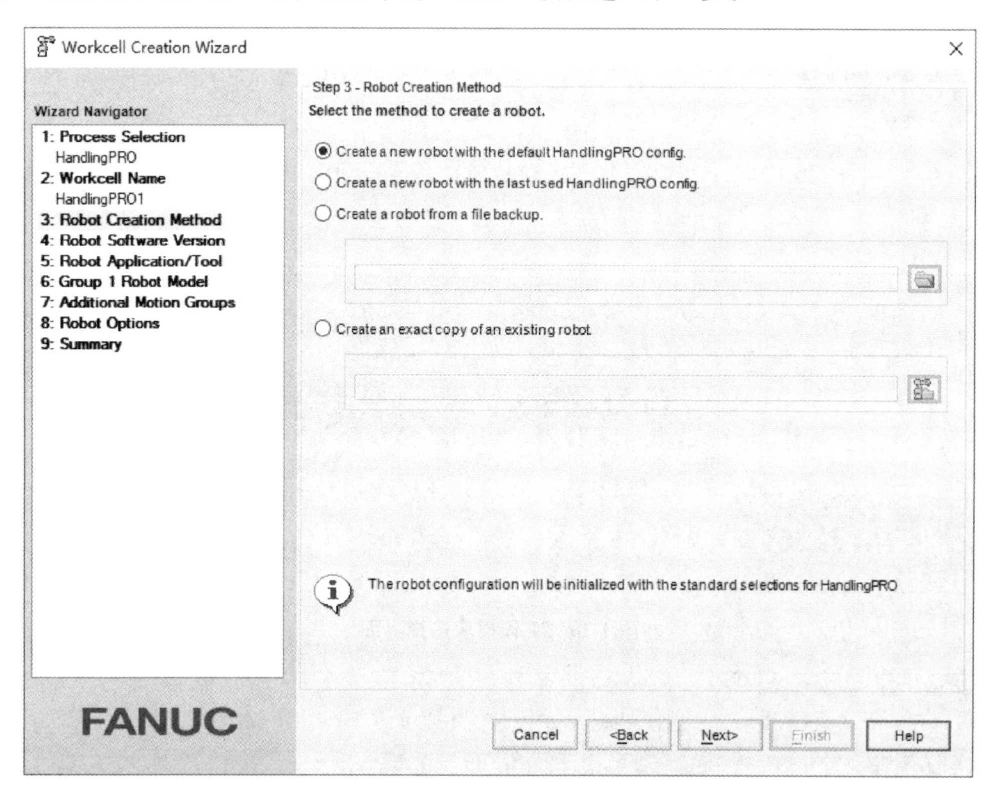

图 1-20　工程文件创建方式的选择界面

机器人工程文件的创建方式有下面四种。

（1）Create a new robot with the default HandingPRO config：采用默认配置新建文件，选择配置可完全自定义，适用于一般情况。

（2）Create a new robot with the last used HandingPRO config：根据上次使用的配置新建文件，如果之前创建过工程文件（离本次最近的一次），而新建的文件与之前的配置大致相同，采用此方法较为方便。

（3）Create a new robot from a file backup：根据机器人工程文件的备份进行创建，选择 rgx 压缩文件进行文件释放得到的工程文件。

（4）Create an exact copy of an existing robot：直接复制已存在的机器人工程文件进行创建。

五、机器人系统版本的选择

在图 1-21 所示的界面中选择机器人控制器的型号及版本，这里默认选择 V9. 10 版本。如果机器人是比较早期的型号，建议根据被控实体机器人选择机器人系统版本，新版本无法适配，可以选择早期的版本号。单击“Next”按钮进入下一步。

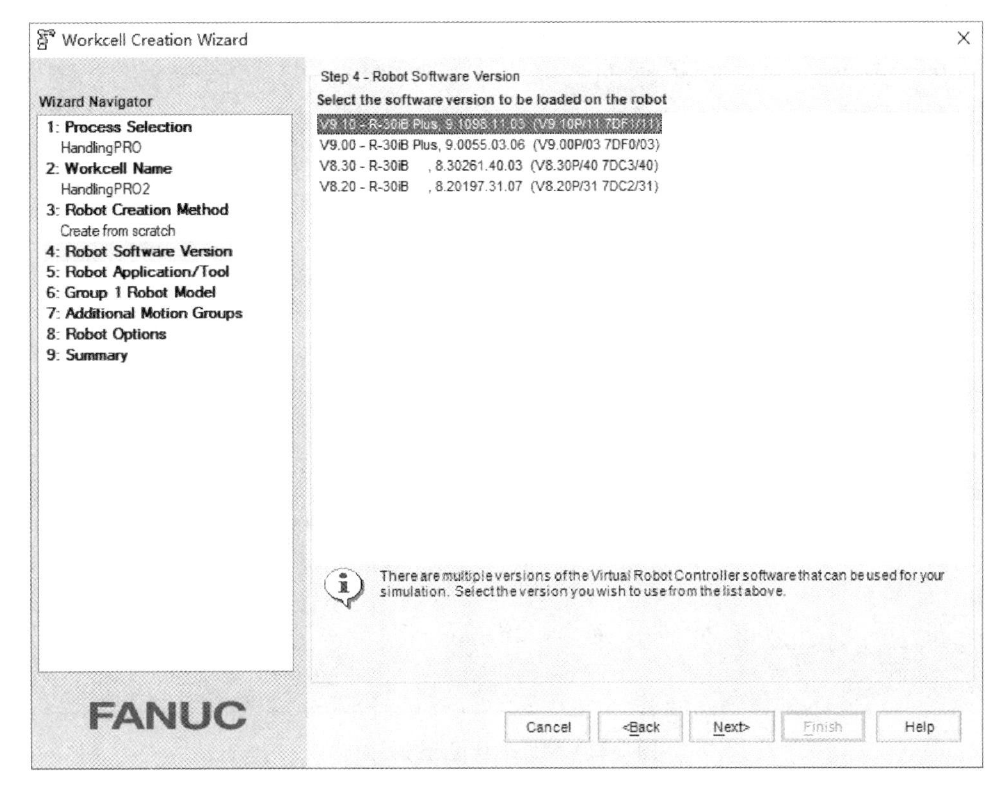

图 1-21　控制器及版本选择界面

六、机器人应用工具的选择

在图 1-22 所示的界面中选择应用软件工具包，如点焊工具、弧焊工具、搬运工具等。根据仿真的需要选择合适的软件工具，这里选择搬运工具 Handling Tool（H552），然后单击“Next”按钮进入下一步。

【注意】

不同软件工具的差异会集中体现在示教器上，如安装有焊接工具的示教器中包含有焊接指令和焊接程序，安装有搬运工具的示教器中有码垛指令等。另外，示教器的菜单也会有很大差异，不同的工具针对自身的应用进行了专门的定制，包括控制信号、运行监控等。

七、机器人型号的选择

在图 1-23 所示界面中选择仿真所用的机器人型号。这里几乎包含了 FANUC 旗下所有的工业机器人，这里选择 LR Mate 200iD/4S，然后单击“Next”按钮进入下一个选择界面。

八、外部群组的选择

在图 1-24 所示的界面中可以选择添加外部群组，这里先不做任何操作，直接单击“Next”按钮进入下一步。

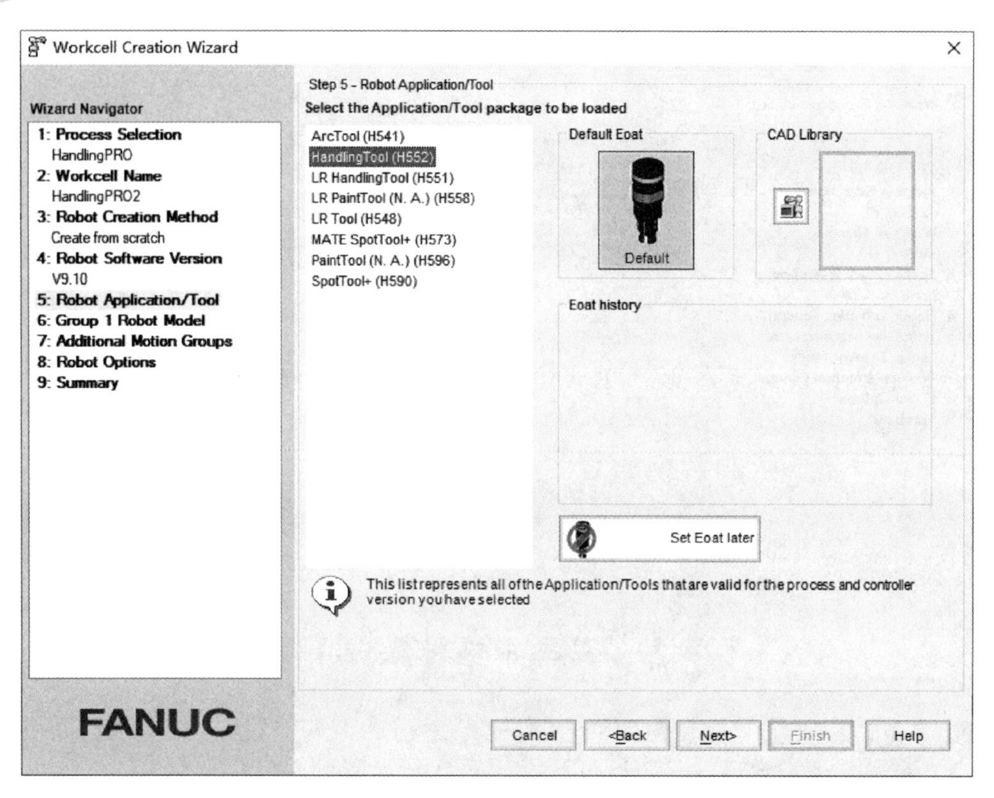

图 1-22　软件工具包选择界面

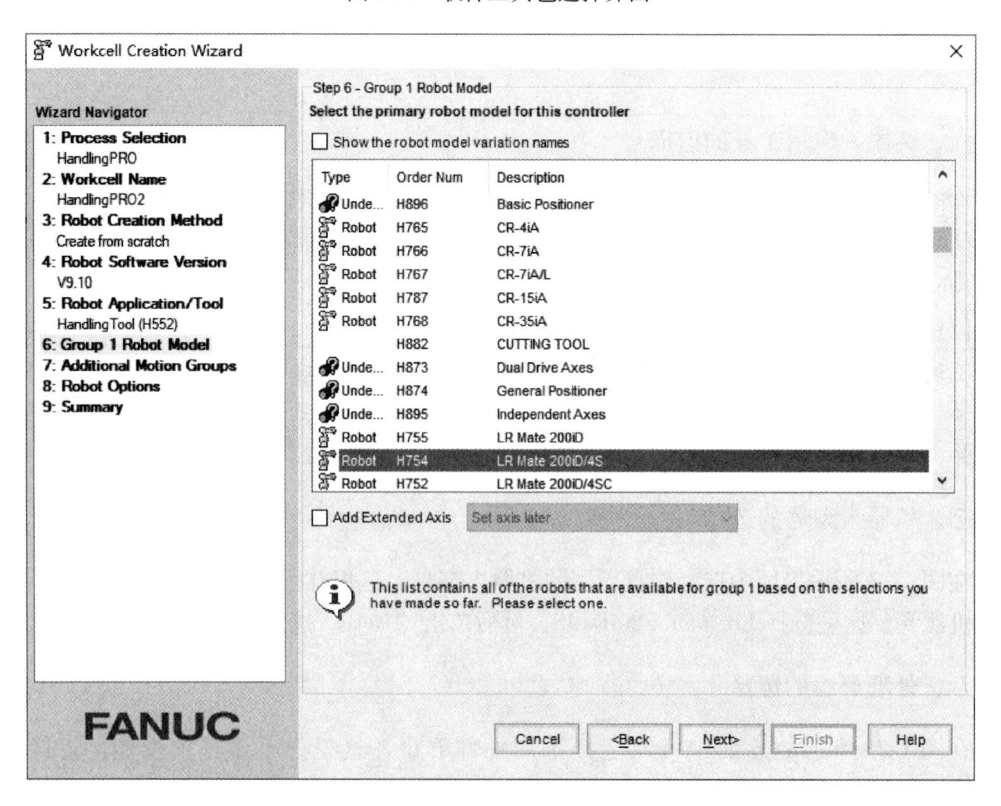

图 1-23　机器人型号选择界面

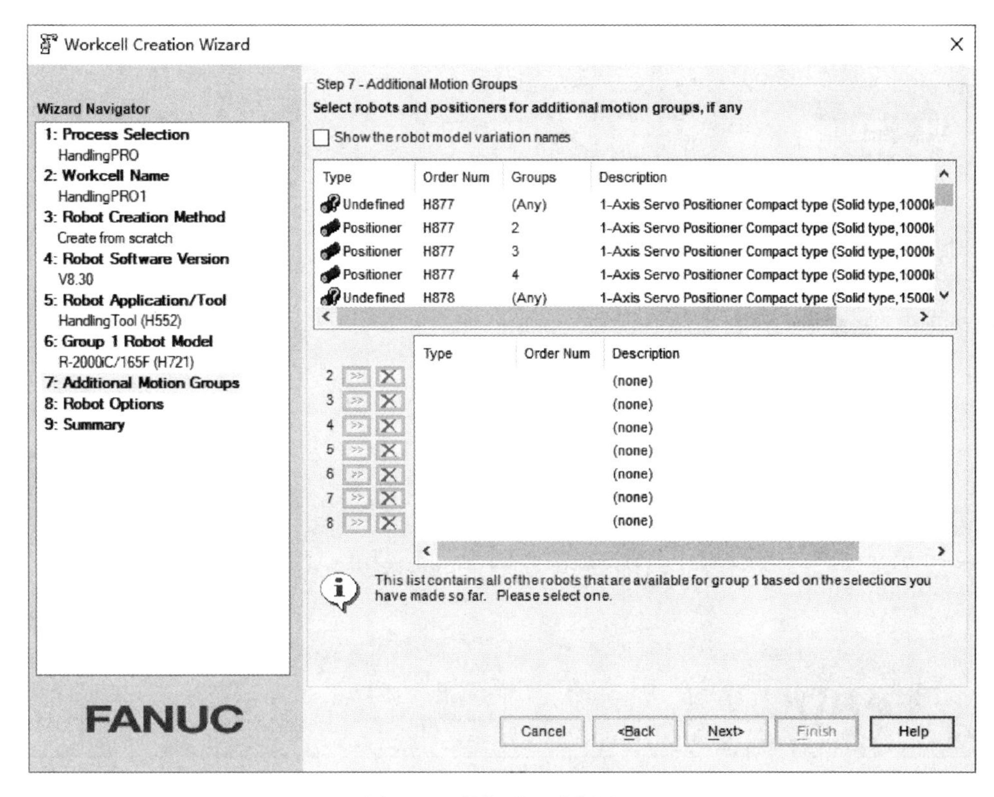

图 1-24　外部群组选择界面

【注意】

当仿真文件需要多台机器人组建多手臂系统，或者含有变位机等附加的外部轴群组时，可以在这里选择相应的机器人和变位机的型号。

九、机器人扩展功能软件的选择

在图 1-25 所示的界面中可以选择机器人的扩展功能软件。它包括很多常用的附加软件，如 2D、3D 视觉应用软件，专用电焊设备适配软件，行走轴控制软件等。在本界面中还可以切换到“Languages”选项卡设置语言环境，将英文修改为中文，如图 1-26 所示。语言的改变只是作用于虚拟的示教器，软件界面本身并不会发生变化，单击“Next”按钮进入下一步。

十、汇总/确认配置

图 1-27 所示的界面中列出了之前所有的配置选项，相当于一个总的目录。如果确定之前的选择没有错误，则单击“Finish”按钮完成设置；如果需要修改，可以单击“Back”按钮退回之前的步骤。这里单击“Finish”按钮完成工程文件的创建，等待系统的加载。

十一、进入离线模块工作区

设置完成后，软件系统开始初始化，并自动打开当前设置的工程文件。图 1-28 所示

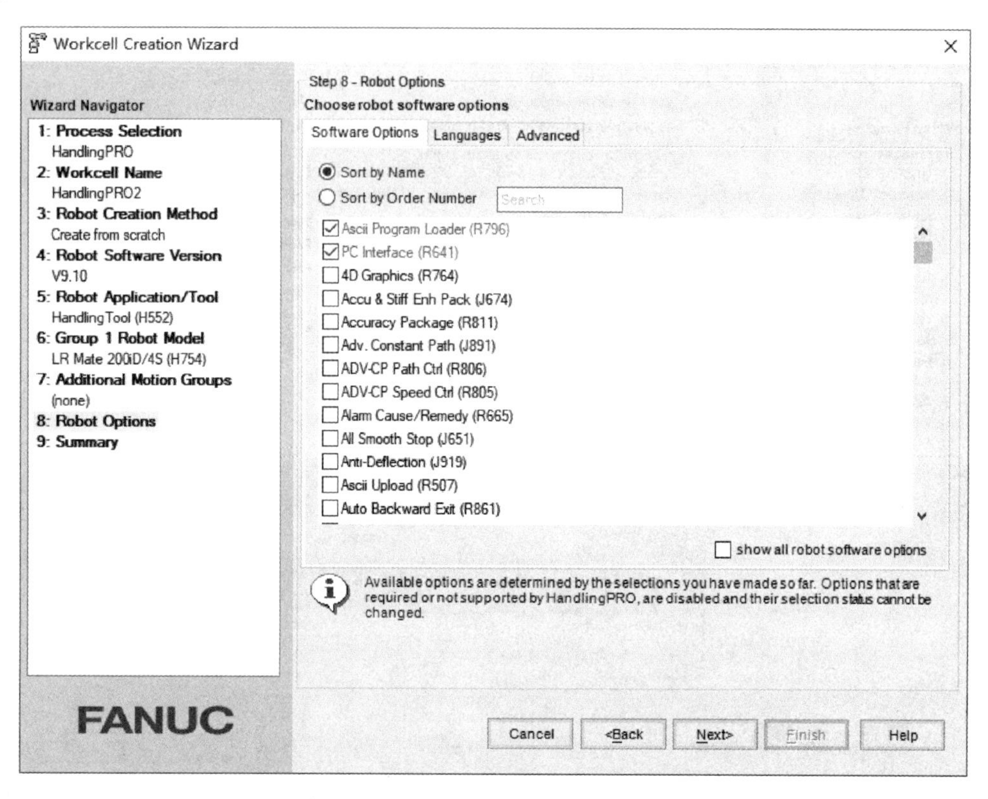

图 1-25 机器人扩展功能软件选择界面

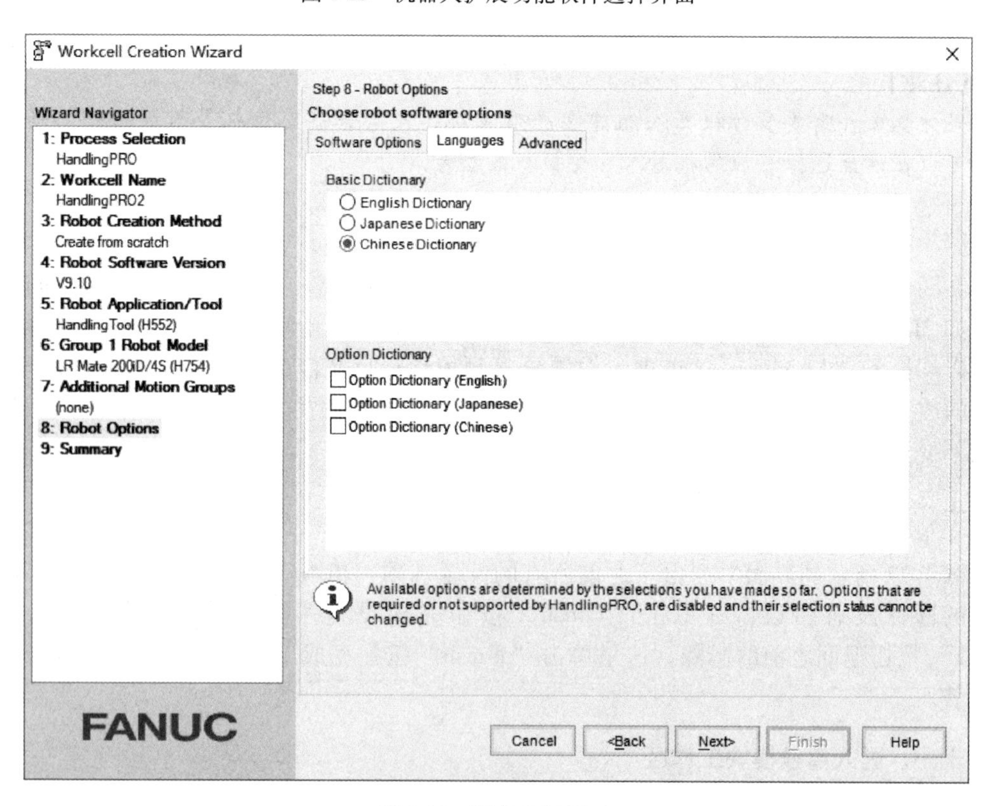

图 1-26 语言选择界面

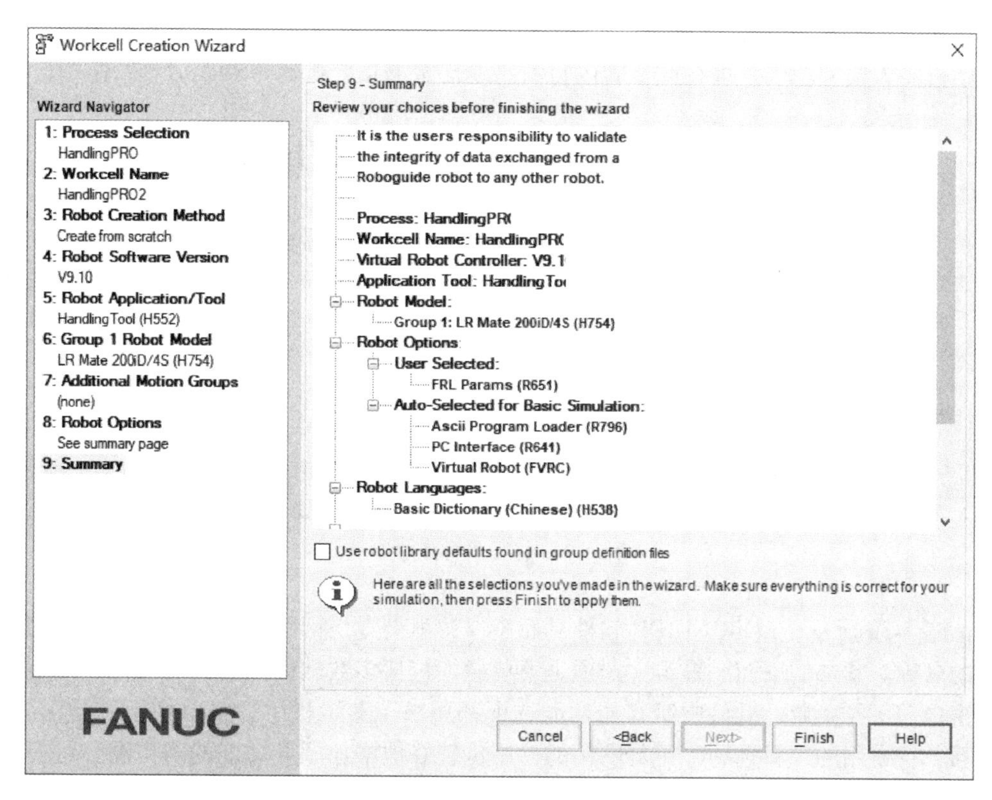

图 1-27　机器人工程文件配置总览界面

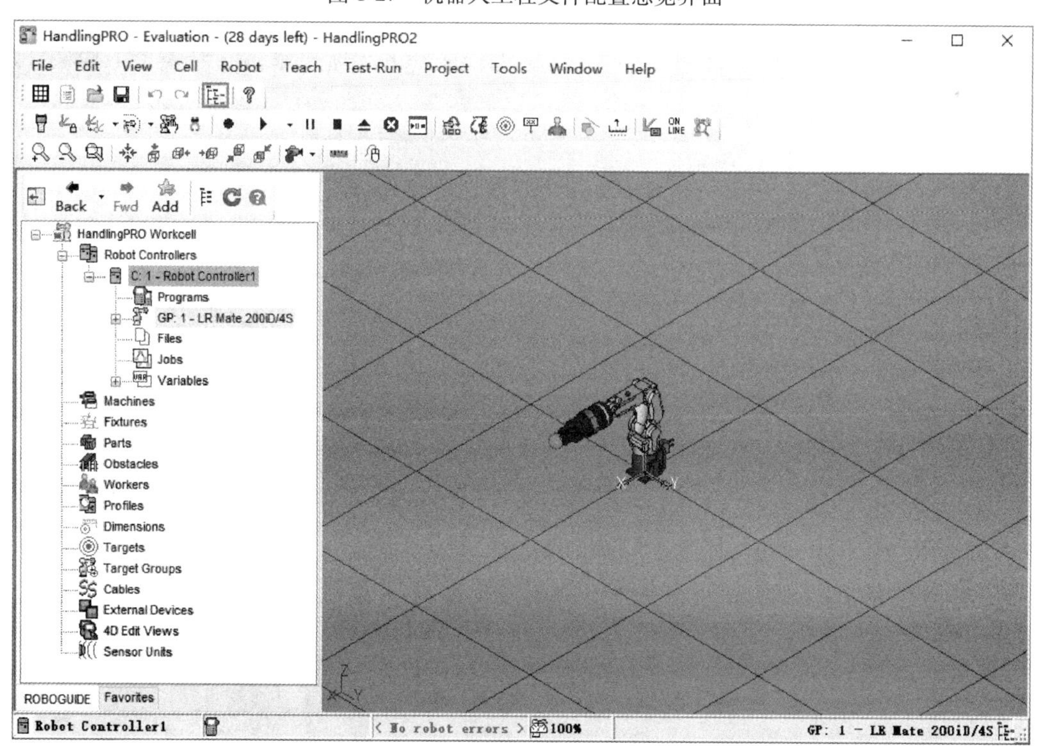

图 1-28　工程文件的初始界面

为新建的仿真机器人工程文件的界面，该界面是工程文件的初始状态，其三维视图中只包含一个机器人模型。用户可在此空间内自由搭建任意场景，构建机器人仿真工作站。

第四节 ROBOGUIDE 界面的认知

在学习 ROBOGUIDE 软件的离线编程与仿真功能之前，应首先了解软件的界面分布和各功能区的主要作用，为后续的软件操作打下基础。创建工程文件后，软件的功能选项被激活，高亮显示为可用状态，如图 1-29 所示。

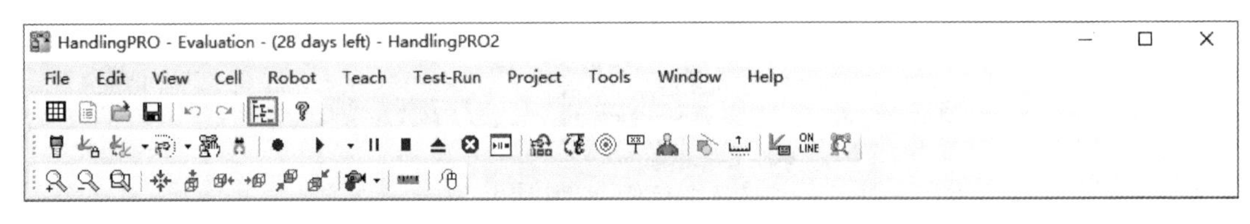

图 1-29 软件功能选项区

如图 1-30 所示，ROBOGUIDE 软件界面窗口的正上方是标题栏，显示当前打开的工程文件的名称。紧邻的下面一排英文选项是菜单栏，包括多数软件都具有的文件、编辑、视图、窗口等下拉菜单。软件中所有的功能选项都集中于菜单栏中。菜单栏下方是工具栏，它包括 3 行常用的工具选项，工具图标的使用也较好地增加了各功能的辨识度，可提高软件的操作效率。工具栏的下方就是软件的视图窗口，视图中的内容以 3D 的形式展现，仿真工作站的搭建也是在视图窗口中完成的。在视图窗口中会默认存在一个“Cell Browser”（导航目录）窗口（可关闭），这是工程文件的导航目录，它对整个工程文件进

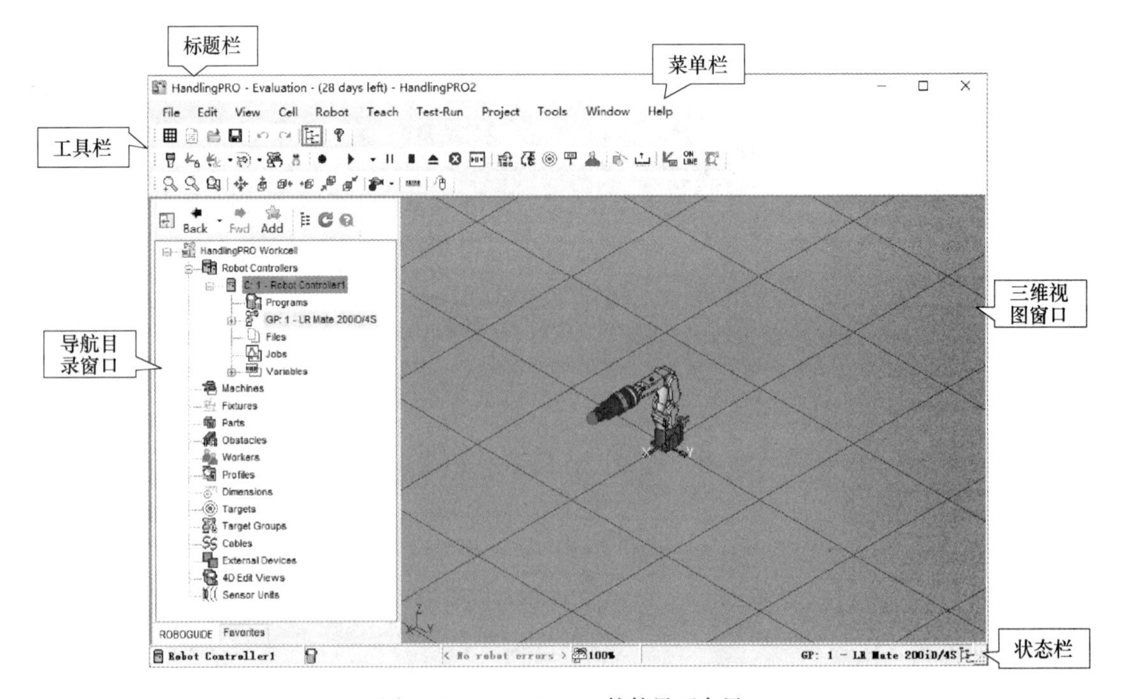

图 1-30 ROBOGUIDE 软件界面布局

行模块划分，包括模型、程序、坐标系、日志等，以结构树的形式展示出来，并为各个模块的打开提供了入口。

一、常用菜单简介

ROBOGUIDE 软件的菜单栏是传统的 Windows 界面风格，表 1-4 列出了各个菜单的中文翻译。

表 1-4　菜单栏

英文菜单	File	Edit	View	Cell	Robot	Teach	Test-Run	Project	Tools	Window	Help
中文翻译	文件	编辑	视图	元素	机器人	示教	试运行	项目	工具	窗口	帮助

（一）File（文件）菜单

文件菜单中的选项主要是对整个工程文件的操作，如工程文件的保存、打开、备份等，如图 1-31 所示。文件菜单简介见表 1-5。

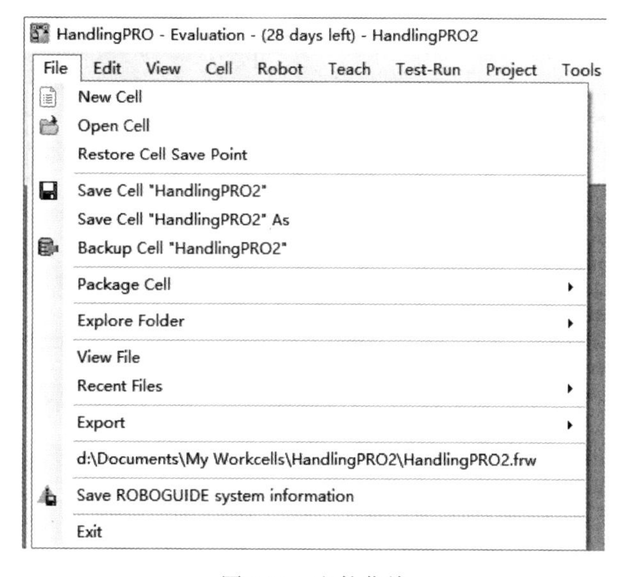

图 1-31　文件菜单

表 1-5　文件菜单简介

文件菜单	子 菜 单	功 能 说 明
File	New Cell	新建工程文件
	Open Cell	打开已有的工程文件
	Restore Cell Save Point	恢复已保存的数据，将工程文件恢复到上一次保存时的状态
	Save Cell	保存工程文件
	Save Cell As	另存工程文件，选择的存储路径必须与原文件不同
	Backup Cell	备份工程文件，备份生成一个 rgx 压缩文件到默认的备份目录
	Package Cell	打包工程文件，压缩生成一个 rgx 文件到任意目录
	Explore Folder	打开文件夹

续表 1-5

文件菜单	子 菜 单	功 能 说 明
File	View File	打开文件，查看当前打开的工程文件目录下的其他文件
	Recent Files	最近使用的文件，最近打开过的工程文件
	Export	导出，以不同的格式导出工程文件
	Save ROBOGUIDE System Information	保存 ROBOGUIDE 系统信息
	Exit	退出软件

（二）Edit（编辑）菜单

编辑菜单中的选项主要是对工程文件内模型的编辑及对已进行操作的恢复，如图 1-32 所示。编辑菜单简介见表 1-6。

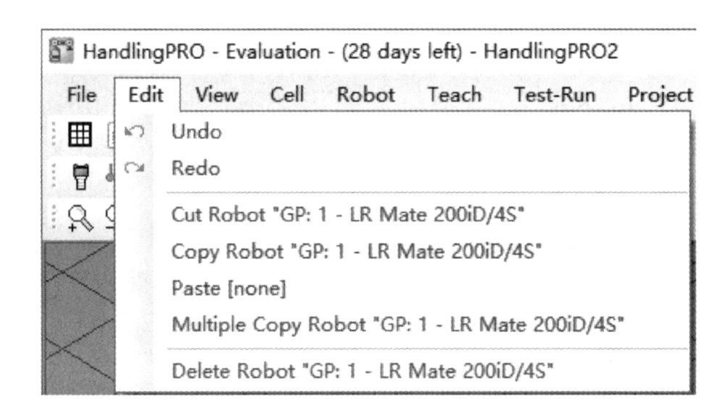

图 1-32 编辑菜单

表 1-6 编辑菜单简介

编辑菜单	子 菜 单	功 能 说 明
Edit	Undo	撤销，撤销上一步操作
	Redo	重做，恢复撤销的操作
	Cut	剪切，剪切工程文件中的模型
	Copy	复制，复制工程文件中的模型
	Paste	粘贴，粘贴工程文件中的模型
	Multiple	创建副本
	Delete	删除，删除工程文件中的模型

（三）View（视图）菜单

视图菜单中的选项主要是针对软件三维窗口的显示状态的操作，如图 1-33 所示。视图菜单简介见表 1-7。

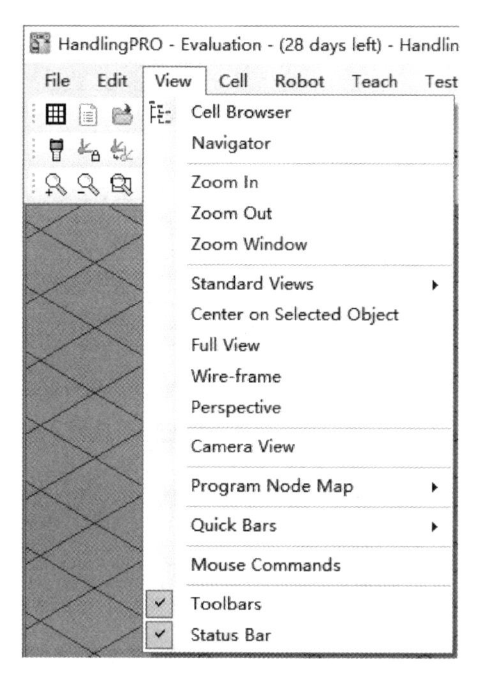

图 1-33　视图菜单

表 1-7　视图菜单简介

视图菜单	子 菜 单	功 能 说 明
View	Cell Browser	目录树，工程文件组成元素一览窗口的显示选项，单击此选项弹出的窗口如图 1-34 所示。 “Cell Browser”窗口将整个工作单元的组成元素，包括控制系统、机器人、组成模型、程序及其他仿真元素，以树状结构图的形式展示出来，相当于工作单元的目录
	Navigator	进程导航，离线编程与仿真的操作向导窗口的显示选项，单击弹出的操作向导窗口，如图 1-35 所示。初学者对于 ROBOGUIDE 软件掌握得不熟练，导致其对离线编程和仿真的流程缺乏了解，以至于无从下手。针对这一情况，软件中专门设置了具体实施的向导功能，以辅助初学者完成离线编程与仿真的工作。此向导功能将整个流程分为三大步骤，每个大步骤含有多个小步骤，将模型的创建、系统设置、模块设置到工作站的编程以及最后的工作站仿真等一系列过程整合在一套标准的流程内，依次单击每一小步时，会弹出相应的功能模块，直接进入并进行操作，有效地降低了用户的学习成本
	Zoom In	放大，视图场景放大显示
	Zoom Out	缩小，视图场景缩小显示
	Zoom Window	放大至窗口，视图场景局部放大显示
	Standard Views	标准视图，视图场景正交显示，除了仰视图以外的所有正向视图
	Center on Selected Object	以指定的物体为中心，选定显示中心
	Full View	整体视图，将视图整体显示

续表 1-7

视图菜单	子 菜 单	功 能 说 明
View	Wire-frame	线框，将视图中的模型以线框显示
	Prespective	透视投影
	Camera View	相机视野
	Program Node Map	程序点位图
	Quick Bars	快捷工具栏
	Mouse Commands	鼠标操作指令
	Toolbars	工具栏
	Status Bar	状态栏

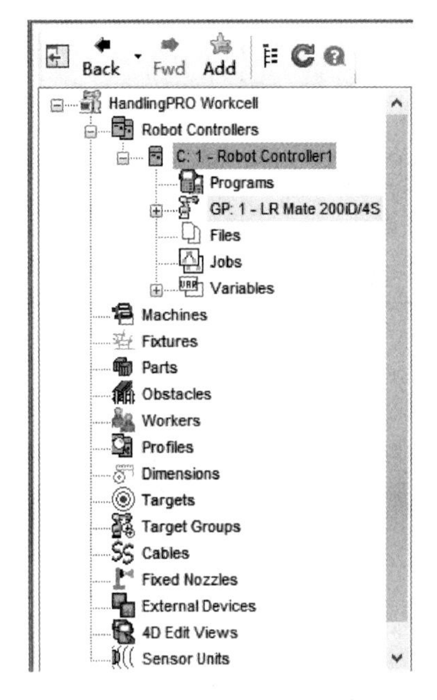

图 1-34 “Cell Browser” 目录树窗口

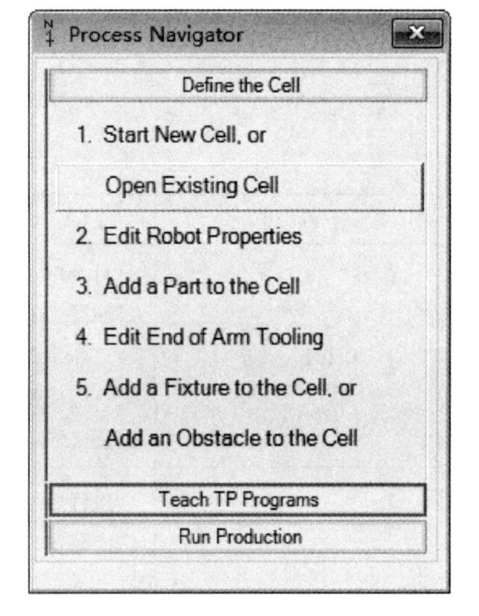

图 1-35 进程导航窗口

（四） Cell（元素）菜单

元素菜单主要是对工程文件内部模型的编辑，如设置工程文件的界面属性、添加各种外部设备模型和组件等，如图 1-36 所示。元素菜单简介见表 1-8。

（五） Robot（机器人）菜单

机器人菜单中的选项主要是对机器人及控制系统的操作，如图 1-37 所示。机器人菜单简介见表 1-9。

（六） Teach（示教）菜单

示教菜单主要是对程序的操作，包括创建 TP 程序、加载程序、导出 TP 程序等，如图 1-38 所示。示教菜单简介见表 1-10。

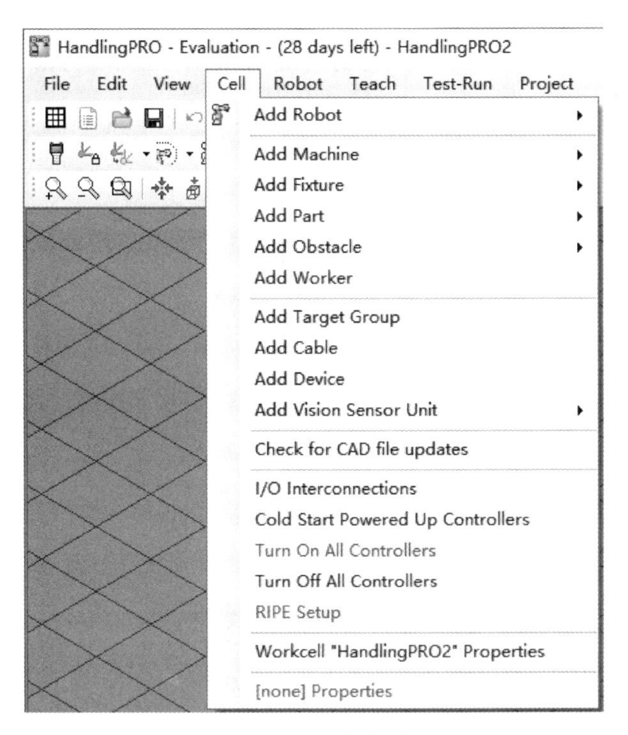

图 1-36　元素菜单

表 1-8　元素菜单简介

元素菜单	子 菜 单	功 能 说 明
Cell	Add Robot	添加机器人
	Add Machine	添加机器
	Add Fixture	添加工装
	Add Part	添加工件
	Add Obstacle	添加障碍物
	Add Worker	添加 3D 人
	Add Target Group	添加标记点组
	Add Cable	添加线缆
	Add Device	添加外部设备
	Add Vision Sensor Unit	添加视觉传感器
	Check for CAD file updates	CAD 文件更新检查
	I/O Interconnections	I/O 连接
	Cold Start Powered Up Controllers	对所有控制器进行冷启动
	Turn On All Controllers	打开所有控制器电源
	Turn Off All Controllers	关闭所有控制器电源
	RIPE Setup	RIPE 设置
	Workcell Properties	工程文件属性，调整工程文件视图窗口中部分内容的显示状态，如平面格栅的样式
	[none] Properties	[无] 属性

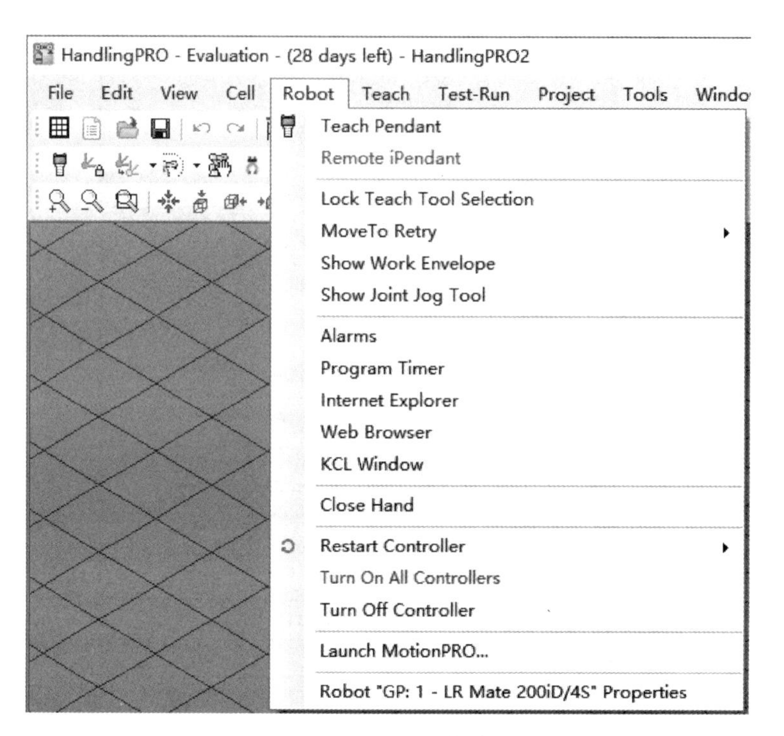

图 1-37　机器人菜单

表 1-9　机器人菜单简介

机器人菜单	子 菜 单	功 能 说 明
Robot	Teach Pendant	示教器，打开虚拟示教器
	Remote iPendant	远程 iPendant
	Lock Teach Tool Selection	选择示教工具
	MoveTo Retry	MoveTo 重试
	Show Work Envelope	显示动作范围
	Show Joint Jog Tool	显示各轴点动工具
	Alarms	报警
	Program Timer	程序计时器
	Internet Explorer	IE 浏览器
	Web Browser	网页浏览器
	KCL Window	KCL 窗口
	Close Hand	关闭手爪
	Restart Controller	重新启动控制器，重启控制系统，包括控制启动、冷启动和热启动
	Turn On Controller	打开控制器电源
	Turn Off Controller	关闭控制器电源
	Robot Properties	机器人属性

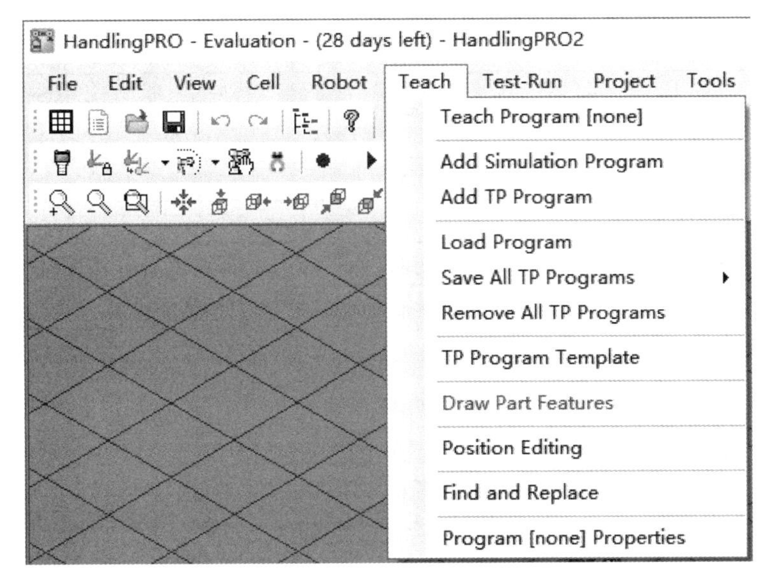

图 1-38　示教菜单

表 1-10　示教菜单简介

示教菜单	子 菜 单	功 能 说 明
Teach	Teach Program [none]	编辑程序（无）
	Add Simulation Program	创建仿真程序
	Add TP Program	创建 TP 程序
	Load Program	加载 TP 程序，把程序加载到仿真文件中
	Save All TP Programs	保存所有 TP 程序，导出所有的 TP 程序
	Remove All TP Programs	删除所有 TP 程序
	TP Program Template	TP 程序模板
	Draw Part Features	工件特征
	Position Editing	点位编辑
	Find and Replace	搜索和替换
	Program [none] Properties	程序［无］属性

（七）Test-Run（试运行）菜单

试运行菜单主要是对程序的运行操作，包括运行面板打开、程序运行设置、运行选项、程序逻辑仿真、程序分析等，如图 1-39 所示。试运行菜单简介见表 1-11。

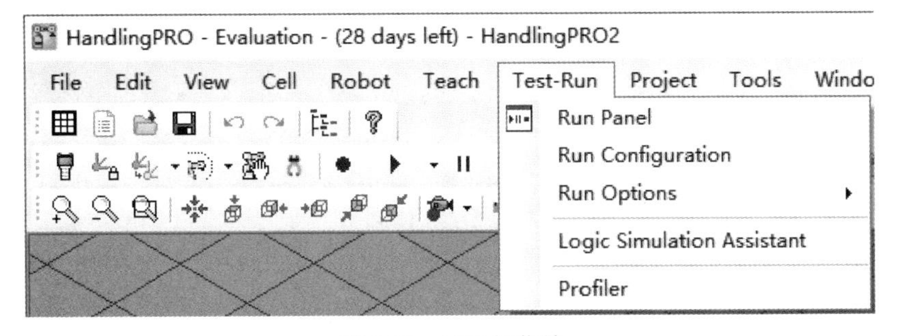

图 1-39　试运行菜单

表 1-11 试运行菜单简介

试运行菜单	子 菜 单	功 能 说 明
Test-Run	Run Panel	运行面板
	Run Configuration	运行设置
	Run Options	运行选项
	Logic Simulation Assistant	逻辑仿真助手
	Profiler	分析器

（八）Project（项目）菜单

项目菜单主要是对项巨文件的操作，如图 1-40 所示。项目菜单简介见表 1-12。

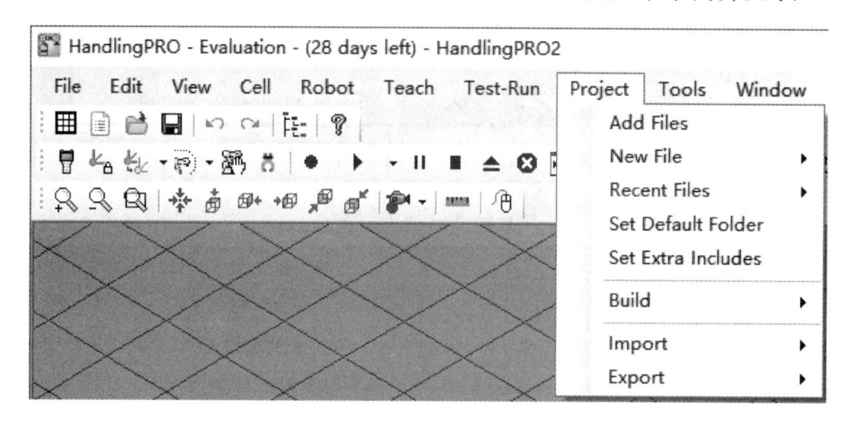

图 1-40 项目菜单

表 1-12 项目菜单简介

项目菜单	子 菜 单	功 能 说 明
Project	Add Files	添加文件
	New File	新建文件
	Recent Files	最近使用的文件
	Set Default Folder	指定默认的文件夹
	Set Extra Includes	添加 INCLUD 路径
	Build	构建
	Import	导入
	Export	导出

（九）Tools（工具）菜单

工具菜单中的选项主要是建立机器人工作单元时需要用到的常用功能，如图 1-41 所示。工具菜单简介见表 1-13。

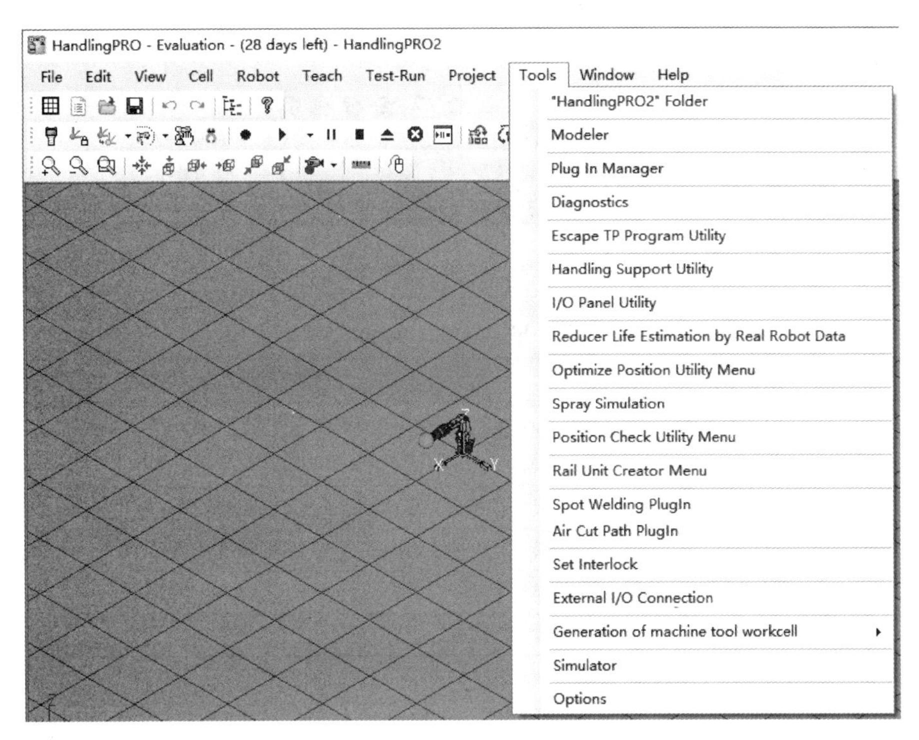

图 1-41　工具菜单

表 1-13　工具菜单常用功能简介

工具菜单	子 菜 单	功 能 说 明
Tools	Folder	工具文件夹
	Modeler	建模器
	Plug In Manager	插件管理器
	Diagnostics	性能分析
	Escape TP Program Utility	生成恢复原位程序
	Handling Support Utility	简易示教功能
	I/O Panel Utility	I/O 面板功能
	Rail Unit Creator Menu	生成行走轴
	External I/O Connection	外部设备 I/O 连接
	Generation of Machine Tool Workcell	机床工作单元创建功能
	Simulator	仿真器
	Options	选项

（十）Window（窗口）菜单

窗口菜单是对软件界面中视图窗口进行设置，如图 1-42 所示。窗口菜单简介见表 1-14。

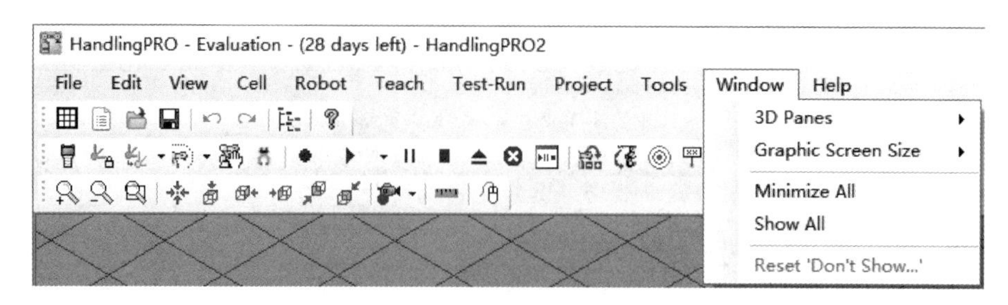

图 1-42 窗口菜单

表 1-14 窗口菜单简介

窗口菜单	子 菜 单	功 能 说 明
Window	3D Panes	多画面显示，3D 窗口可以设置当前软件画面，可以设置单画面、多画面分屏等
	Graphic Screen Size	画面尺寸选择
	Minimize All	全部最小化，缩小所有
	Show All	全部显示，显示所有
	Reset ‘Don't Show...’	重置“不再显示”

（十一）Help（帮助）菜单

帮助菜单提供了官方教程、反馈问题、检查更新以及版本信息等辅助功能，如图 1-43 所示。帮助菜单简介见表 1-15。

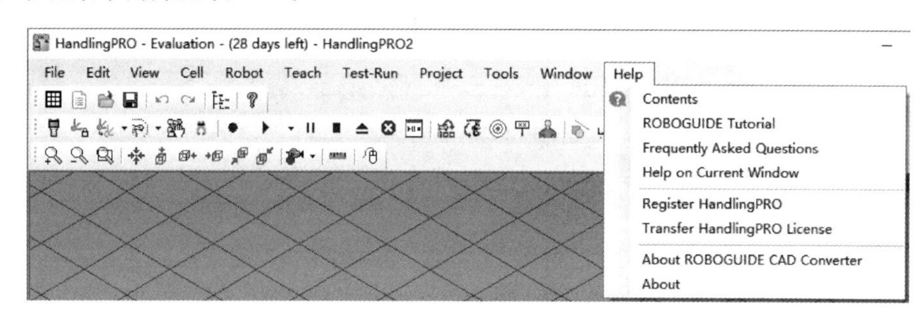

图 1-43 帮助菜单

表 1-15 帮助菜单简介

帮助菜单	子 菜 单	功 能 说 明
Help	Contents	目录
	ROBOGUIDE Tutorial	ROBOGUIDE 教程
	Frequently Asked Questions	常见问题及其解答汇总
	Help on Current Window	当前所选择的画面的帮助
	Register	许可证注册
	Transfer License	许可证传送，转移许可证
	About	版本信息

二、常用工具简介

（一）机器人控制工具

机器人控制工具简介见表 1-16。

表 1-16　机器人控制工具简介

机器人控制工具	功能说明
（Show/Hide Teach Pendant）	显示/隐藏虚拟 TP
（Lock/Unlock Teach Tool Selection）	锁定/解开示教工具的选择 选择示教工具并保持选中状态
▾（MoveTo Retry）	MoveTo 重试
▾（Show/Hide Work Envelope）	显示/隐藏机器人动作范围 设置机器人动作范围的显示/隐藏、显示基准
（Show/Hide Joint Jog Tool）	显示/隐藏各轴点动工具 可直接在 3D 画面上移动机器人轴
（[Open/Close Hand] When a Hand is Closed，the Hand Holds Parts.）	[打开/关闭手爪] 手爪关闭时，处于抓取工件的状态
（Show/Hide Jog Coordinates Quick Bar）	显示/隐藏手动进给坐标快捷工具栏 可使用按钮来指定手动进给坐标系
（Show/Hide MoveTo Quick Bar）	显示/隐藏 MoveTo 快捷工具栏 对 3D 画面上的物体执行 Move To
（Show/Hide Target tools）	显示/隐藏目标工具 该画面用于目标示教
（Add Label on Clicked Object）	为物体添加标签 可在鼠标单击的物体上添加标签
（Show/Hide Worker Quick Bar）	显示/隐藏 3D 人快捷工具栏 用于设置 3D 画面中的 3D 人
（Draw Features on Parts）	在工件上绘制特征 在工件上指定边线或模式的特征，可从特征自动生成机器人程序
（Show/Hide Position Edit）	显示/隐藏点位编辑画面 在 3D 画面上的点位图中编辑示教点
（Show/Hide Move and Copy Object）	显示/隐藏物体移动和复制画面 可通过简单的操作将物体移动/复制到目标位置
ON LINE（Connect/Disconnect Devices）	开始/断开与外部设备的连接

（二）视图操作工具

视图操作工具简介见表 1-17。

表 1-17　视图操作工具简介

视图操作工具	功 能 说 明
（Zoom In 3D World）	放大，视图场景放大显示
（Zoom Out）	缩小，视图场景缩小显示
（Zoom Window）	放大至窗口 视图场景局部放大显示，用鼠标左键在指定的区域拖拽，可将该区域放大至窗口大小
（Center the View on the Selected Object）	以指定的物体为视图中心，所选对象的中心在屏幕的中央显示
（Top/Left/Right/Front/Rear View 3D World+Z/+Y/−Y/+X/−X）	标准视图，3D 画面俯视图、左视图、右视图、前视图、后视图
（Show/Hide Mouse Commands）	显示/隐藏鼠标操作指令

单击按钮出现图 1-44 所示的表格，表格显示了所有通过“键盘+鼠标”操作的快捷方式。

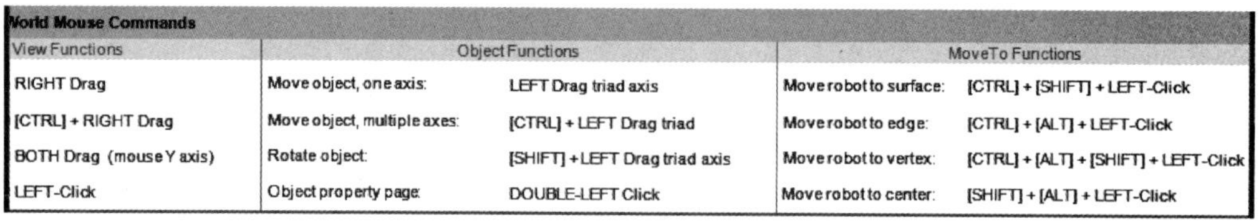

World Mouse Commands

View Functions	Object Functions		MoveTo Functions	
RIGHT Drag	Move object, one axis:	LEFT Drag triad axis	Move robot to surface:	[CTRL] + [SHIFT] + LEFT-Click
[CTRL] + RIGHT Drag	Move object, multiple axes:	[CTRL] + LEFT Drag triad	Move robot to edge:	[CTRL] + [ALT] + LEFT-Click
BOTH Drag (mouse Y axis)	Rotate object:	[SHIFT] + LEFT Drag triad axis	Move robot to vertex:	[CTRL] + [ALT] + [SHIFT] + LEFT-Click
LEFT-Click	Object property page:	DOUBLE-LEFT Click	Move robot to center:	[SHIFT] + [ALT] + LEFT-Click

图 1-44　快捷键提示窗口

（1）旋转视图：按住鼠标右键拖动。

（2）平移视图：按住〈Ctrl〉键并按住鼠标右键拖动。

（3）缩放视图：旋转鼠标滚轮。

（4）选择视图中的目标对象：单击鼠标左键。

（5）沿固定轴向移动目标对象：光标放在对象坐标系的某一轴上按住鼠标左键拖动。

（6）自由移动目标对象：光标放在对象的坐标系上，按住〈Ctrl〉键并按住鼠标左键拖动。

（7）沿固定轴向旋转目标对象：光标放在对象坐标系的某一轴上，按住〈Shift〉键并按住鼠标左键拖动。

（8）打开目标对象属性设置：双击。

（9）移动机器人工具中心点（Toot Center Point，TCP）到目标表面：按住〈Ctrl〉+〈Shift〉组合键，单击鼠标左键。

（10）移动机器人 TCP 到目标边缘线：按住〈Ctrl〉+〈Alt〉组合键，单击鼠标左键。

（11）移动机器人 TCP 到目标角点：按住〈Ctrl〉+〈Alt〉+〈Shift〉组合键，单击鼠标左键。

（12）移动机器人 TCP 到目标圆弧的中心：按住〈Alt〉+〈Shift〉组合键，单击鼠标左键。

（三）程序运行工具

程序运行工具简介见表 1-18。

表 1-18　程序运行工具简介

程序运行工具	功能说明
●（Record AVI）	3D Player 文件记录 开始/停止 3D Player 文件记录
▶ ▾（Cycle Start1）	循环启动 运行机器人当前程序
⏸（Hold）	暂停 暂停机器人的运行
■（Abort）	停止 停止机器人的运行
⏏（Fault Reset）	取消报警（重置） 消除运行时出现的报警
⊗（Imnediate Stop）	紧急停止
▣（[Run Panel] Settings for simulation）	显示/隐藏运行面板，用于对仿真进行设置

单击▣按钮后出现图 1-45 所示的面板。

常用设置选项说明如下。

（1）Simulation Rate：仿真速率，如图 1-46 所示。

Synchronize Time：时间校准，使仿真的时间与计算机时间同步，一般不勾选。

Run-Time Refresh Rate：运行时间刷新率，值越大，运动越平滑。

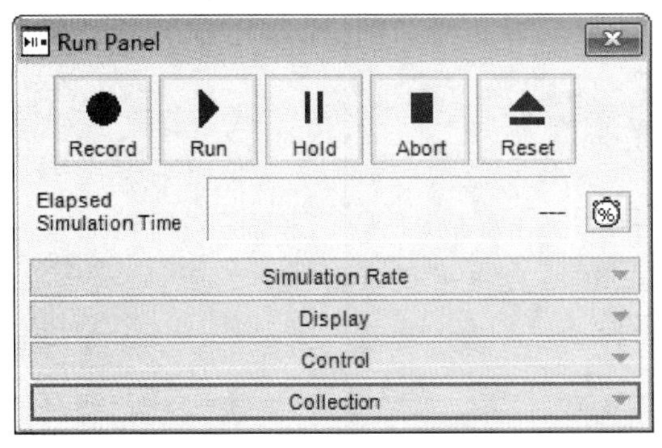

图 1-45　运行控制面板

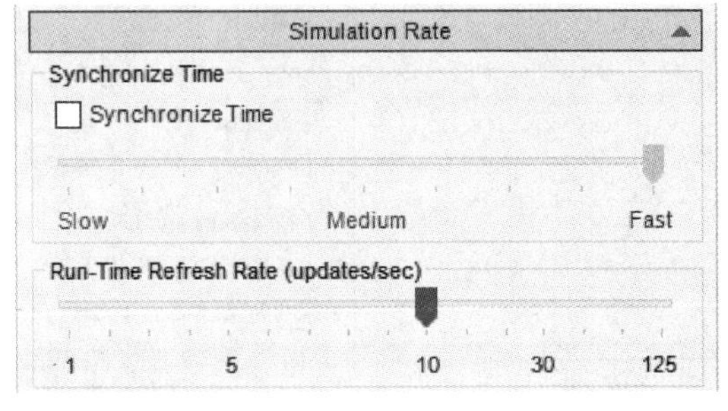

图 1-46　“Simulation Rate”下拉列表

（2）Display：运行显示，如图 1-47 所示。

Taught Path Visible：示教路径可见。

Refresh Display：刷新界面。

Hide Windows：隐藏窗口。

Collision Detect：碰撞检测功能。

（3）Control：运行控制，如图 1-48 所示。

Run Program in Loop：循环执行程序。

（4） AVI Settings：录制视频设置。

AVI Size(pixels)：设定录制视频的分辨率。

图 1-47 “Display”下拉列表

图 1-48 “Control”下拉列表

（四） 测量工具

此功能可用来测量两个目标位置间的距离和相对位置。分别在“From”和“To”下选择两个目标位置，即可在下面的“Distance”中显示出直线距离及 X 、Y、Z 三个轴上的投影距离和三个方向的相对角度。

在“From”和“To”下分别有一个下拉列表，如图 1-49 所示。若选择的目标对象是后续添加的设备模型，下拉列表中测量的位置可设置为实体或原点；若选择的对象是机器人模型，可将测量位置设置为实体、原点、机器人零点、TCP 和法兰盘。

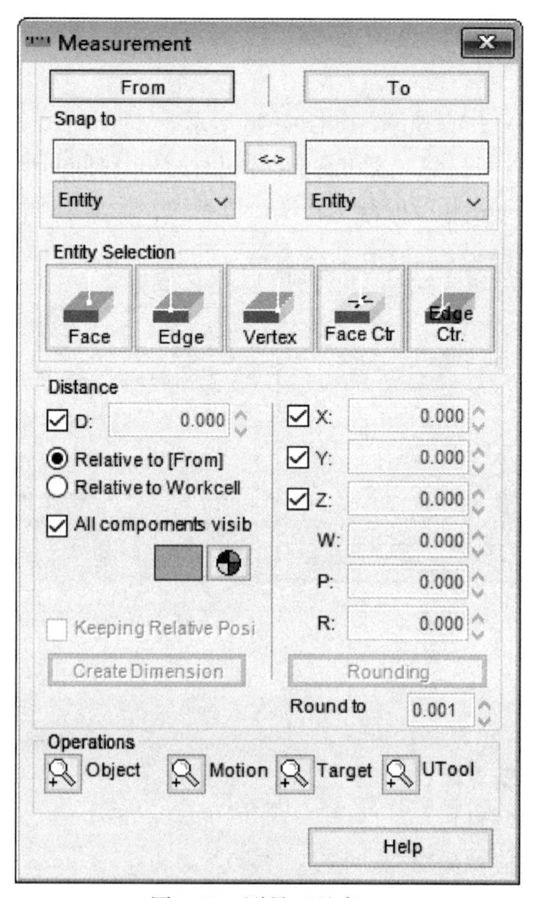

图 1-49 测量工具窗口

第五节 实　训

工业机器人领域比较知名且成熟的离线编程与仿真软件（如 RobotStudio、ROBOGUIDE、RobotMaster 等）都是国外的品牌。随着我国工业机器人市场的逐渐成型，国内的开发商逐步推出了一些软件来适配主流的工业机器人。

调研目前国产的离线编程与仿真软件的发展现状，与世界上主流的软件对比，进行差异化分析，并对国内厂商提出发展期待和建议。

仿真篇

第二章　创建仿真机器人工作站

【学习目标】

(1) 掌握工业机器人仿真工作站的布局流程，能够布局工业机器人仿真工作站。
(2) 掌握创建工业机器人系统的方法。
(3) 能够对工作站中的工具、工装、工件进行关联设置。

【知识储备】

仿真机器人工作站是计算机图形技术与机器人控制技术的结合体，它包括场景模型与控制系统软件。离线编程与仿真的前提是在 ROBOGUIDE 软件的虚拟环境中仿照真实的工作现场建立一个仿真的工作站，如图 2-1 所示。这个场景中包括工业机器人（焊接机器人、搬运机器人等）、工具（焊枪、夹爪、喷涂工具等）、工件、工装台（工件托盘）以及其他的外围设备等。其中，机器人、工具、工装台和工件是构成工作站不可或缺的要素。

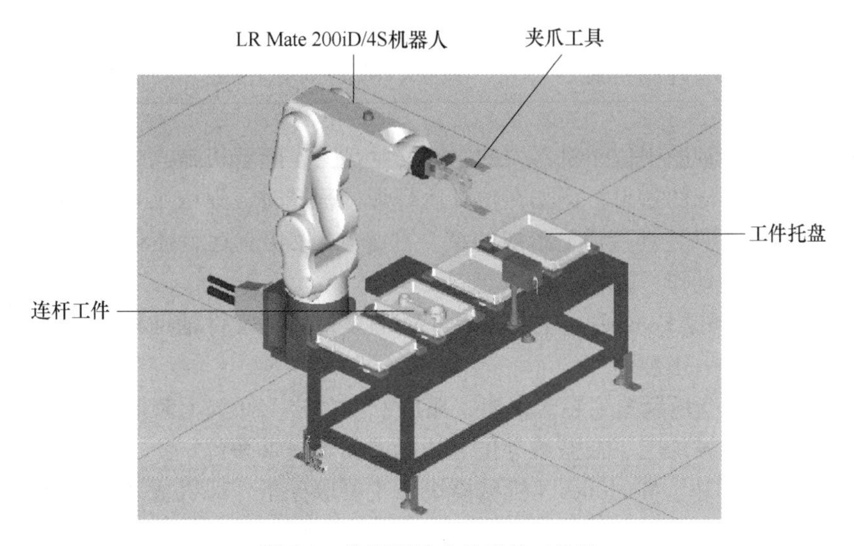

图 2-1　仿真环境中的简易工作站

构建虚拟的场景就必须涉及三维模型的使用。ROBOGUIDE 软件虽不是专业的三维绘图软件，但是也具有一定的建模能力，并且其软件资源库中带有一定数量的模型可供用户使用。如果要达到更好的仿真效果，可以在专业的绘图软件中绘制需要的模型，然后导入 ROBOGUIDE 软件中。模型将被放置在工程文件的不同模块下，可被赋予不同的属性，从而模拟真实现场的机器人、工具、工件、工装台和机械装置等。

ROBOGUIDE 软件工程文件中的仿真工作站架构如图 2-2 所示。其中，负责模型的模块包括 Eoats、Fixtures、Machines、Obstacles、Parts 等，用以充当不同的角色。

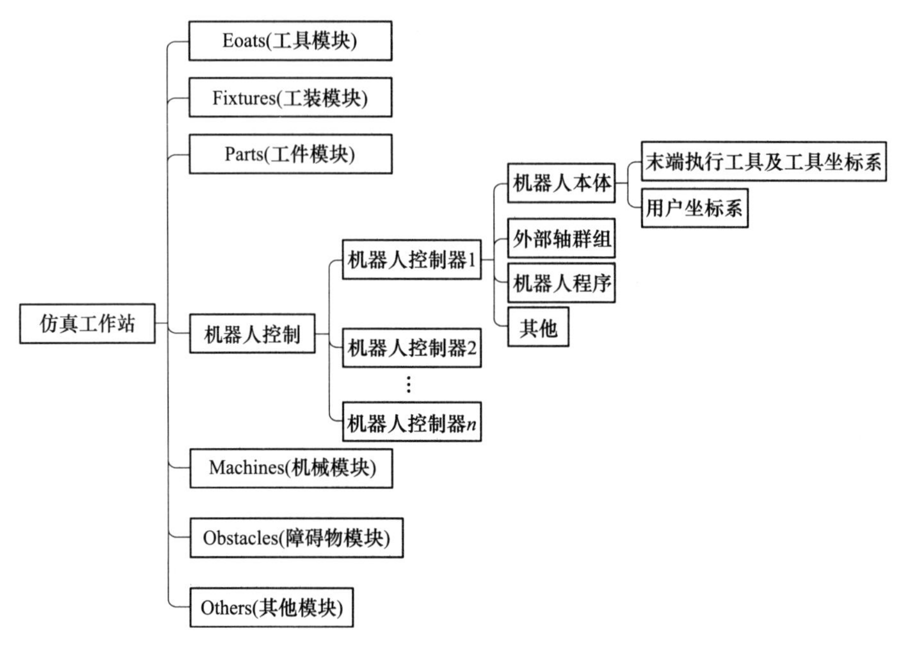

图 2-2 仿真工作站架构

（1）Eoats 模块。Eoats（工具模块）位于 Tooling 路径上，充当机器人末端执行器的角色。常见的工具模型包括焊枪、焊钳、夹爪、喷涂枪等。图 2-3 所示为软件自带 Eoats 模块中的焊枪工具模型。

工具模型在三维视图中位于机器人的六轴法兰盘上，随着机器人运动。不同的工具可在仿真运行时模拟不同的效果。例如在仿真运行焊接程序时，焊枪工具可以在尖端产生火花，并出现焊缝（焊件经焊接后所形成的结合部分）；在仿真运行搬运程序时，夹爪工具可以模拟真实的开合动作，并将目标抓起。

（2）Fixtures 模块。Fixtures（工装模块）下的模型属于工件辅助模型，在仿真工作站中充当工件的载体——工装。

图 2-4 所示为带有托盘的工装台模型，托盘中可存放工件。工装模型是工件模型的重要载体之一，为工件被加工、被搬运等仿真功能的实现提供平台。

（3）Machines 模块。Machines（机械模块）主要服务于外部机械装置，此模块同机器人模型一样可实现自主运动。图 2-5 所示为软件自带模型库中的变位机模型。

Machines 模块下的模型用于可运动的机械装置上，包括传送带、推送气缸、行走轴等直线运行设备，或者转台、变位机等旋转运动设备。在整个仿真场景中，除了机器人以外的其他所有模型要想实现自主运动，都是通过建立 Machines 模块来实现的。另外，Machines 模块下的模型还是工件模型的重要载体之一，为工件被加工、被搬运等仿真功能的实现提供平台。

（4）Obstacles 模块。Obstacles（障碍物模块）下的模型是仿真工作站非必需的辅助模型。此类模型一般用于外围设备展示模型和装饰性模型，包括焊接设备、电子设备、围栏

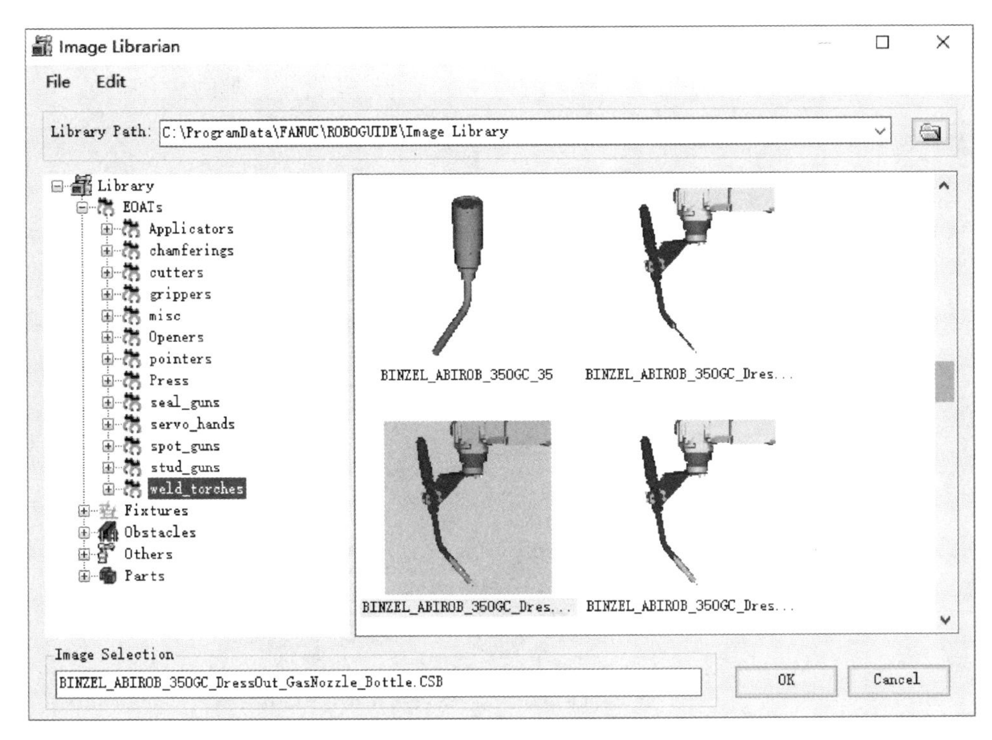

图 2-3　焊枪工具模型

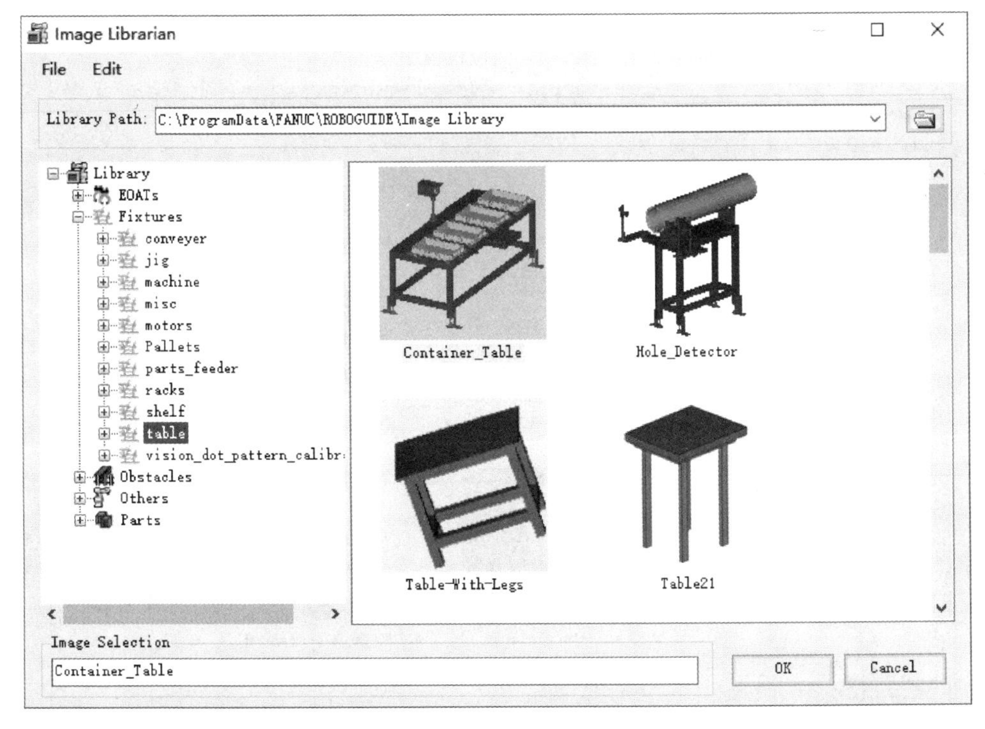

图 2-4　工装台托盘模型

等，外围设备模型如图 2-6 所示。Obstacles 模块本身的模型属性对于仿真并不具备实际的意义，其主要作用是为了保证虚拟环境和真实现场的布置保持一致，使用户在编程时考虑更全面。比如在编写离线程序时，机器人的路径应绕开这些物体，避免发生碰撞。

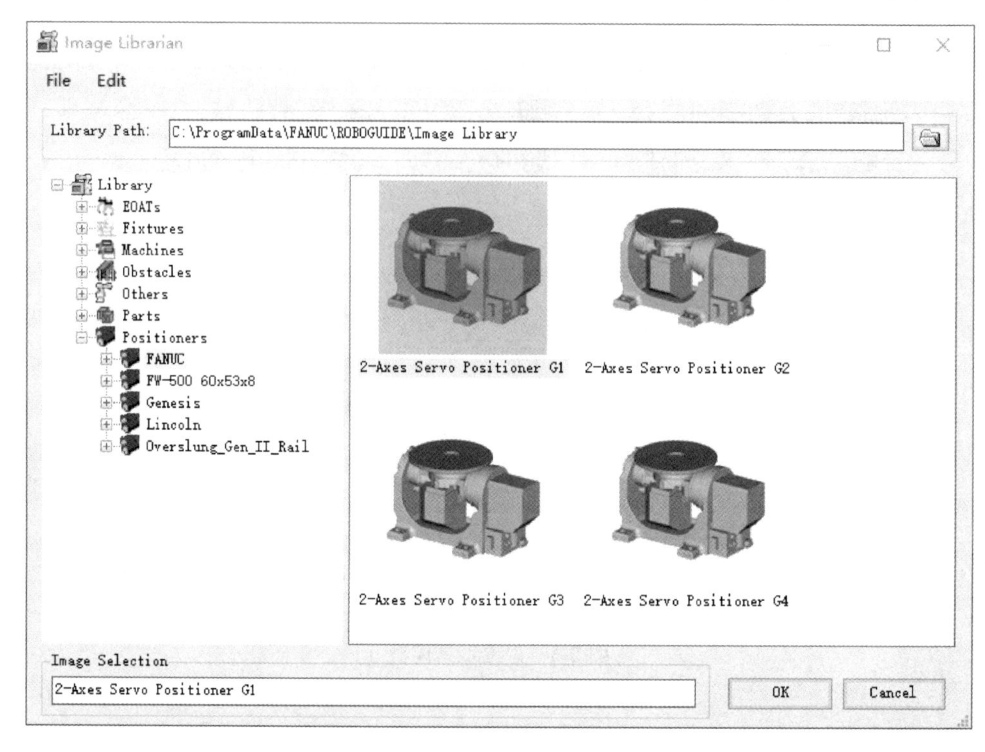

图 2-5 变位机模型

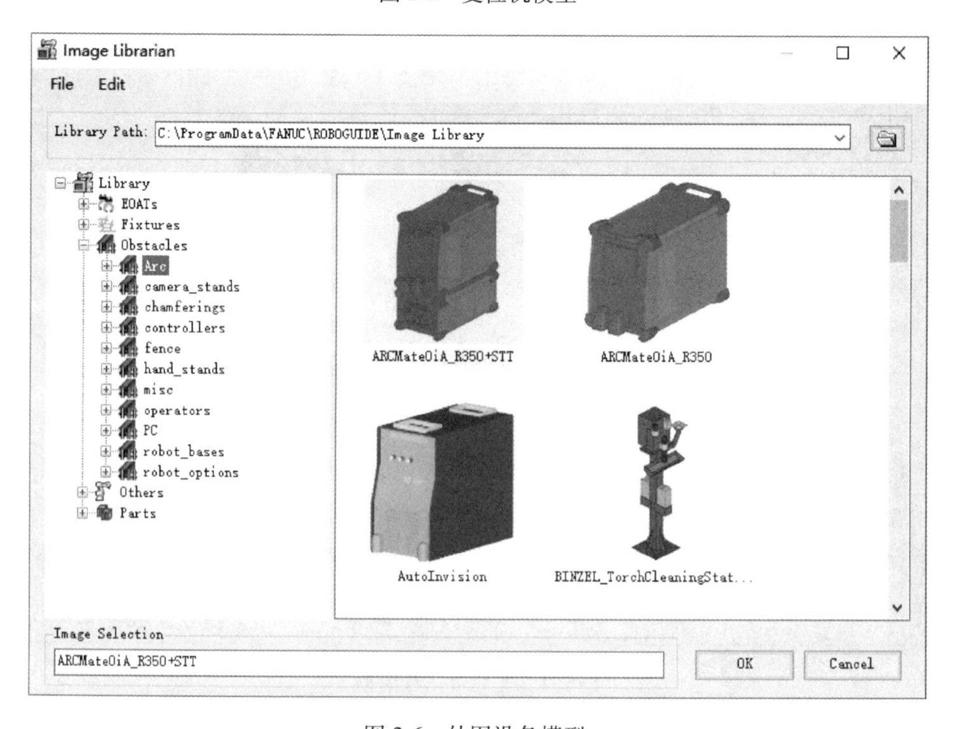

图 2-6 外围设备模型

（5）Parts 模块。Parts（工件模块）下的模型是离线编程与仿真的核心，在仿真工作站中充当工件的角色，可用于被加工、被搬运的仿真，并模拟真实的效果。图 2-7 所示为软件自带模型库中的车架模型。

Parts 模块下的模型除了用于演示仿真动画以外，最重要的是具有“模型-程序”转化功能。ROBOGUIDE 软件能够获取 Parts 模块下的模型的数模信息，将其转化成程序轨迹的信息，用于快速编程和复杂轨迹编程。

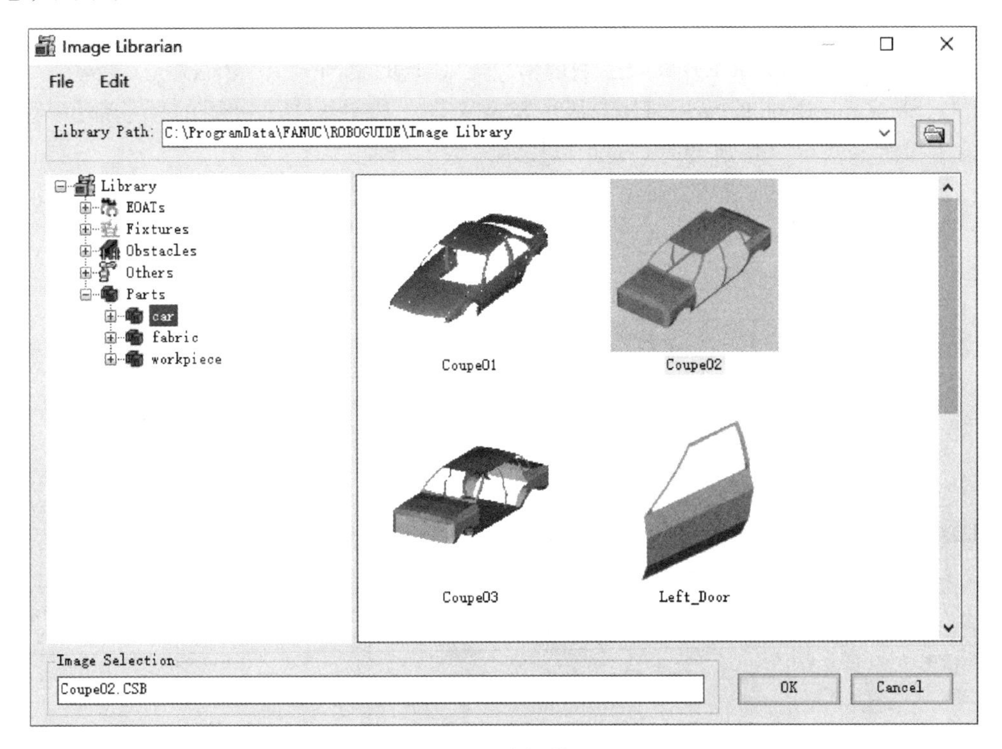

图 2-7　车架模型

第一节　机器人的属性设置

仿真的机器人模组在创建工程文件之初就自动形成了三维模型与运动学控制的连接，用户可使用虚拟的示教器对其进行运动控制。在 ROBOGUIDE 软件中，属性设置窗口非常重要，它针对不同的模块，提供了相应的设置项目（主要包括模型的显示状态设置、位置姿态设置、尺寸数据设置、仿真条件设置和运动学设置等）。机器人模组的属性设置项目主要有机器人名称、机器人工程文件配置修改、机器人模组显示状态的设置、机器人位置的设置、碰撞检测设置等，如图 2-8 所示。

（1）Name：输入机器人的名称，支持中文输入。

（2）Serialize Robot：修改机器人工程文件的配置，单击“Serialize Robot”按钮进入工程文件创建向导界面进行修改。

（3）Visible：默认是勾选的，如果取消勾选，机器人模组将会隐藏。

（4）Edge Visible：默认是勾选的，如果取消勾选，机器人模组的轮廓线将隐藏。

（5）Teach Tool Visible：默认是勾选的，如果取消勾选，机器人的 TCP 将被隐藏。另外，其右侧的调节选项可调整 TCP 显示的尺寸。

（6）Wire Frame：默认是不勾选的，如果勾选，机器人模组将以线框的样式显示。另外，其右侧的调节选项可调整机器人模组在实体和线框两种显示样式下的透明度。

（7）Location：输入数值调整机器人的位置，包括在 X、Y、Z 轴方向上的平移距离和旋转角度。

（8）Show Work Envelope：勾选显示机器人 TCP 的运动范围。其中，UTool Zero 表示默认 TCP 的范围，Current UTool 表示当前新设定 TCP 的范围。

（9）Show robot collisions：勾选会显示碰撞结果。如果机器人模组的任意部位与其他模型发生接触，整个模组则会高亮显示以提示发生了碰撞。

（10）Lock All Location Values：勾选锁定机器人的位置数据则机器人不能被移动。此时，机器人模型的坐标系会由绿色变为红色。另外，假设是其他可调整尺寸的模型，勾选此项后尺寸数据也将被锁定。

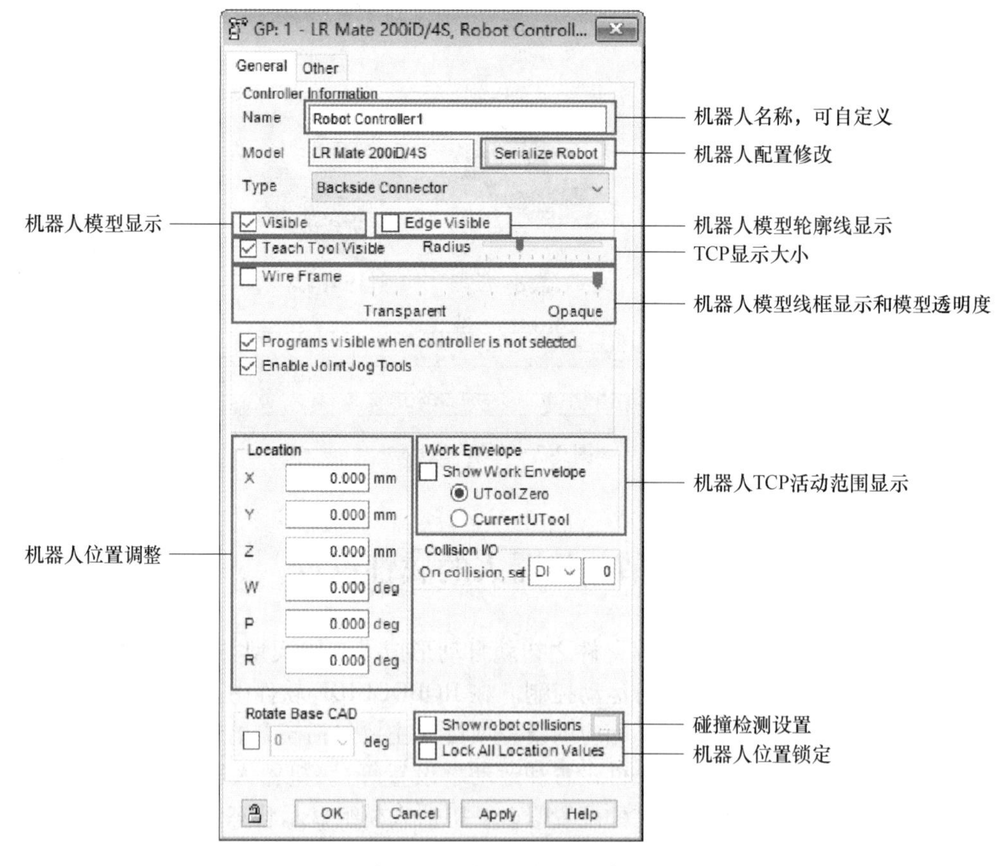

图 2-8　机器人属性设置窗口

一、创建机器人工程文件

选择 HandlingPRO 模块→LR Handling Tool 软件工具→LR Mate 200iD/4S 机器人。

二、打开机器人属性设置窗口

方法一：单击 Cell Browser 菜单图标，打开“Cell Browser”窗口，选中机器人图标，单击鼠标右键，在弹出的菜单中选择“GP：1-LR Mate 200iD/4S Properties”（LR Mate 200iD/4S 机器人属性），如图 2-9 所示。

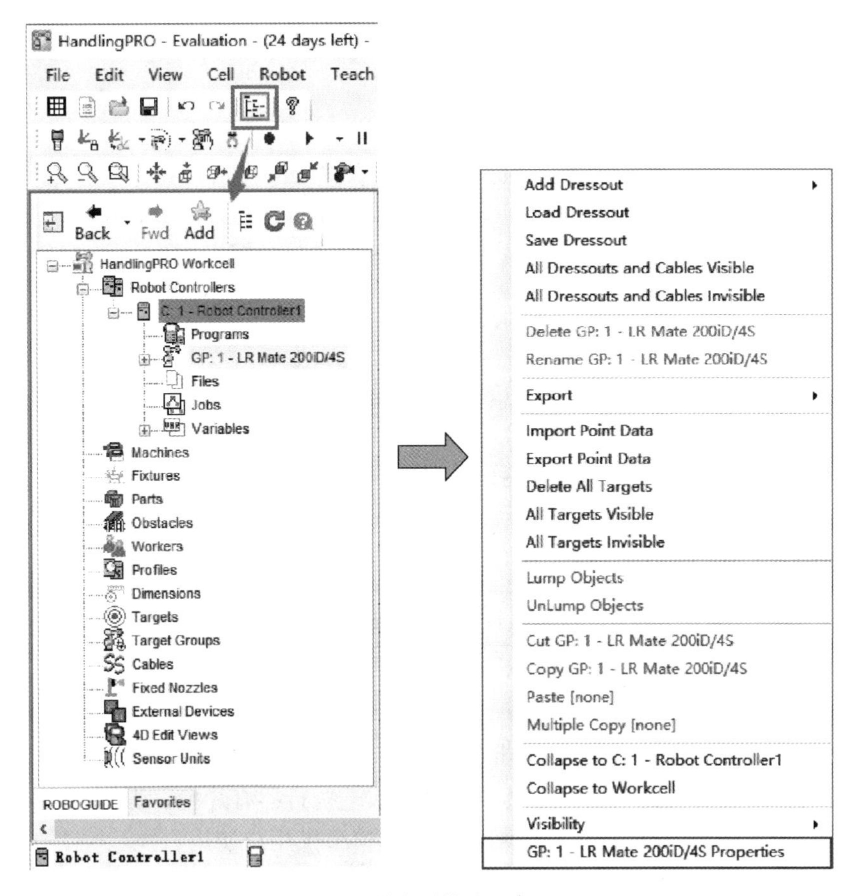

图 2-9　机器人属性设置窗口入口

方法二：直接双击视图窗口中的机器人模组，打开其属性设置窗口。

三、机器人模组的属性设置

（1）将机器人重命名为“小型 6 轴机器人”。

（2）将“Edge Visible”取消勾选，机器人模型轮廓将隐藏，可提高计算机的运行速度。

（3）勾选“Show robot collisions”用于检测机器人在编程过程中是否发生碰撞。

（4）勾选“Lock All Location Values”锁定机器人的位置，避免误操作移动机器人。

设置的具体情况如图 2-10 所示，完成后单击“Apply”按钮结束设置。

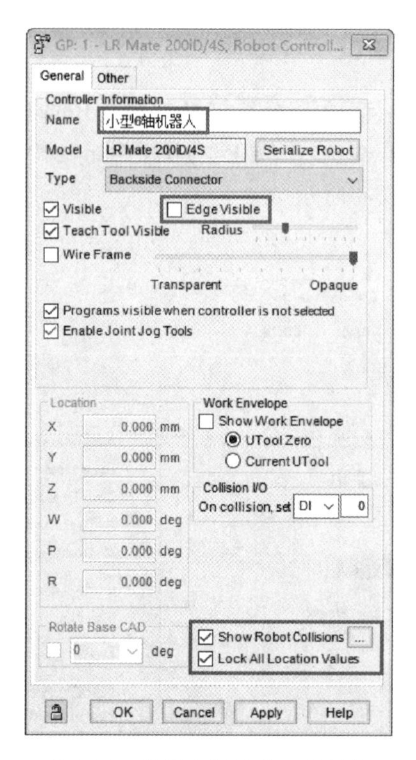

图 2-10 机器人模组的一般设置

第二节 工具的创建与设置

工具是机器人的末端执行器，该模块与整个工程文件的结构关系和所处的位置如图 2-11 所示。在 ROBOGUIDE 软件自带的模型库中，Eoats 模块中的模型一般会加载在 Tooling 路径上，模拟真实的机器人工具。常见的末端执行器有焊枪、焊钳、夹爪工具、喷涂工具等，ROBOGUIDE 软件提供一定数量的上述模型供用户使用。

单个机器人模组上可以最多添加 10 个工具，这与示教器上允许设置 10 个工具坐标系的情况是对应的。在具有多个工具的情况下，可通过手动和程序进行工具的切换，极大地方便了在同一个仿真工作站中进行不同仿真任务的快速转换。另外，工具名称支持自定义重命名，并且支持中文输入。对于多个工具并存的情况，命名后使得各个工具更容易区别，操作和查看都非常快速，如图 2-12 所示。

实施过程中需要在仿真机器人的 6 轴法兰盘上“安装”一个夹爪工具（来自软件自带模型库），通过安装的操作过程使得初学者掌握工具模型的添加方法、工具模型的大小和位置的调整方法及工具模型的重命名操作。

一、工具模型的添加

（1）在“Cell Browser”窗口中，选中 1 号工具“UT：1”，用鼠标右键单击“Eoat1 Properties”（机械手末端工具 1 属性），如图 2-13 所示，或者直接双击“UT：1”，打开属

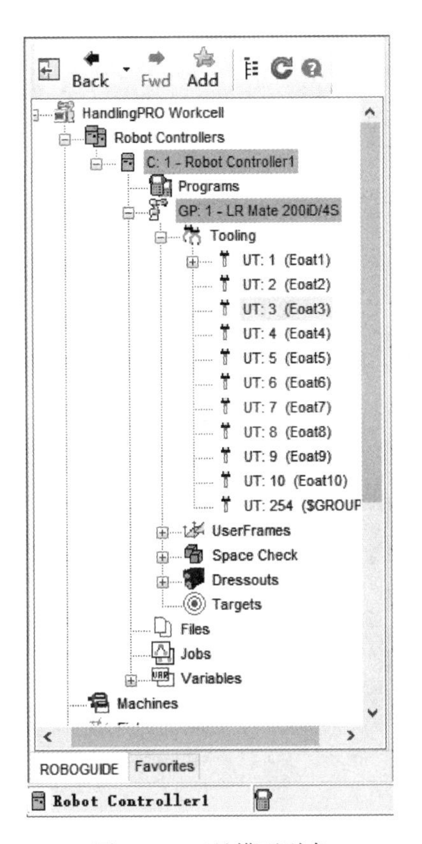

图 2-11　工具模型列表

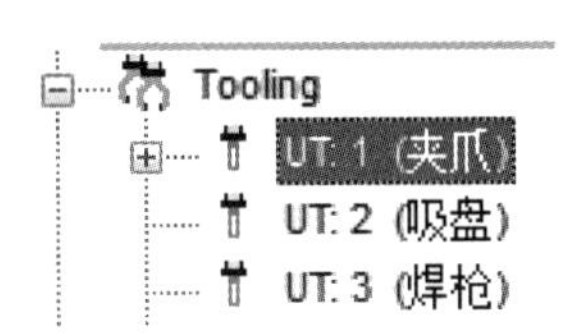

图 2-12　多个并列工具

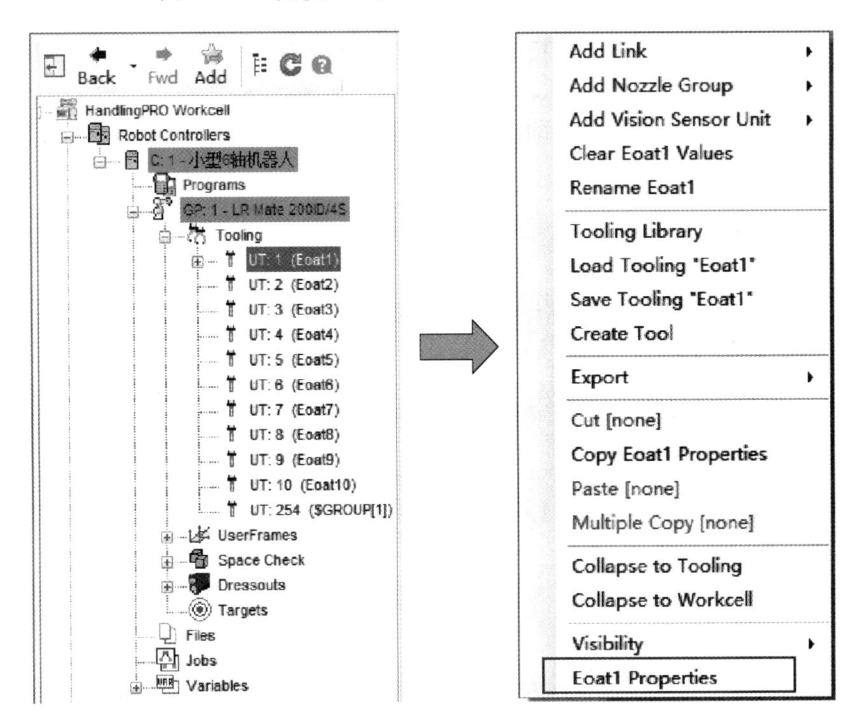

图 2-13　工具属性设置入口

性设置窗口。

（2）在弹出的工具属性设置窗口中选择“General”常规设置选项卡，单击“CAD File”右侧的第2个按钮，从软件自带的模型库里选择所需的工具模型，如图2-14所示。

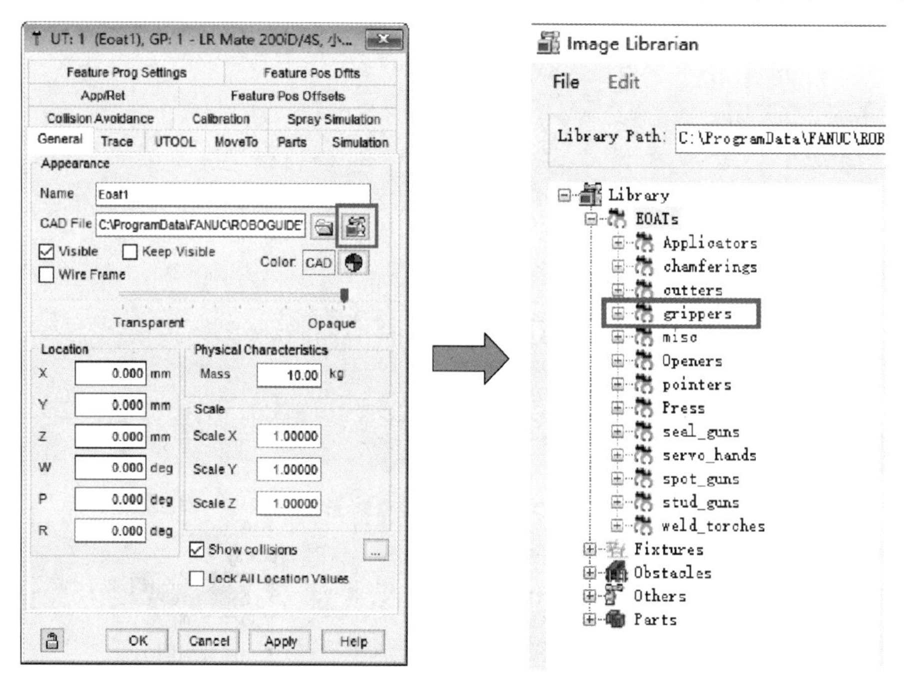

图2-14　选择工具模型

（3）添加1个合适的夹爪，在模型库中执行菜单命令“EOATs”→“grippers”，选择夹爪“36005f-200-2”，单击“OK”按钮完成选择，如图2-15所示。

（4）上述操作完成后，三维视图中并没有显示出夹爪的模型，此时单击“Apply”按钮，夹爪才会添加到机器人末端，如图2-16所示。

二、工具模型的设置

（1）图2-16中添加的工具模型的尺寸和姿态显然是不正确的。应在当前属性设置窗口中修改工具的位置数据：“W”设为-90，即使其沿X轴顺时针旋转90°；“Scale X/Y/Z”设置为0.2，即每个轴向上的尺寸大小都设为0.2倍，这样工具就能正确安装到机器人法兰盘上，如图2-17所示。

（2）勾选窗口中最下方的“Lock All Location Values”选项，使其相对于机器人法兰盘的位置固定，避免因为误操作使工具偏离机器人法兰盘。另外，进行此操作后，模型的尺寸数据也将会被锁定。

三、工具的重命名

鼠标右键单击工具中的“UT：1”，选择“Rename Eoat1”将其重命名为“夹爪”，如图2-18所示。或者在工具属性设置窗口中的“Name”栏中输入名称，然后单击“Apply”按钮。

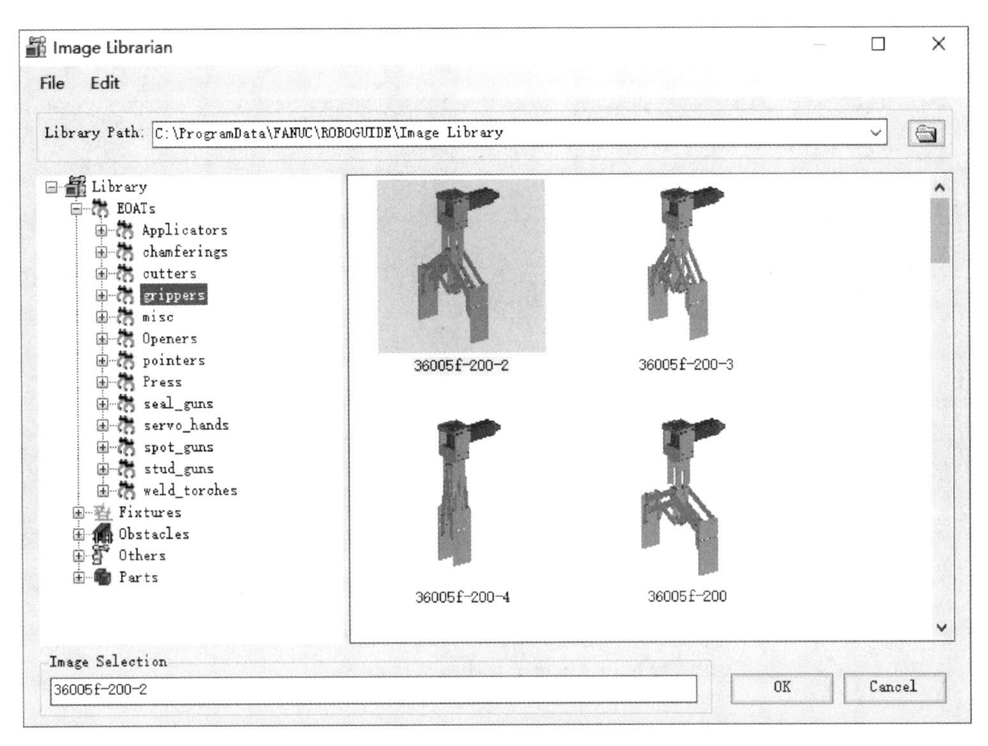

图 2-15　夹爪工具

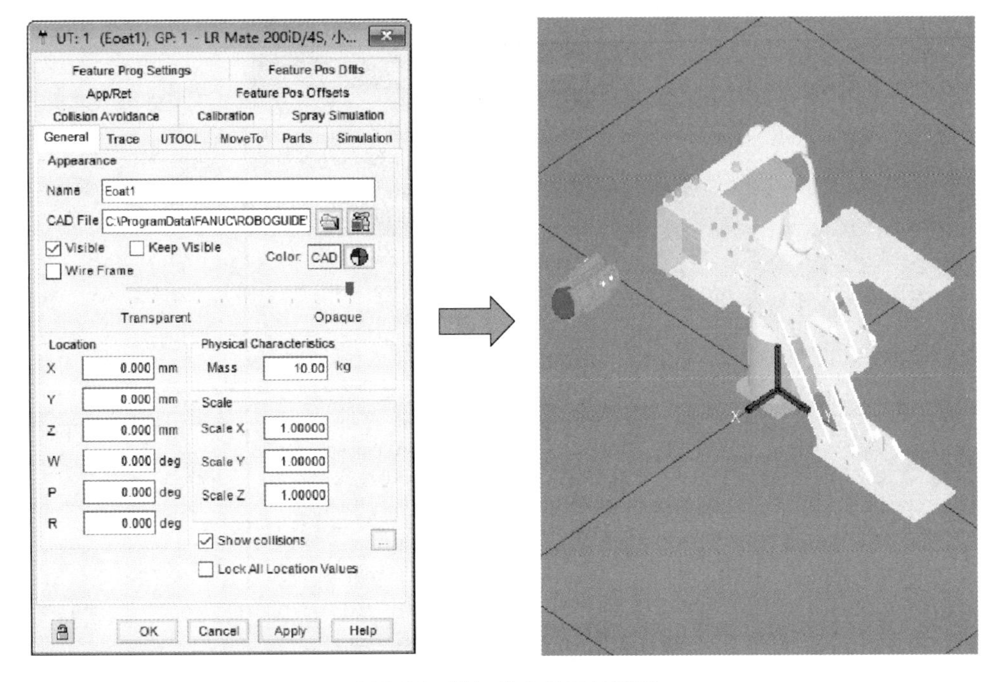

图 2-16　添加的夹爪工具模型

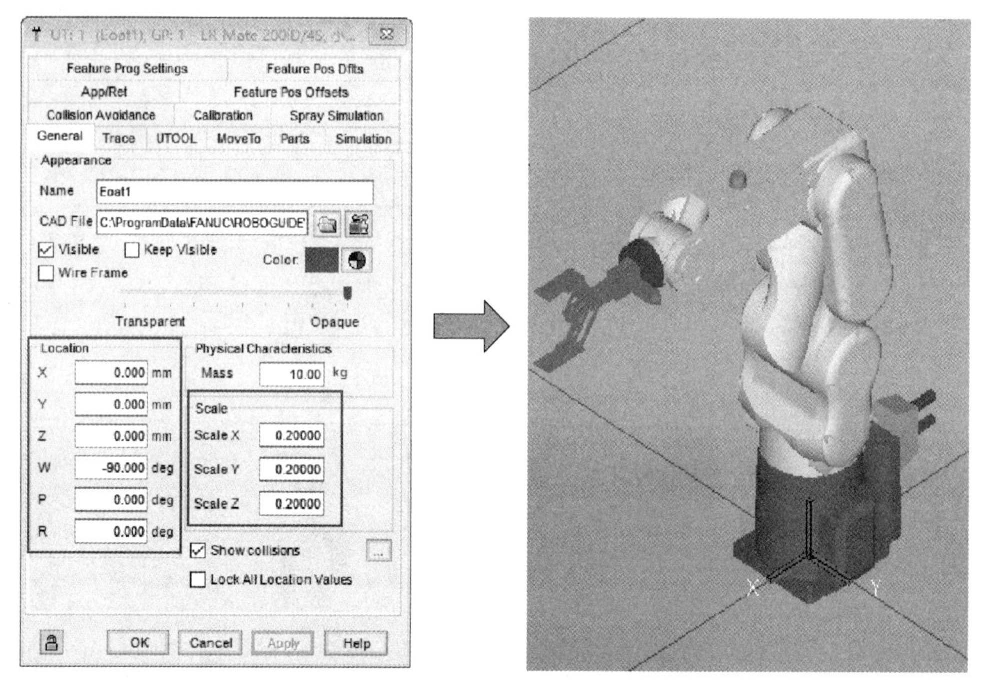

图 2-17 夹爪工具调整项目和状态

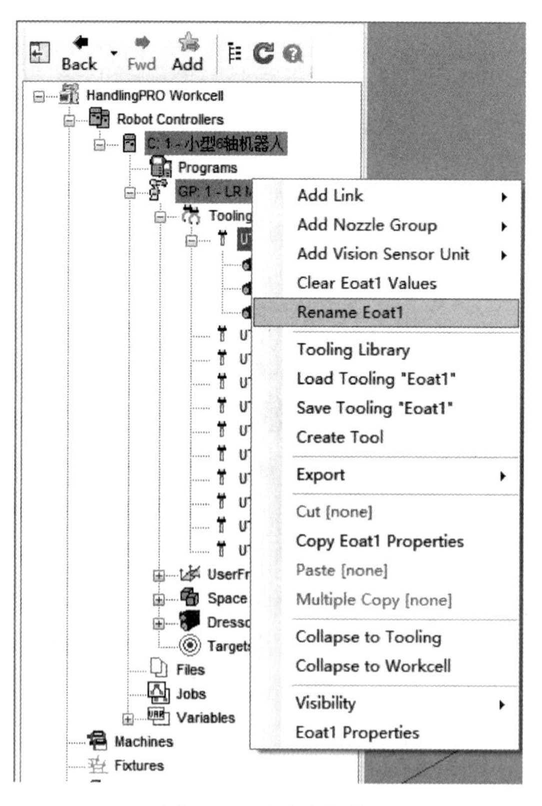

图 2-18 重命名操作

第三节 工装的创建与设置

固定的加工工作台和工件夹具都属于工装，在实际的生产中作为工件的载体。在ROBOGUIDE软件的仿真环境中，Fixtures模块下的模型充当着工装的角色，辅助工件模型完成编程与仿真。Fixtures模型之间是相互独立的个体，无法以某一个模型为基础进行链接添加去组建模组，而且模型的添加数量没有限制。为了方便模型的管理、操作和查找，每个模型都可以采用中文进行自定义命名，如图2-19所示。

在创建Fixtures模块的工装模型时可使用ROBOGUIDE软件本身的模型或者外部的模型，其中利用ROBOGUIDE软件本身的资源创建工装的途径有两个：一是自行绘制简单的几何体；二是从模型库中添加。ROBOGUIDE软件的建模能力十分有限，目前只支持立方体、圆柱体、球体的模型绘制，适合于对场景美观度要求不高，快速构建场景的情况。模型库中的模型虽然数量有限，但样式较为直观，能够帮助初学者理解Fixtures模块的作用和意义。图2-20所示的是一些软件模型库中的Fixtures模型，也是在生产现场中常见的各种工装设施。

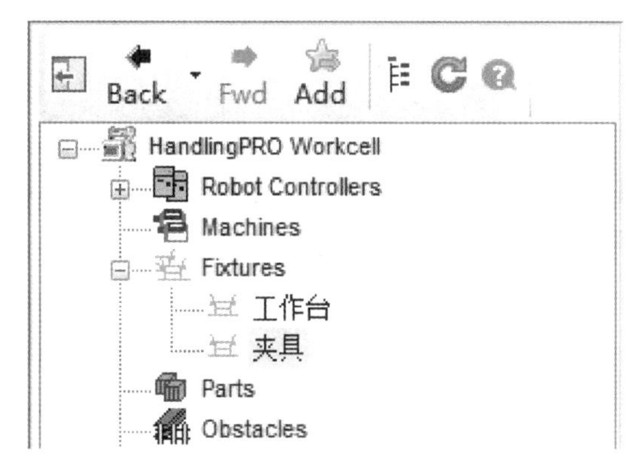

图2-19 Fixtures模块下的模型列表

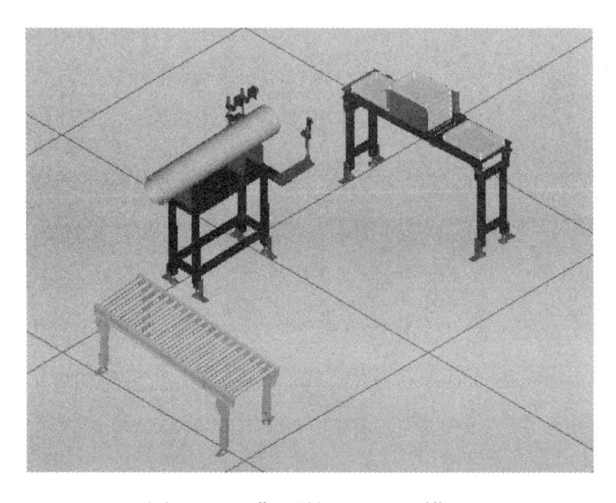

图2-20 典型的Fixtures模型

本节需要为仿真环境创建工装台，将会涉及绘制Fxiture模型和添加Fxiture模型两种方式以及后续的设置过程。

一、绘制法创建工作台

（1）绘制模型：打开“Cell Browser”窗口，鼠标右键单击“Fixtures”，执行菜单命令“Add Fixture”→“Box”如图 2-21 所示。此时，视图中机器人模型的正上方会出现一个立方体的模型。

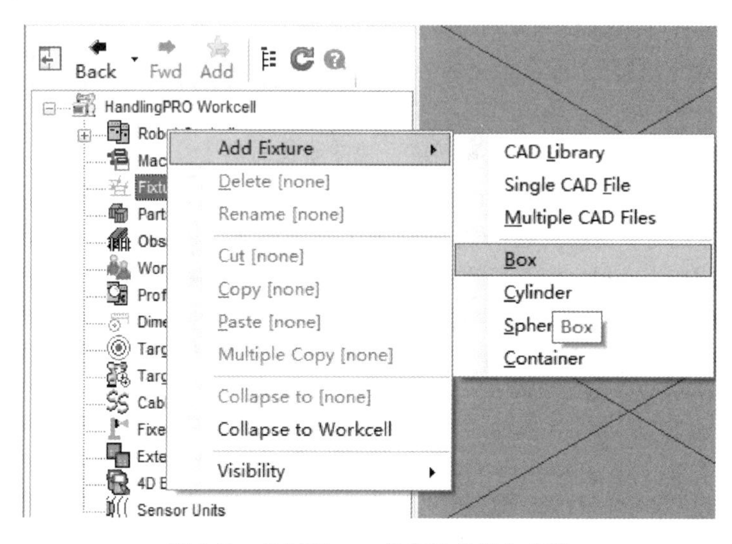

图 2-21　绘制 Fixture 几何体的操作步骤

（2）设置工装台的大小：在弹出的 Fixture1 模型属性设置窗口的“General”选项卡下，输入“Size”的 3 个数值，将 X、Y、Z 轴方向上的尺寸分别设置为 400、400、200，默认单位为 mm，如图 2-22 所示。

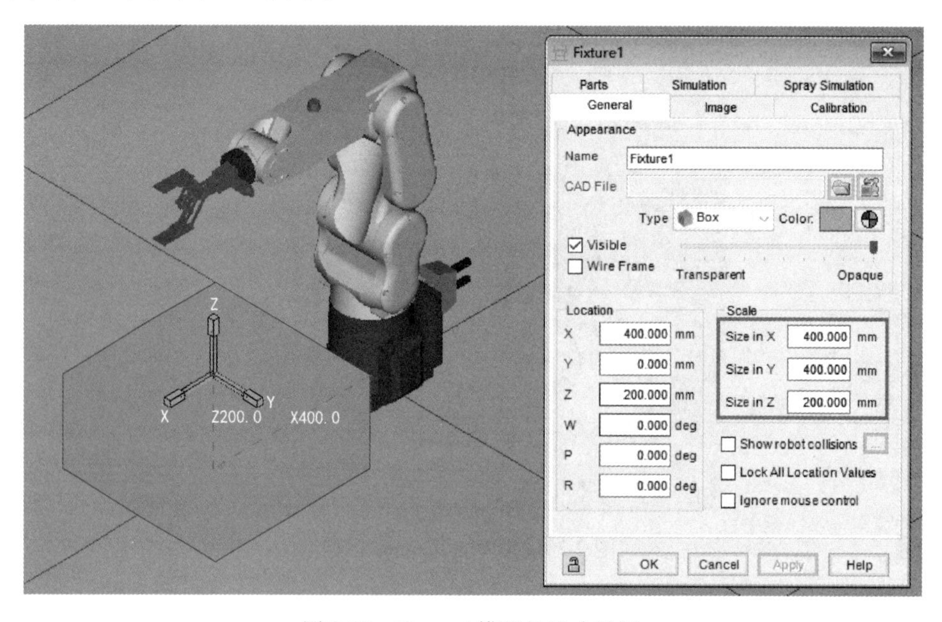

图 2-22　Fixture1 模型的尺寸设置

（3）设置工装台的位置。

方法一：拖动视图中 Fixture1 模型上的绿色坐标系，调整至合适位置，单击“Apply”按钮确认。

方法二：在 Fixture1 模型属性界面的位置数据中直接输入数据 X＝400，Y＝0，Z＝200，W＝0，P＝0，R＝0，单击“Apply”按钮确认，如图 2-23 所示。

（4）设置完成后，勾选“Lock All Location Values”选项，单击“Apply”按钮锁定工作台的位置，避免误操作使工装台发生移动。

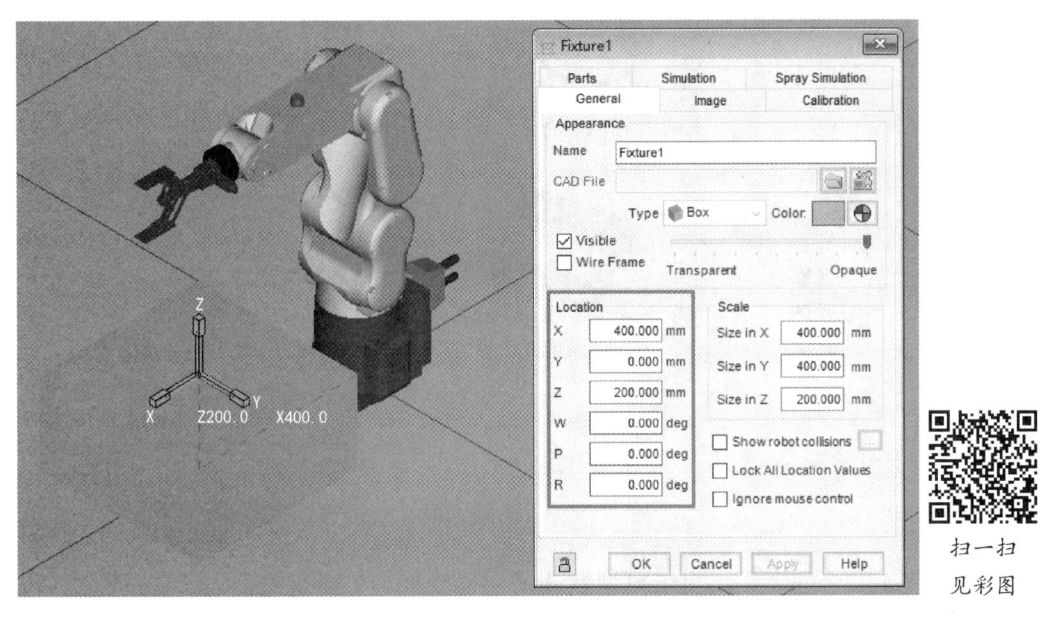

扫一扫
见彩图

图 2-23　Fixture1 模型的位置设置

二、模型添加法创建工作台

（1）添加模型：打开“Cell Browser”窗口，鼠标右键单击“Fixtures”，执行菜单命令“Add Fixture”→“CAD Library”，如图 2-24 所示。

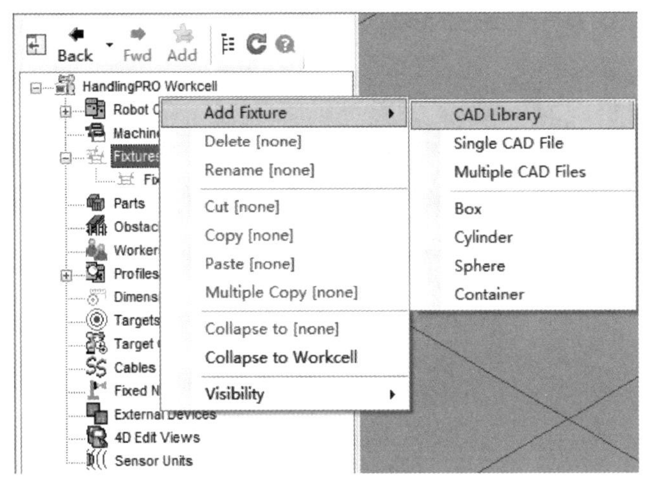

图 2-24　添加 Fixture 模型的操作步骤

在图 2-25 所示的目录中，选择一个带有托盘的工装台“Container_Table”，单击“OK”按钮将其添加到场景中。

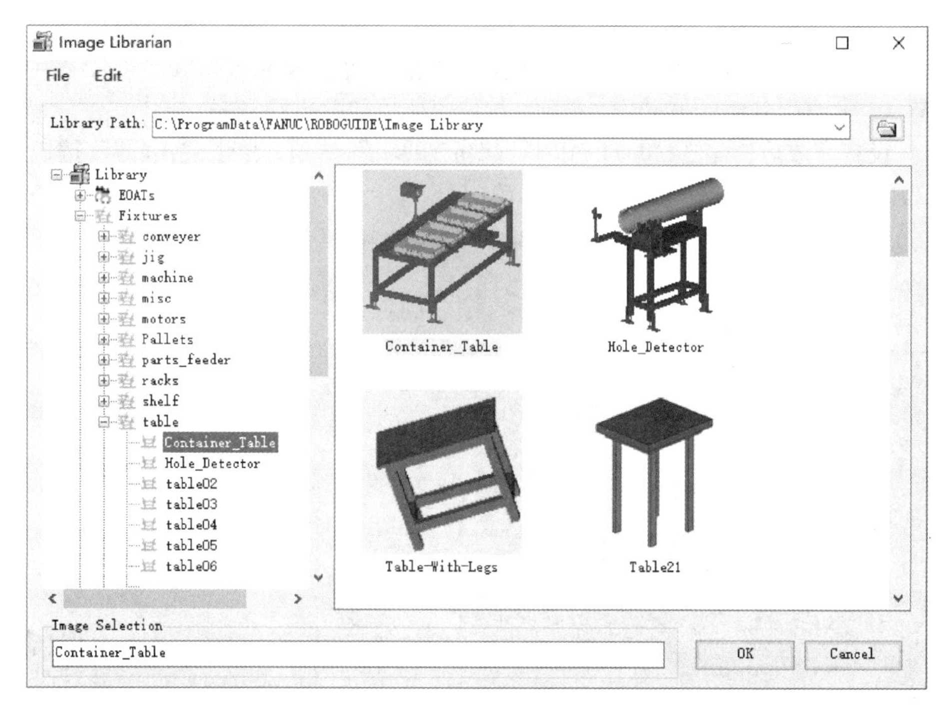

图 2-25 工装台模型

（2）设置工装台的大小：由于模型默认尺寸比较大，与当前机器人不匹配，所以将长、宽、高的尺寸倍数都设置为 0.5，如图 2-26 所示。

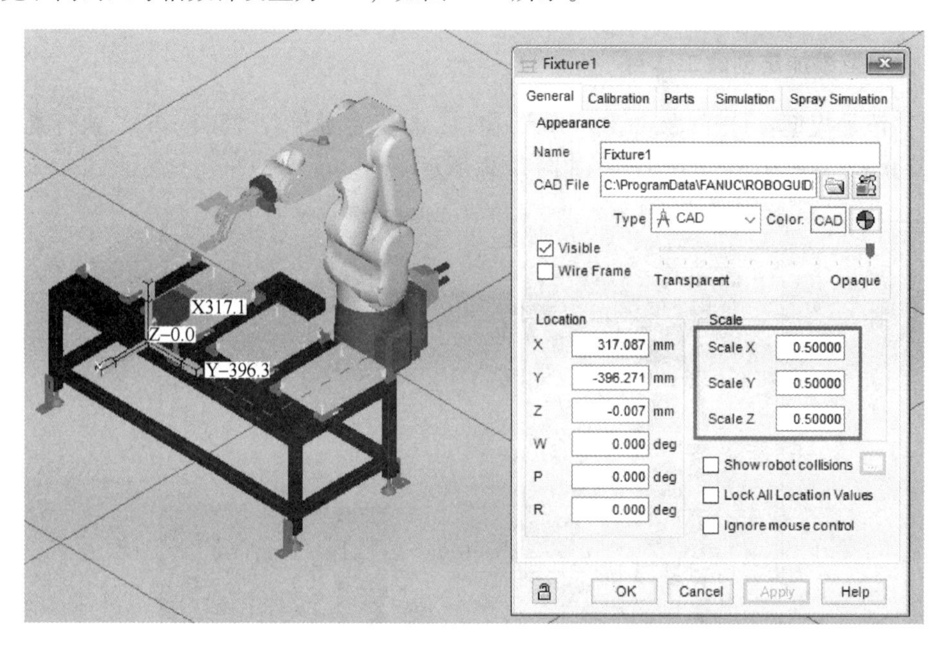

图 2-26 Fixture1 模型的尺寸倍数设置

（3）设置工作台的位置：将光标直接放在模型的绿色坐标系上，拖动到合适的位置，勾选“Lock All Location Values”选项锁定工作台的位置，最后单击“Apply”按钮确认。

第四节　工件的创建与设置

工件在实际生产中是被处理的目标对象，在 ROBOGUIDE 软件中，Parts 模块下的模型充当着工件的角色。工件模型作为离线编程与仿真的核心模块，可用于仿真演示，包括搬运仿真、喷涂仿真等。除此之外，最重要的是工件模型的图形信息可以为软件的轨迹自动规划功能提供数据支持，其图形质量的好坏直接决定了离线程序的质量，所以 Parts 模型在仿真中的地位是至关重要的。

在了解了 Parts 模型的重要作用后，创建工件就成了构建仿真工作站中非常关键的一步。Parts 模块下的模型在视图中显示后，其下方都有一个默认的托板，如图 2-27 所示。前面的内容提到了工装（Fixtures）模型是工件的载体之一，所以创建的 Parts 模型也必须关联添加到工装（Fixtures）模型、工具模型或者其他载体模型上才能用于仿真，这就导致了关于 Parts 模型的设置项目分布于自身属性设置窗口和载体模型属性设置窗口中。

本节需要为仿真环境添加工件模型，整个过程将会涉及绘制 Parts 几何体的方法、添加 Parts 模型的方法、Parts 模型自身的属性设置以及与 Fixtures 模型的关联设置。

图 2-27　车架工件模型

一、绘制法创建工件模型

（1）在“Cell Browser”窗口中，用鼠标右键单击“Parts”，执行菜单命令“Add Part”→“Box”，创建一个立方体，如图 2-28 所示。

（2）在弹出的 Part1 属性设置窗口中，输入 Part1 的大小参数：X = 100，Y = 100，Z = 100（默认单位是 mm），单击“Apply”按钮确认，如图 2-29 所示。

二、添加法创建工件模型

（1）在“Cell Browser”窗口中，鼠标右键单击“Parts”，执行菜单命令“Add Part”→“CAD Library”，如图 2-30 所示。

（2）在弹出的模型资源库中选择连杆“Conrod”，如图 2-31 所示，单击“OK”按钮

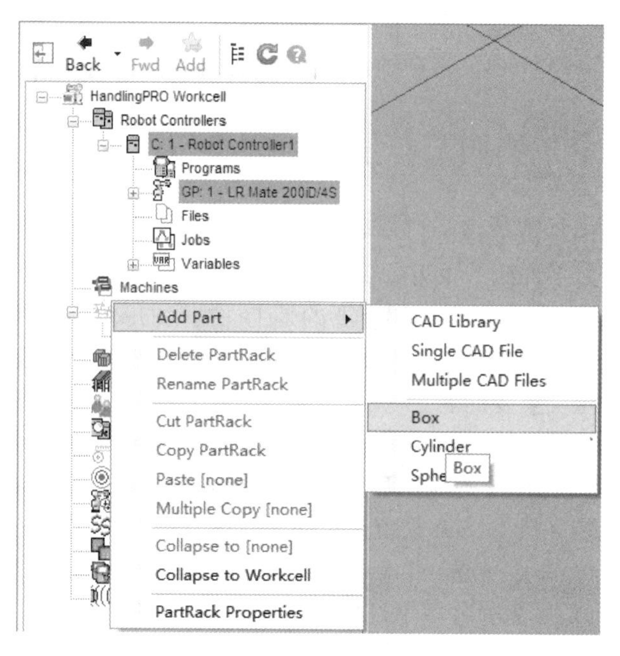

图 2-28　绘制 Part 几何体的操作步骤

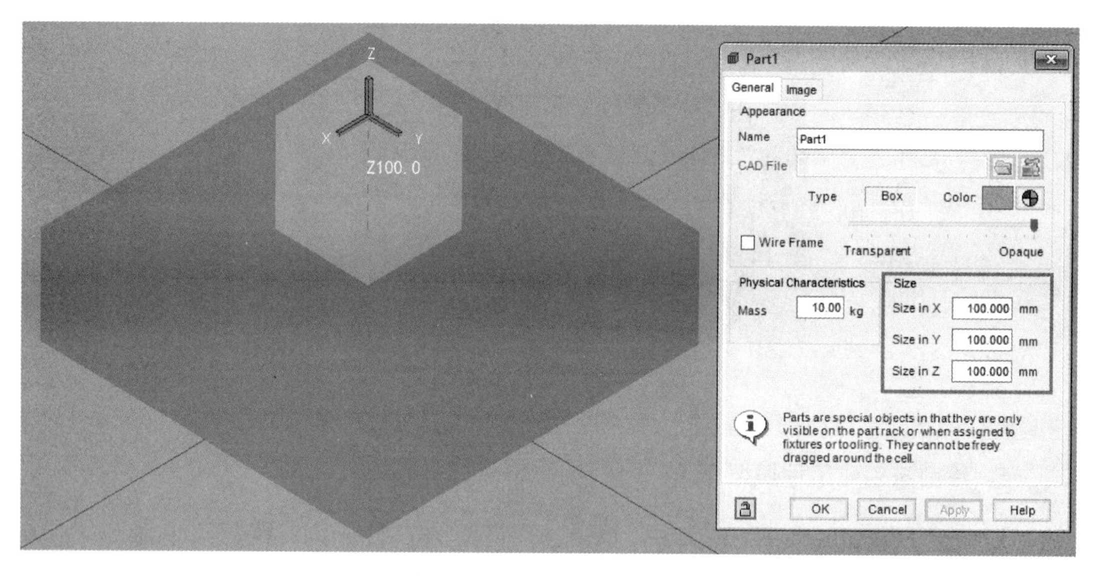

图 2-29　Part 模型的尺寸设置

将其添加到场景中。

（3）由于连杆模型的尺寸较大，所以将模型所有方向上的尺寸倍数设置为 0.5（Scale X/Y/Z），如图 2-32 所示。

三、工件（Part）与工装（Fixture）的关联设置

（1）双击之前创建的工装台 Fixture1 模型，打开其属性设置窗口，单击“Parts”选项

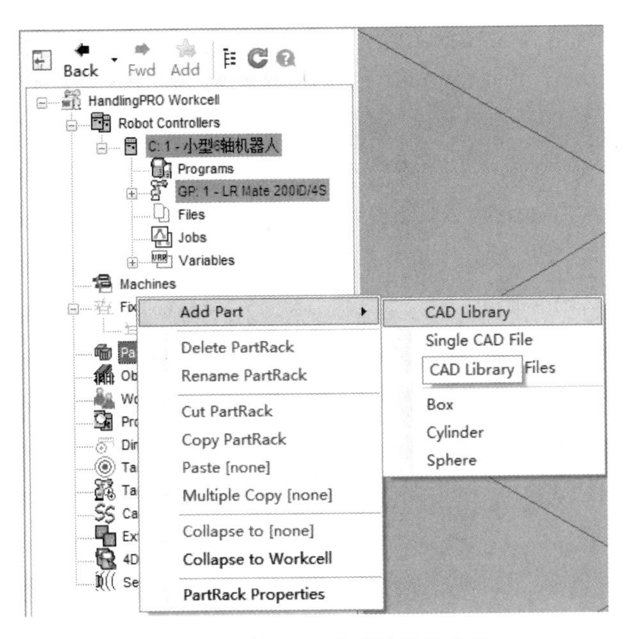

图 2-30　添加 Part 模型的操作步骤

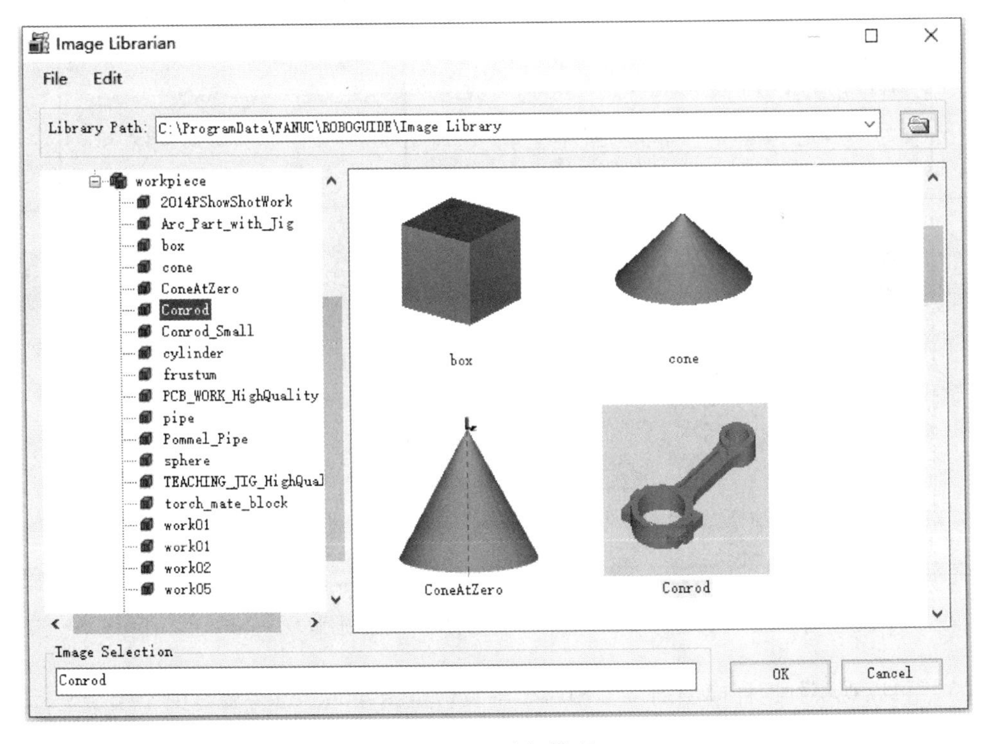

图 2-31　连杆模型

卡，出现该模型关于 Part 模型的设置界面，如图 2-33 所示。

（2）在空白区域的 Parts 列表中，勾选之前创建的 Part1 模型，单击“Apply”按钮确认，在 Fixture1 上出现 Part1，如图 2-34 所示。

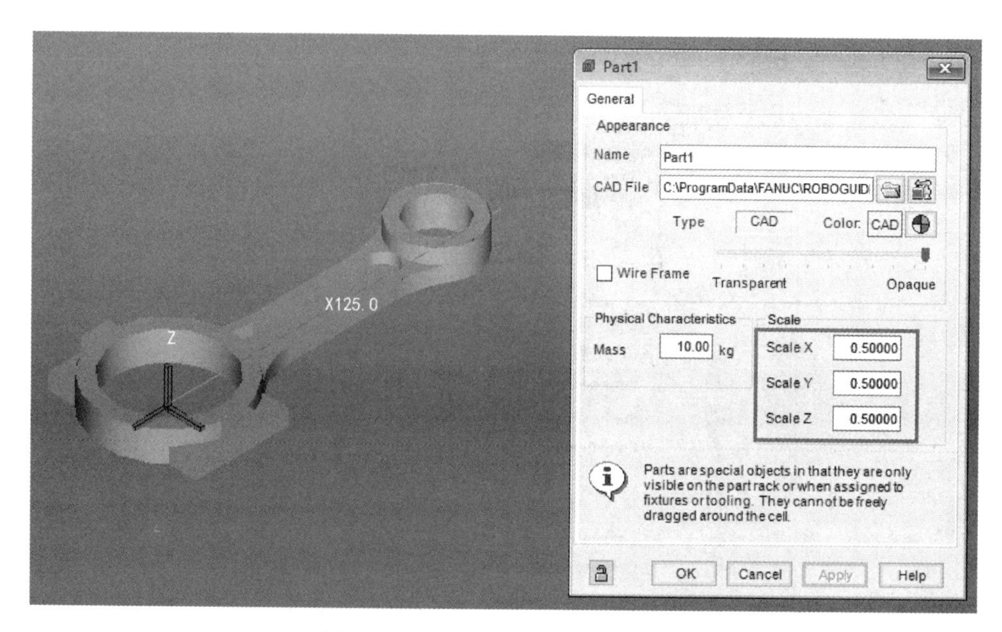

图 2-32 Part1 模型的尺寸倍数设置

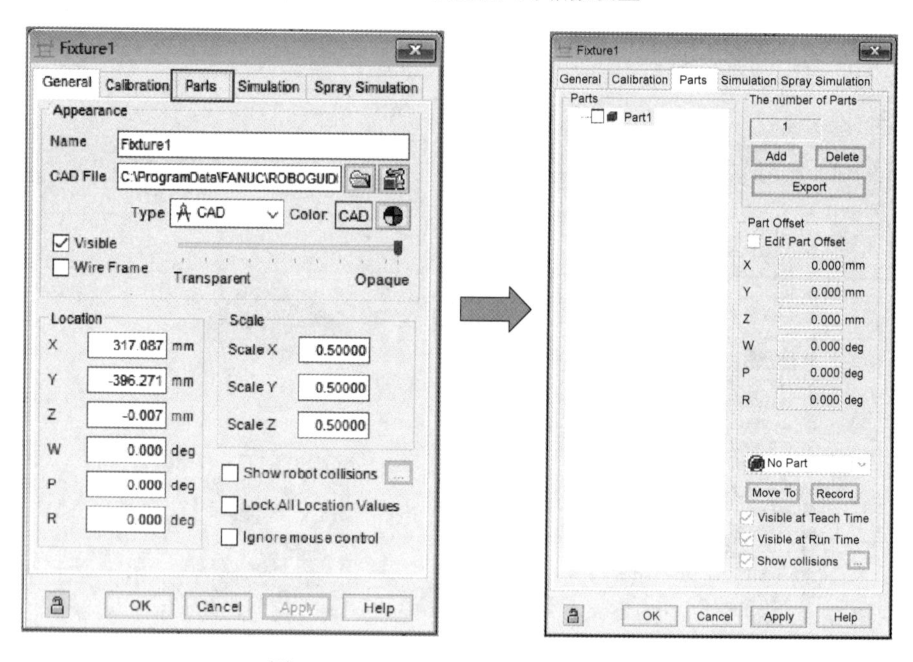

图 2-33 Fixture1 上的 Parts 设置项目

（3）可以观察到连杆模型的位置相对于工装台是错误的，这主要是由于模型坐标系导致的，需要进行手动调整。勾选“Edit Part Offset”选项（编辑 Part 偏移位置），定义 Part1 相对于 Fixture1 的位置和方向。

设置方法如下。

方法一：拖动界面中连杆模型的坐标系，调整至合适的位置，单击“Apply”按钮确认。

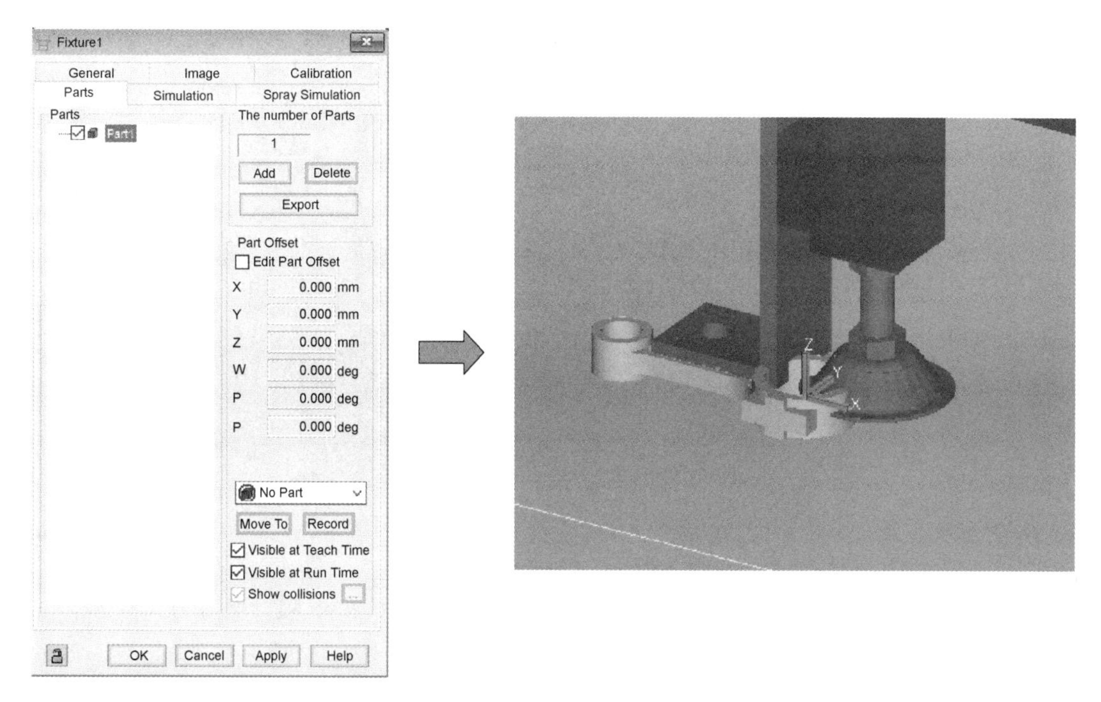

图 2-34　Part 的关联添加操作

方法二：直接输入偏移的数据，单击“Apply”按钮确认，如图 2-35 所示。

经过工具、工装台、工件的创建和设置，工程文件中具备了机器人、工具、工装和工件四种基本要素，从而完成了一个基础的仿真工作站的搭建，如图 2-36 所示。

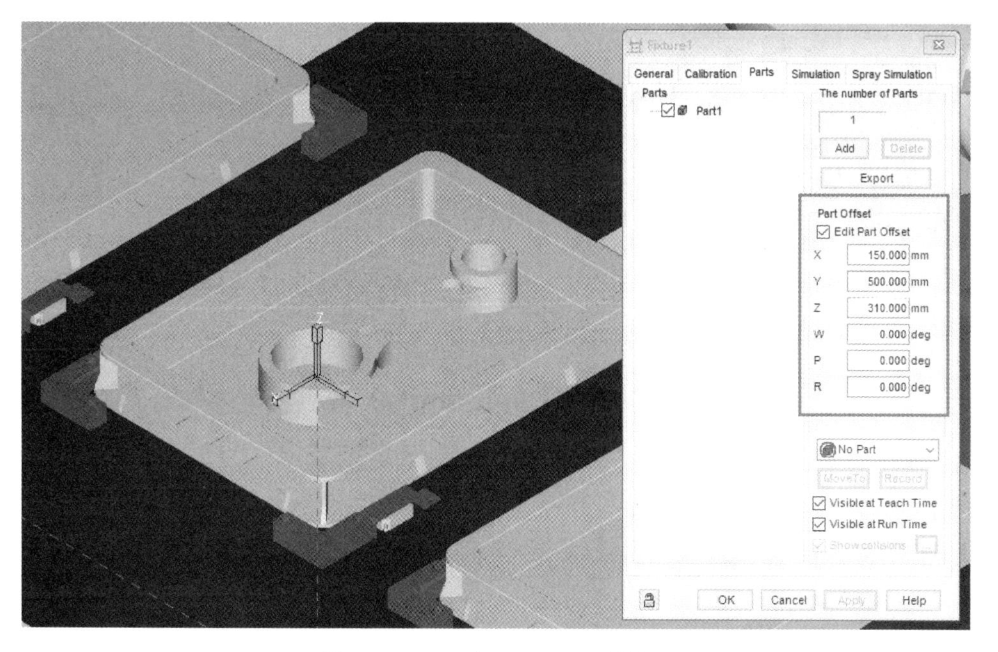

图 2-35　Part1 在 Fixture1 上的位置

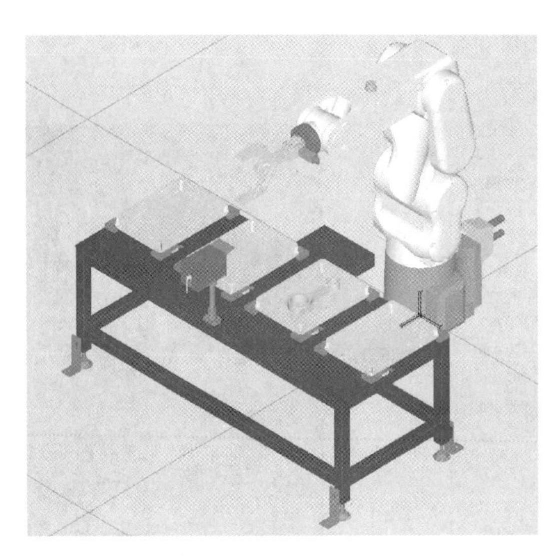

图 2-36 完成后的仿真工作站

第五节 实 训

ROBOGUIDE 中含有几大仿真模块，可以模拟焊接、搬运、倒角、去毛刺等作业，创建相应的仿真工作站。

运用 ROBOGUIDE 的焊接仿真模块创建一个简易的焊接工作站。选择 FANUCM-10iA 系列机器人，末端执行工具为焊枪，工装台和焊接件可任意选择。

第三章　离线示教编程与程序修正

【学习目标】

（1）通过对仿真工作站的布局认知，构建仿真工作站的模型。
（2）学会设置工具坐标系与用户坐标系。
（3）在创建仿真示教工作站后，学会使用虚拟示教器示教编程。
（4）熟悉使用仿真程序编辑器示教编程。
（5）通过程序校准功能修正离线程序。

【知识储备】

离线编程是 ROBOGUIDE 软件的重要应用之一，离线编程的初级应用就是离线示教编程。离线示教编程是在仿真工程文件中移动机器人的位置、调整机器人的姿态，并配合虚拟示教器或者仿真程序编辑器来记录机器人位置信息，从而编写机器人的运行控制程序。仿真机器人工程文件支持虚拟示教器的使用，其操作方法几乎与真实的示教器相同，这就使得示教编程的方法同样适用于仿真的环境中。另外，仿真程序编辑器的使用极大地简化了示教编程的操作，提高了编程速度。离线示教编程与在线示教编程的方法虽然相同，但相对于在线示教编程还是具有一定的优势。

一是离线示教编程时可脱机工作，在无实体机器人的情况下进行编程，避免占用机器人正常的工作时间。

二是离线示教可运用软件的快捷操作，使机器人 TCP 位置和姿态的调整更加方便和快速，从而缩短编程的周期。

三是离线示教运用软件的仿真功能，判断程序的可行性以及是否达到预期，提前预知运行结果，使得程序的修改更方便和快速。

（1）虚拟示教器简介。图 3-1 所示为 ROBOGUIDE 软件中的虚拟示教器，其按键开关的布置与真实的示教器基本相同，操作方法也基本无异。在操作虚拟示教器时，用鼠标左键单击各个按键，模拟手指的按压。由于仿真环境不涉及现实中安全问题或者突发情况，因此虚拟示教器没有急停按钮和 DEADMAN 开关。但是为了操作更加方便，虚拟示教器的右侧和下方分别设置了六个按钮和三个选项卡。

1）虚拟示教器右侧六个快捷按钮

虚拟示教器右侧六个快捷按钮简介见表 3-1。

2）虚拟示教器下方三个选项卡

虚拟示教器下方三个选项卡简介见表 3-2。

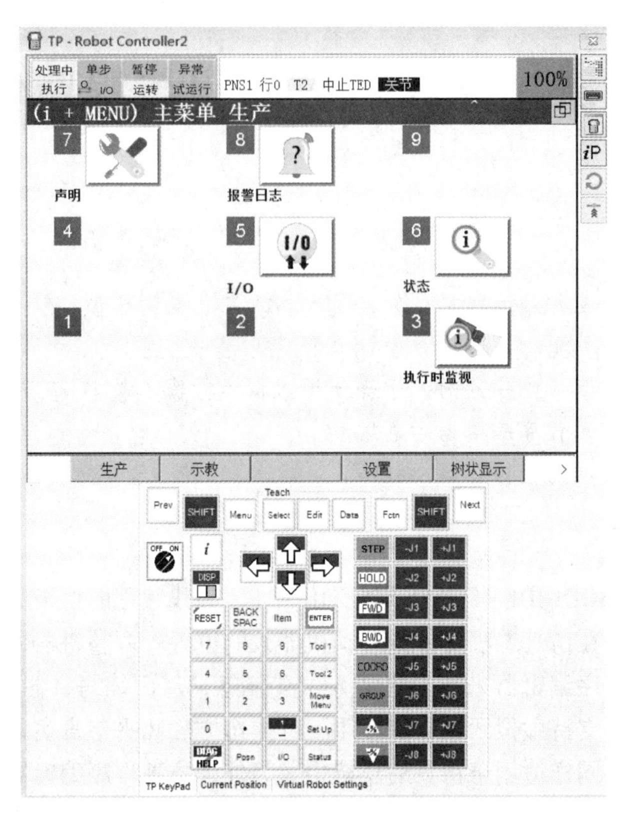

图 3-1 虚拟示教器

表 3-1 虚拟示教器右侧六个快捷按钮简介

按 键	功 能 说 明
	打开/关闭示教器键控开关面板，高亮显示则显示 68 个键控开关，关闭则只显示示教器的显示屏
	计算机键盘控制示教器/计算机键盘输入字符，高亮显示时键盘可控制虚拟示教器，比如按下键盘上的 Q 键，示教器上的-J1 键动作；图标关闭时，键盘不再可以控制示教器，可进行字符输入
	虚拟示教器窗口在 ROBOGUIDE 软件界面中始终置顶，高亮有效
iP	彩屏版示教器/单色版示教器切换，高亮时为彩屏版
	按下系统冷启动
	按下使机器人 TCP 快速到达记录的某一点

表 3-2　虚拟示教器下方三个选项卡简介

选 项 卡	功 能 说 明
TP KeyPad（键控面板）	显示 68 个键控按键，如图 3-2 所示，采用鼠标左键单击操作。虚拟示教器面板上放置了 ON/OFF 有效开关，同真实示教器的开关作用相同
Current Position（当前位置信息）	表示机器人当前的位置信息，可切换至不同坐标系下（关节、用户等）并输入一个位置，单击"MoveTo"按钮使机器人的 TCP 到达此位置，如图 3-3 所示
Virtual Robot Settings（虚拟设置）	设置虚拟机器人的程序备份与恢复路径，该路径模拟的是控制柜上的外部存储器路径，如图 3-4 所示

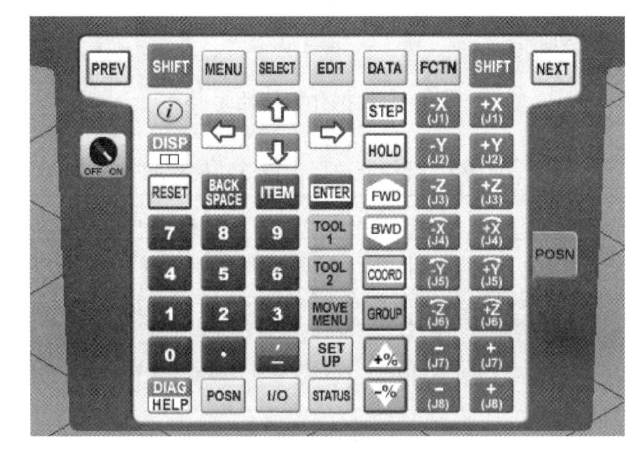

图 3-2　键控面板

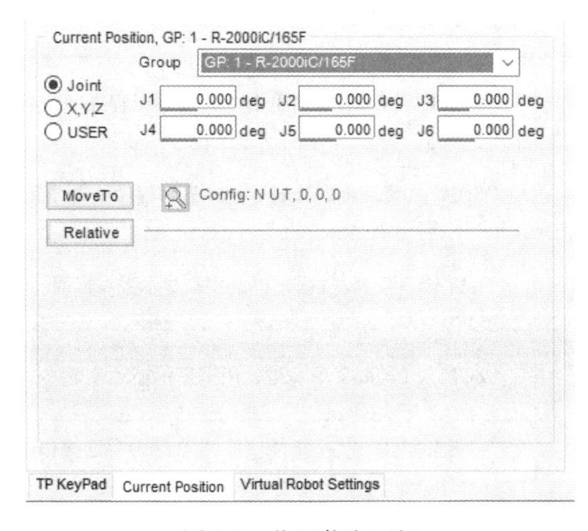

图 3-3　位置信息面板

3）虚拟示教器上的 68 个键控开关按钮

虚拟示教器上的 68 个键控开关按钮，是点动机器人、进行系统设置、编写程序以及查看机器人状态等功能的操作按键。键控开关面板按键功能说明见表 3-3。

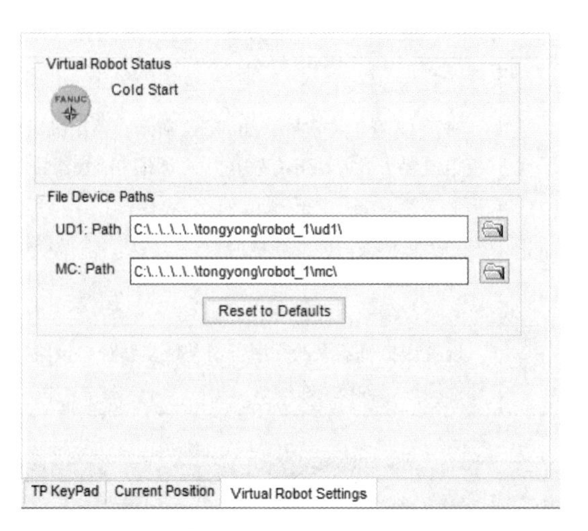

图 3-4　模拟存储路径面板

表 3-3　键控开关面板按键功能说明

按　键	功　　能
PREV	“PREV”（返回）键，用来使显示返回到之前进行的状态。根据操作，有的情况下不会返回到之前的状态显示
NEXT	“NEXT”（翻页）键，用来将功能键菜单切换到下一页
SHIFT	“SHIFT”键与其他按键同时按下时，可以进行点动进给，位置数据的示教、程序的启动
MENU	“MENU”（菜单）键，用来显示界面菜单
SELECT	“SELECT”（程序选择）键，用来显示程序一览界面
EDIT	“EDIT”（程序编辑）键，用来显示程序编辑界面
DATA	“DATA”（资料/数据）键，用来显示数据界面
FCTN	“FCTN”（辅助菜单）键，用来显示辅助菜单
i	“i”键，与以下键同时使用，将让图形界面操作成为基于按键的操作 ·“MENU”（菜单）键 ·“FCTN”（辅助菜单）键 ·“EDIT”（程序编辑）键 ·“DATA”（资料/数据）键 ·“POSN”（位置显示）键 ·“JOG”（点动）键 ·“DISP”（分屏）键

续表 3-3

按　键	功　能
STEP	“STEP”（单步/连续切换）键，用来切换测试时的单步运行或连续运行切换
DISP	在单独按下该键的情况下，移动操作对象界面；在与“SHIFT”键同时按下的情况下，分割屏幕（单屏、双屏、三屏、状态/单屏）
HOLD	“HOLD”（暂停）键，用来中断程序的执行
⇦ ⇧ ⇩ ⇨	光标键，用来移动光标。光标是指可在 TP 界面上移动的、反相显示的部分。该部分成为通过 TP 键进行操作（数值/内容的输入或者变更）的对象
RESET	“RESET”（复位）键，清除一般报警信息
BACK SPACE	“BACK SPACE”（退格）键，用来删除光标位置之前的一个字符或数字
ITEM	“ITEM”（项目选择）键，用来输入行号码后移动光标
FWD BWD	“FWD”（前进）键、“BWD”（后退）键与“SHIFT”键同时按下时，用于程序的启动；程序执行中松开“SHIFT”键时，程序执行暂停
7 8 9 4 5 6 1 2 3 0 . , –	数字键
TOOL 1 TOOL 2	“TOOL 1”和“TOOL 2”键，用来显示工具 1 和工具 2 界面
COORD	“COORD”（坐标系切换）键，用来切换手动进给坐标系（点动的种类）。可依次进行如下切换：“关节”→“手动”→“世界”→“工具”→“用户”→“关节”。当同时按下此键与“SHIFT”键时，出现用来进行坐标系号切换的菜单
MOVE MENU	“MOVE MENU”键，用来显示预定位置返回界面
GROUP	单击该按键时，按照 G1→G1S→G2→G2S →G3→…→G1→…的顺序，依次切换组、副组；按住“GROUP”（运动组切换）键的同时，按住希望变更的组号码的数字键，即可变更为该组；此外，在按住“GROUP”键的同时按下“0”，就可以进行副组的切换
SET UP	“SET UP”（设定）键，用来显示设定界面
DIAG HELP	在单独按下该键的情况下，移动到提示界面；在与“SHIFT”键同时按下的情况下，移动到报警界面
POSN	“POSN”（位置显示）键，用来显示当前位置界面

续表 3-3

按 键	功 能
I/O	“I/O”（输入/输出）键，用来显示 I/O 界面
STATUS	“STATUS”（状态显示）键，用来显示状态界面
+% -%	倍率键，用来变更速度倍率，可依次进行如下切换：“微速”→“低速”→“1%→5%→50%→100%”（5%以下时以1%为刻度切换，5%以上时以5%为刻度切换）
-X (J1) +X (J1) -Y (J2) +Y (J2) -Z (J3) +Z (J3) -X (J4) +X (J4) -Y (J5) +Y (J5) -Z (J6) +Z (J6) - (J7) + (J7) - (J8) + (J8)	点动键，与“SHIFT”键同时按下可用于点动进给；J7、J8 键用于同一群组内的附加轴的点动进给。但是，在五轴机器人和四轴机器人等不到六轴机器人的情况下，从空闲中的按键起依次使用。例如，在五轴机器人上，将 J6～J8 键用于附加轴的点动进给
POSN	虚拟示教器上另加了一个“POSN”键，单击“POSN”按键可打开工业机器人位置设置页面。选择坐标系后在位置参数文本框中输入位置值，单击“MoveTo”按钮或按下 PC 键盘上的“ENTER”键可使机器人各轴位姿移动到当前坐标值位置

（2）仿真程序编辑器简介。用来创建仿真程序的编辑窗口被称为仿真程序编辑器。实际上仿真程序编辑器相当于简化版的示教器编程界面，如图 3-5 所示。仿真程序编辑器在编程时比示教器操作更简便，编程更快速，但是只能进行部分程序指令的编辑，其功能相对于示教器编程界面较少。

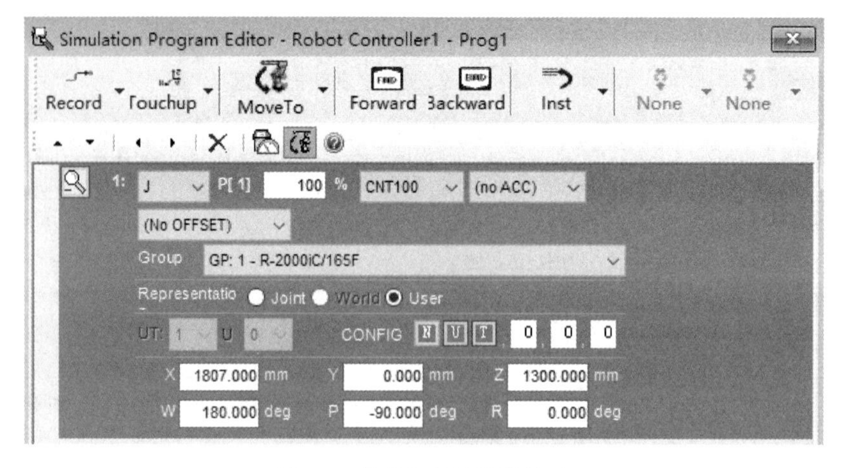

图 3-5 仿真程序编辑器界面

仿真程序编辑器的工具栏如图 3-6 所示。编辑器工具栏简介见表 3-4。

图 3-6　编辑器的工具栏

表 3-4　仿真程序编辑器工具栏简介

工具栏	功能说明
Record	记录点并添加动作指令，下拉选项中只包含关节指令和直线指令
Touchup	更新记录点位置信息，相当于示教器编程界面的点位重新示教功能
MoveTo	移动机器人至任意的记录位置
Forward	顺序单步运行程序
Backward	逆向单步运行程序
Inst	添加控制指令，包含时间等待、跳转、I/O、条件选择等常用的控制指令

第一节　创建离线示教仿真工作站

在 ROBOGUIDE 软件中搭建仿真工作站的过程其实就是模型布局和设置的过程。前面采用绘制简单几何体模型和添加软件自带模型的方法来创建仿真工作站，是一种快速构建工作站的方式，但是同时也产生了较大的局限性。软件本身较弱的建模能力导致了仿真工作站很难做到与真实现场的统一。如果要进行机器人工作站的离线编程和仿真，应该尽量使软件中的虚拟环境和真实现场保持高度一致，离线程序与仿真的结果才能更加贴近实际。此时 ROBOGUIDE 软件的建模能力就远远不能满足实际的需求，外部模型的导入就成为解决这一问题的有效手段。通过工作站的工程图纸或者现场测量获得数据，在专业三维制图软件中制作与实物相似度极高的模型，然后转换成 ROBOGUIDE 软件识别的格式（常用 IGS 图形格式）后导入到工程文件中进行真实现场的虚拟再现。

图 3-7 所示为一个简易的离线示教仿真工作站，由 FANUC LR Mate 200iD/4S 机器人、笔形工具、轨迹画布和工作站基座组成。其中工作站基座和末端执行器采用由专业绘图软件制作的 IGS 图形格式，轨迹画布则是由简单的立方体模型进行贴图制作。

需要在此仿真工作站上，利用虚拟示教的方法编写画布中矩形的轨迹程序，然后进行试运行，确认无误后将程序导出到真实的机器人中。由于仿真工作站与真实工作站存在着不可避免的偏差，即机器人与各部分的相对位置在仿真工作站和真实工作站中是不同的，所以在将程序导出之前需要对程序进行修正。

本节中构建仿真工作站的方法将涉及模型的导入方法、工具坐标系的设置方法、用户坐标系设置方法和模型贴图的方法。

一、导入工作站基座

（1）首先打开“Cell Browser”窗口，从 Fixtures 导入一个工作台。用鼠标右键单击

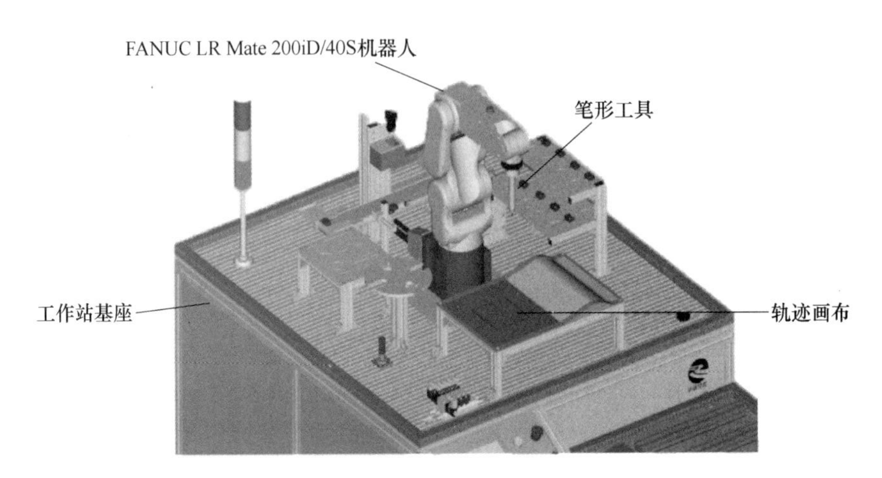

图 3-7 离线示教仿真工作站

“Fixtures”，在弹出的菜单中选择“Add Fixture”→“Single CAD File”，导入外部模型，如图 3-8 所示。

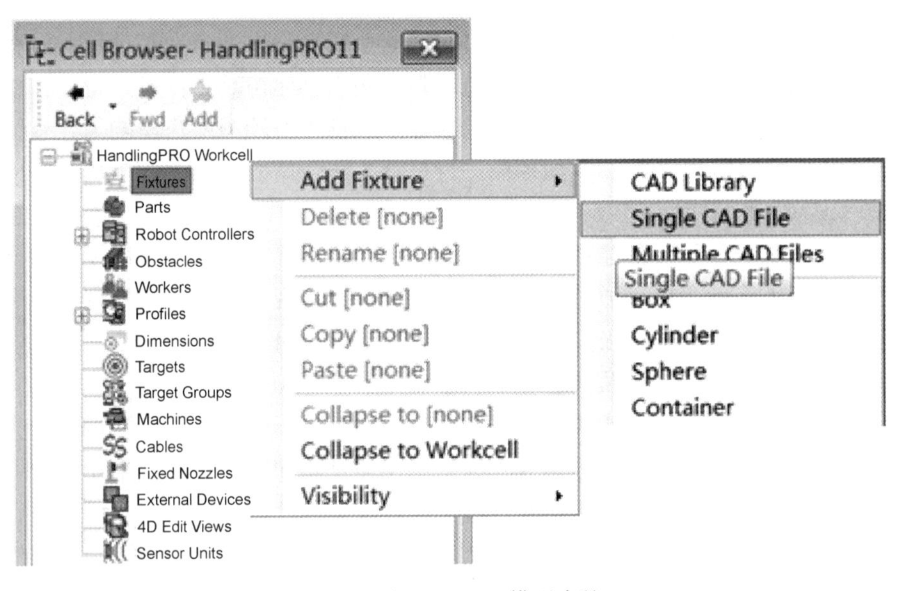

图 3-8 导入 Fixtures 模型步骤

(2) 从计算机的存储目录中找到相应的文件（文件的格式为 IGS），选择“HZ-II-F01-00 工作站主体 . IGS”文件，单击“打开”按钮，如图 3-9 所示。

(3) 输入“Location”的六个数据值，移动工作台主体至合适的位置并旋转至正确的方向，勾选“Lock All Location Values”选项锁定位置，如图 3-10 所示。

(4) 用鼠标左键按住机器人模型上的坐标系，拖动机器人到工作台上的合适位置，勾选“Lock All Location Values”选项锁定位置，如图 3-11 所示。

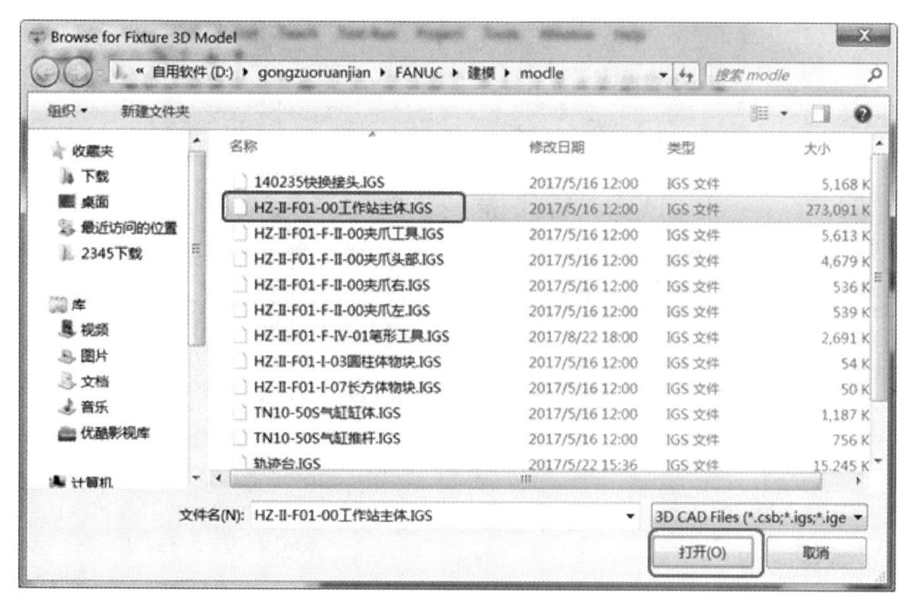

图 3-9　外部模型存放目录

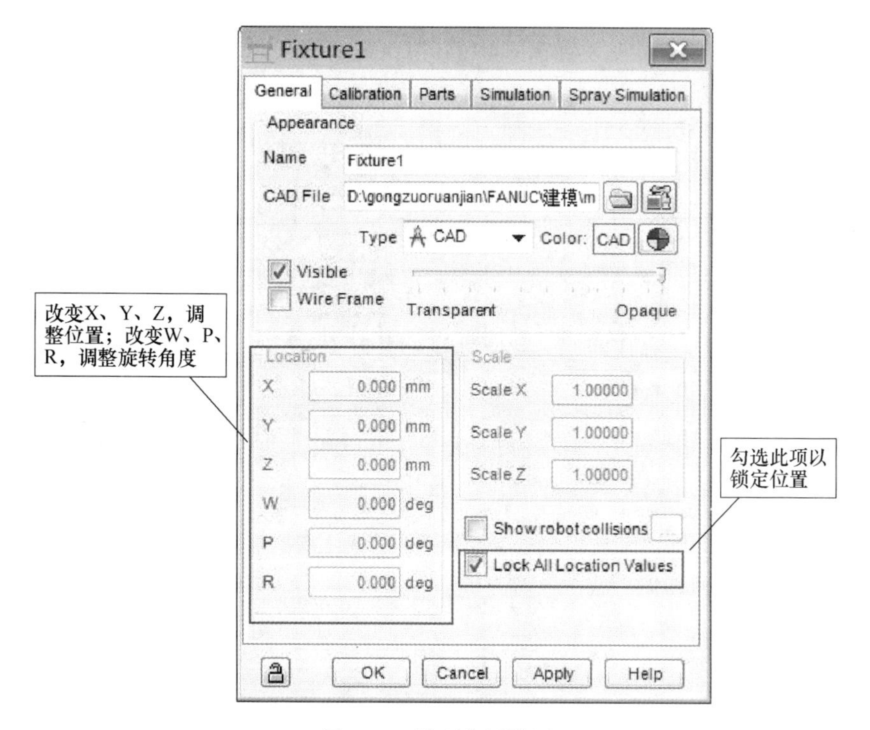

图 3-10　模型位置设置

二、导入笔形工具

（1）打开“Cell Browser”窗口，双击“Tooling”中的“UT：1（Eoat1）”，打开工具属性设置窗口，如图 3-12 所示。

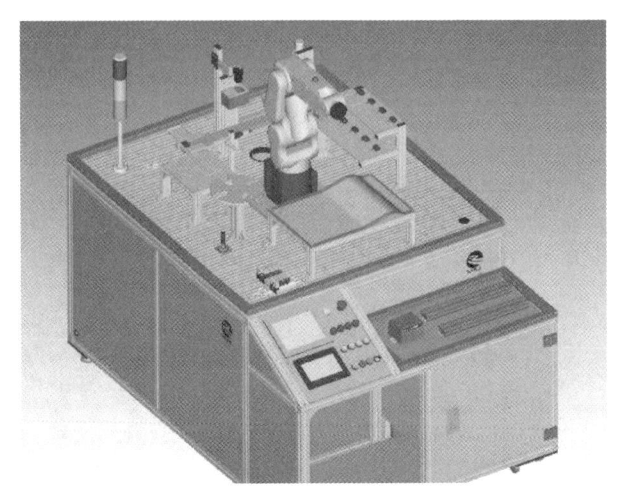

图 3-11 机器人于工作站的位置状态

（2）注意在安装笔形工具之前需要安装一个快换接头，单击图标打开模型存放的目录，选择“140235 快换接头 . IGS”文件，单击“打开”按钮。

（3）模型加载后，调整至适当的位置，使其正确地安装在机器人的第六轴的法兰盘上，如图 3-13 所示。勾选属性设置窗口中的“Lock All Location Values”选项锁定位置。

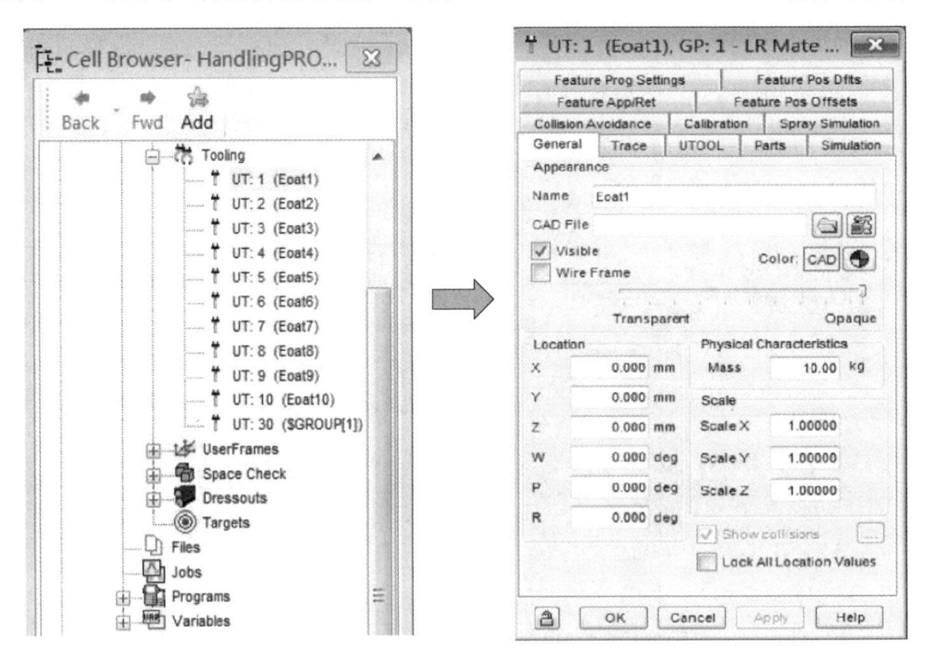

图 3-12 工具属性设置窗口的打开操作

（4）快换接头安装完成以后，在此基础之上安装笔形工具。由于工具“UT：1”上已经存在一个工具模型了，如果想在此工具的基础上再增加新的工具模型，需要将新的模型链接到原有的模型上。用鼠标右键单击“UT：1(Eoat1)”，在弹出的菜单中选择“Add Link”→“CAD File”，如图 3-14 所示。

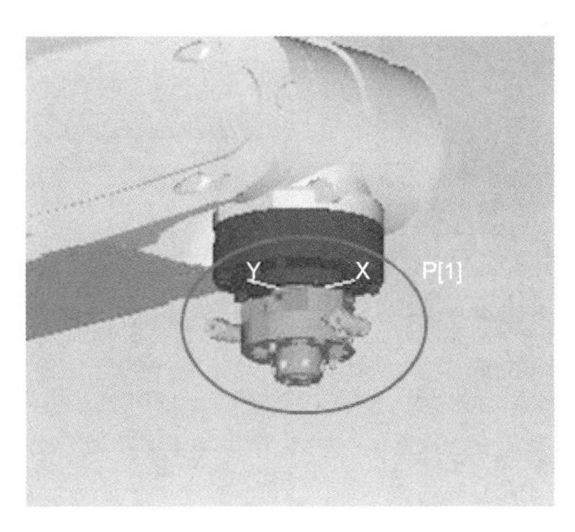

图 3-13　快换接头的安装状态

（5）在模型存储目录中选择“HZ-II-F01-F-IV-01 笔形工具 . IGS”文件，单击“打开”按钮。

（6）由于三维制图软件坐标系的设置问题，会引起模型导入到 ROBOGUIDE 软件中出现图 3-15 所示的错位情况。此时应通过调节模型 X、Y、Z 偏移量和轴的旋转角度，使得笔形工具正确安装在快换接头上。调整完毕后勾选“Lock Axis Location”，锁定其位置数据。

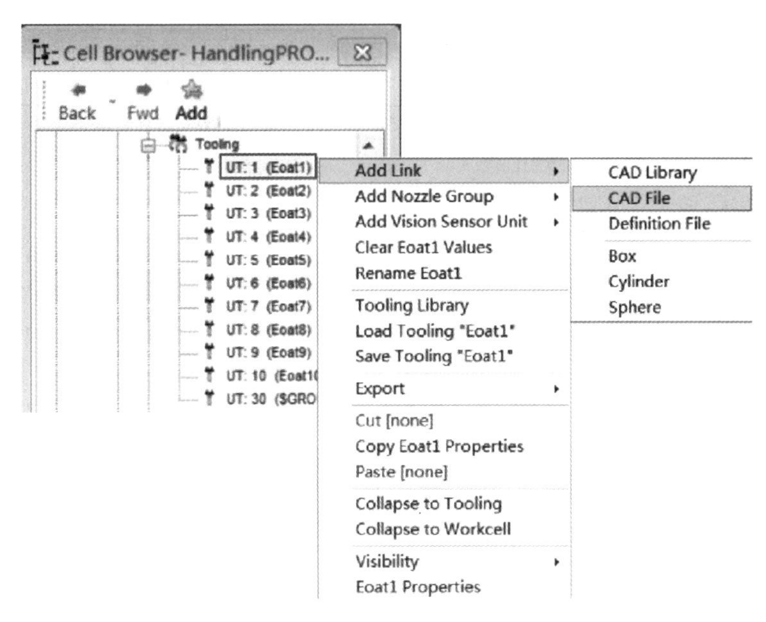

图 3-14　工具链接模型的操作步骤

三、设置工具坐标系

在真实的机器人上设置工具坐标系时，常用到的方法是三点法和六点法。如果将上述方法应用在仿真机器人上，那么操作起来同样是相当烦琐的，并且也会产生精度误差，所

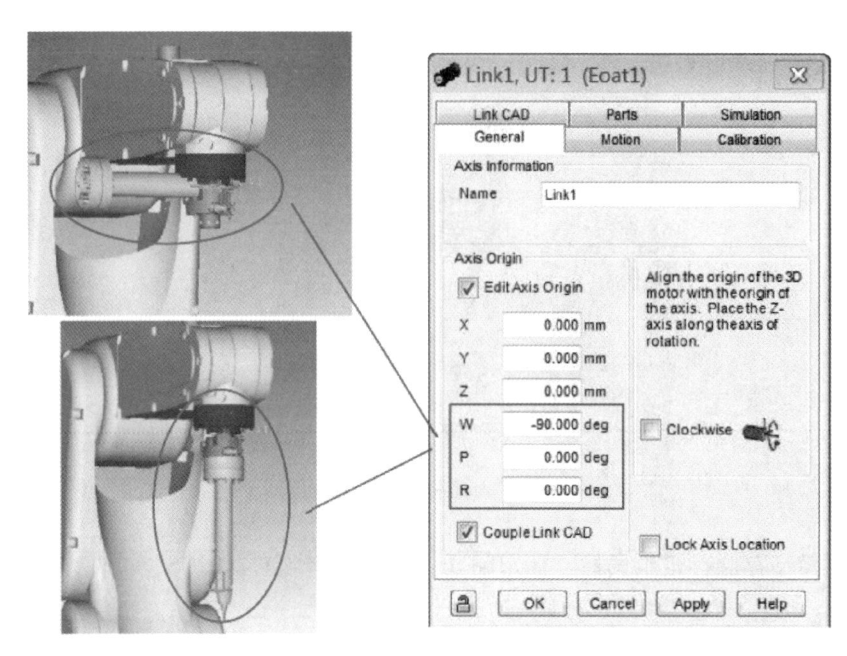

图 3-15　笔形工具的调整

以 ROBOGUIDE 软件提供了一种更为直观与简易的工具坐标系快速设置功能。

（1）双击工具坐标系“UT: 1 (Eoat1)”打开工具属性设置窗口，选择“UTOOL”（工具坐标系）选项卡，勾选“Edit UTOOL”（编辑工具坐标系）。

（2）用鼠标直接拖动 TCP（绿色圆点）的位置至笔形工具的笔尖。如果要调整工具坐标系方向，可在 W、P、R 中输入具体的旋转角度值。调整完毕后单击“Use Current Triad Location”（应用当前坐标系）按钮。

四、模型贴图

在 ROBOGUIDE 软件中，只有规则的六面立方体模型支持贴图功能。要想查看某一模型是否支持此功能，可双击打开模型的属性设置窗口，查看是否存在“Image”选项卡。贴图源文件的图片文件格式可支持 BMP、GIF、JPG、PNG 和 TIF。

（1）打开“Cell Browser”窗口，再创建一个 Fixtures 模型，默认名称为“Fixture2”。调整模型的大小与位置，使其与画板的平面部分重合，如图 3-16 所示。

（2）选择要添加贴图的 Fixture2 模型，双击“Fixture2”打开属性设置窗口。选择“Image”选项卡，单击图标打开图片存放的目录，如图 3-17 所示。

（3）选择“画布”文件，单击“打开”按钮，如图 3-18 所示。

（4）在“Attached Images”中选择贴图要覆盖的模型表面，在“Rotation”中可选择图片的旋转方向，单击“OK”按钮，如图 3-19 所示。

（5）如图 3-20 所示，贴图导入和设置成功。深色的矩形框为贴图中所画的内容。

五、设置用户坐标系

在真实的机器人工作站中设置用户坐标系时，常用的方法是三点法和四点法，现实中

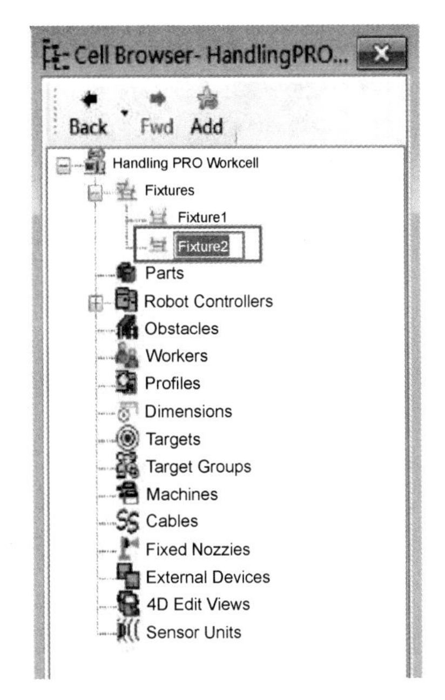

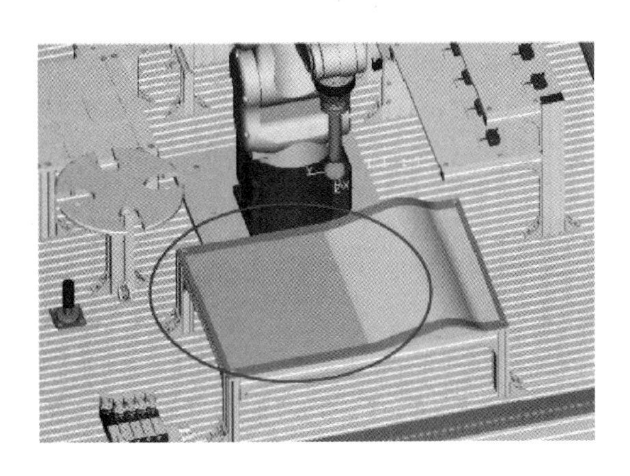

图 3-16　Fixture2 模型的大小和位置

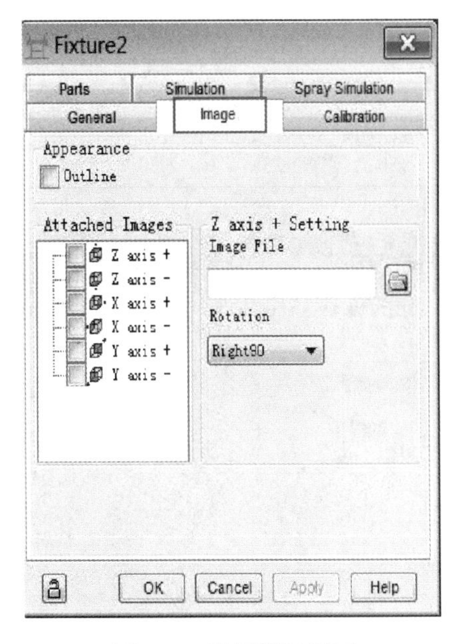

图 3-17　贴图设置界面

的设置方法同样适用于仿真机器人工作站中。ROBOGUIDE 软件同样也支持用户坐标系的快速设置功能，其设置方式更直观、快速。

（1）打开“Cell Browser”浏览窗口，依次点开工程文件结构树，找到“User Frames”用户坐标系。双击“UF：1（UFrame1）”（UF：0 与世界坐标系重合，不可编辑），系统弹出用户坐标系设置界面。

图 3-18　图片存放目录

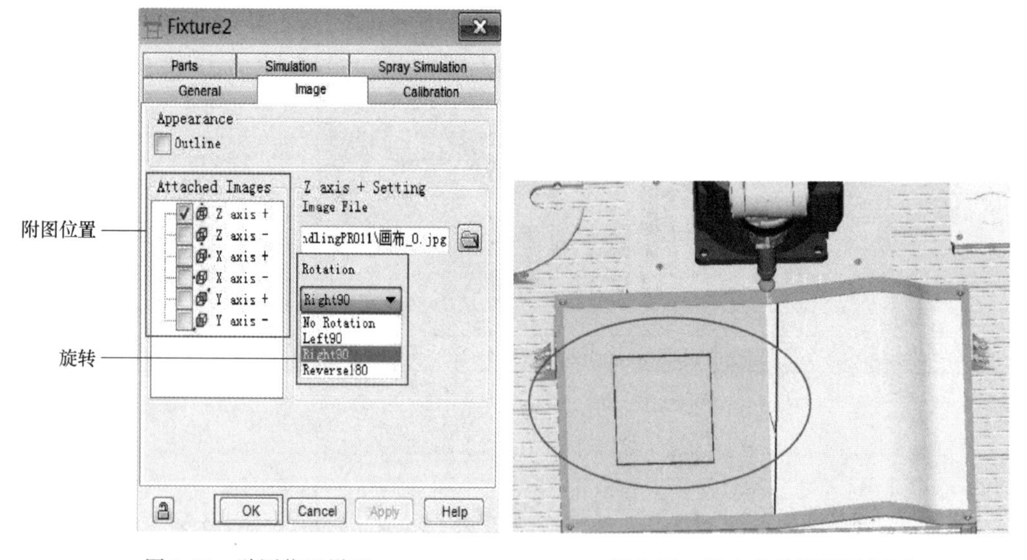

图 3-19　贴图位置设置　　　　图 3-20　导入的贴图显示打开

（2）勾选“Edit UFrame”（编辑用户坐标系）选项，机器人周围会出现相应颜色的平面模型。平面模型的一个角点带有绿色坐标系标志。ROBOGUIDE 软件将用户坐标系以模型的形式直观地展现在空间区域内，可以清楚地表达坐标系的原点位置和轴向。

（3）用鼠标直接拖动用户坐标系模型的位置或者设置 X、Y、Z 偏移数据和 W、P、R 旋转角度，将坐标系与画板对齐，形成新的用户坐标系，单击“Apply”按钮设置成功。

第二节　虚拟示教器示教编程

ROBOGUIDE 软件生成离线程序的方式不止一种，其中最简单直观的莫过于虚拟示教器示教法，即采用虚拟示教器进行示教编程，其操作方法与真实的示教编程几乎相同。虚拟示教器示教编程是离线示教编程的一种，也是最容易上手的一种编程方法。在虚拟示教器中创建的程序称之为 TP 程序，是不需要转化就可以直接下载到机器人中运行的程序。

ROBOGUIDE 软件提供的快速捕捉（Move To）功能让示教点的操作变得简单和快速，如果想让机器人 TCP 移动到某一个位置，无须点动机器人，可直接将其移动到捕捉的点位。

（1）单击[Face]和模型，机器人 TCP 移动到模型表面上的点，快捷键是〈Ctrl〉+〈Shift〉+鼠标左键。

（2）单击[Edge]和模型，机器人 TCP 移动到模型边缘上的点，快捷键是〈Ctrl〉+〈Alt〉+鼠标左键。

（3）单击[Vertex]和模型，机器人 TCP 移动到模型的角点，快捷键是〈Ctrl〉+〈Alt〉+〈Shift〉+鼠标左键。

（4）单击[Arc Ctr]和模型，机器人 TCP 移动到模型圆弧特征的圆心，快捷键是〈Shift〉+〈Alt〉+鼠标左键。

接下来将通过对画板矩形轨迹的示教编程，展示虚拟示教器使用方法、移动机器人 TCP 的方法以及精确示教点的方法。

1）单击工具栏上的图标，打开虚拟示教器。打开示教器的有效开关，单击 SELECT 键创建一个程序，如图 3-21 所示。

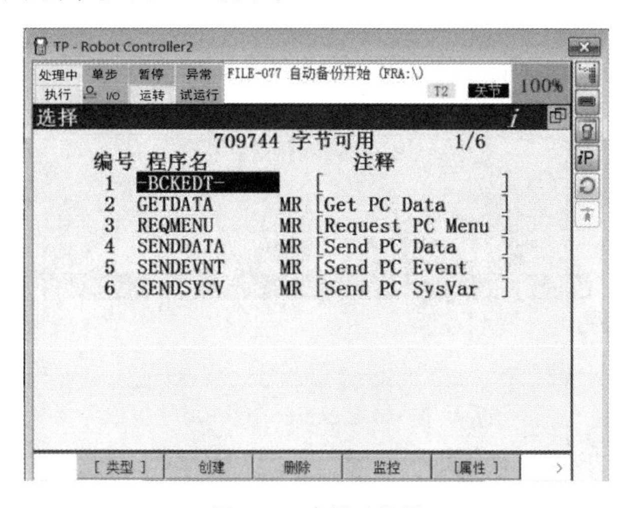

图 3-21　虚拟示教器

2）选择大写字符，输入程序名，单击示教器上的〈ENTER〉键，如图 3-22 所示。

3）插入空行：“编辑”→“插入”，输入要插入的行数，单击〈Enter〉键确定。

4）单击[点]，添加动作指令，如图 3-23 所示。

5）创建一个 HOME 点，把光标移至图 3-24 所示位置，单击“位置”，调出点的位置信息。

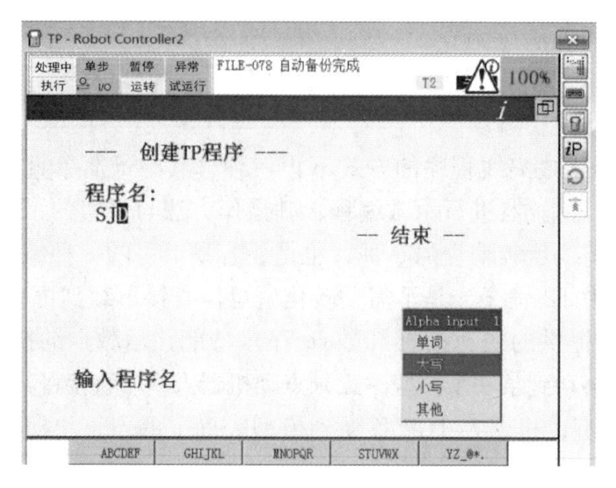

图 3-22 程序创建

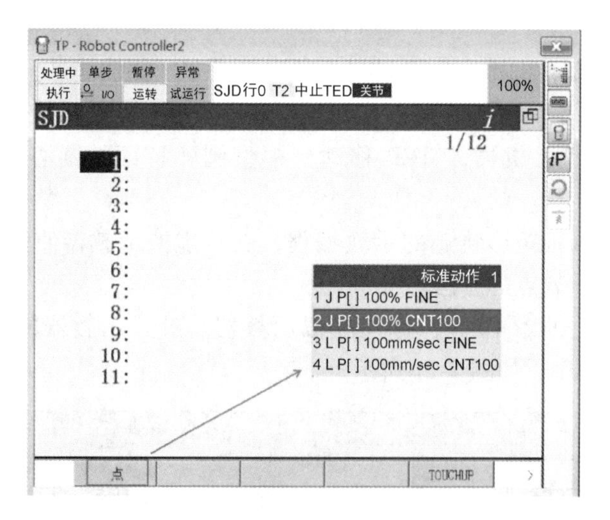

图 3-23 动作指令

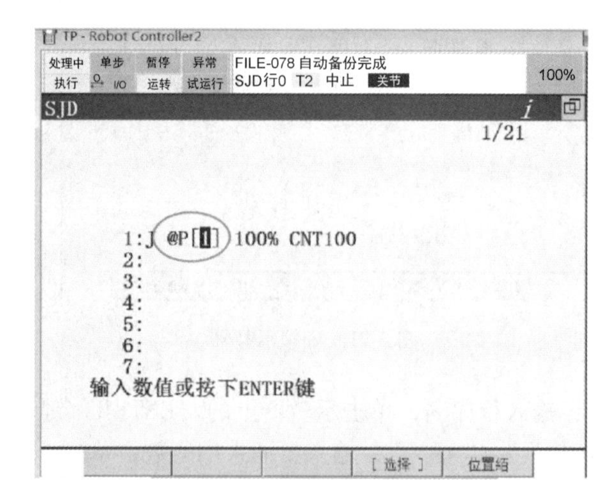

图 3-24 动作指令的修改

6）单击“形式”→“关节”，把 J5 轴设置为-90，其他轴均为 0，如图 3-25 所示。

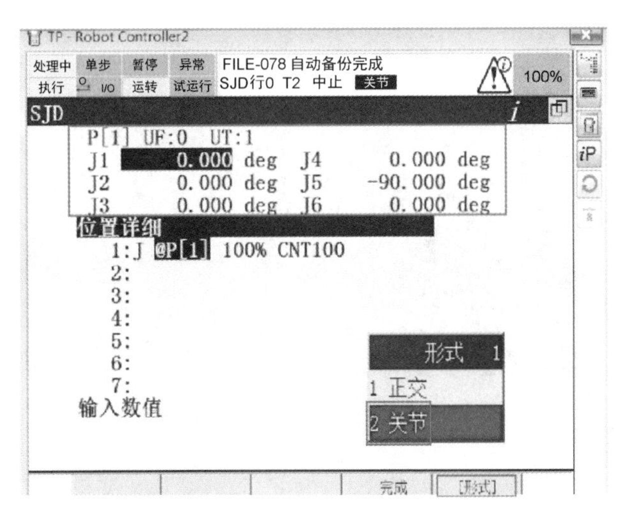

图 3-25　位置数据的手动输入

7）单击工具栏上的图标，弹出点位捕捉功能窗口，选择表面点捕捉，如图 3-26 所示。

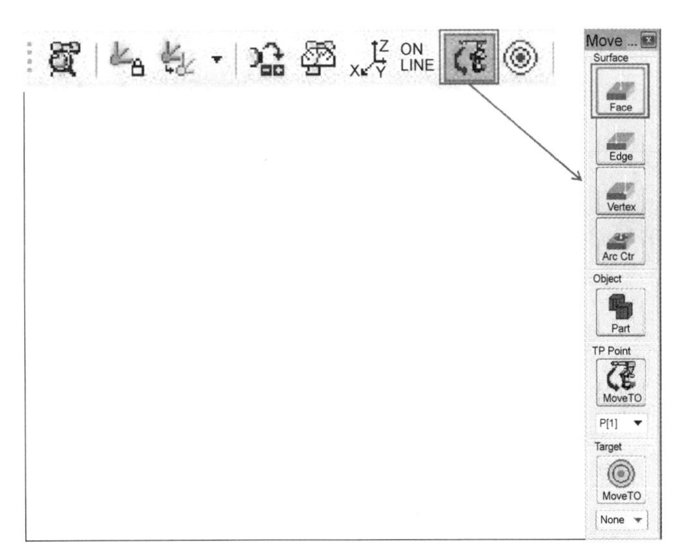

图 3-26　点位捕捉工具栏

8）或者直接按快捷键〈Ctrl〉+〈Shift〉，将光标移动到要示教的位置上并单击，机器人的 TCP 将自动移至此点，如图 3-27 所示。

9）添加合适的动作指令（线性运动）记录矩形的第一个点，然后其他各点依次执行此操作并全部记录。

图 3-28 所示的是从 HOME 点开始并走完矩形的完整轨迹。其中 P[1]和 P[7]是机器人的 HOME 点，P[2]~P[6]是记录矩形轨迹的点。

10）将虚拟示教器界面的光标放在程序的第一行，先用鼠标单击SHIFT，然后单击FWD执行程序，如图 3-29 所示。

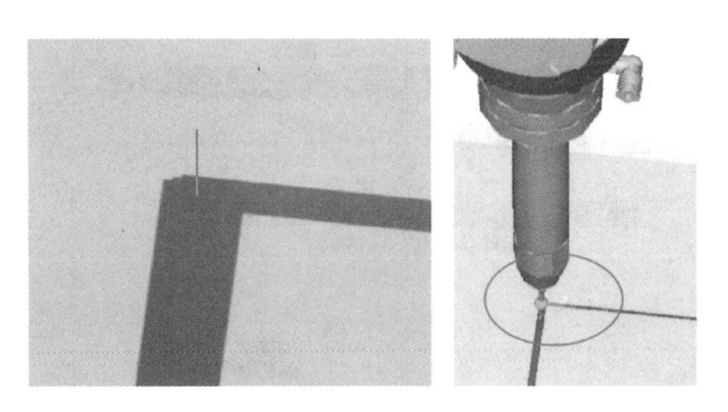

图 3-27 第一点位置捕捉

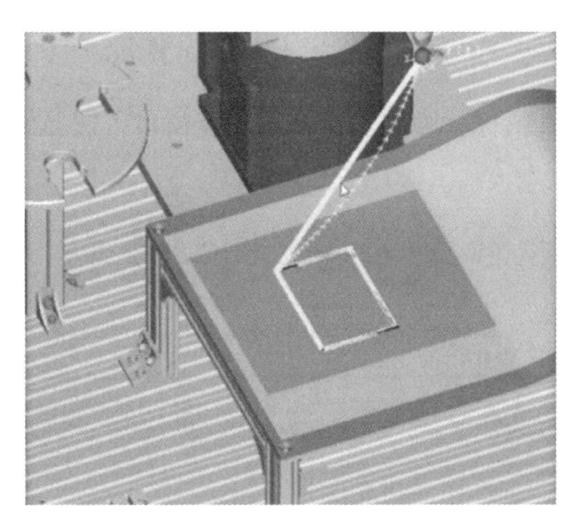

图 3-28 程序轨迹

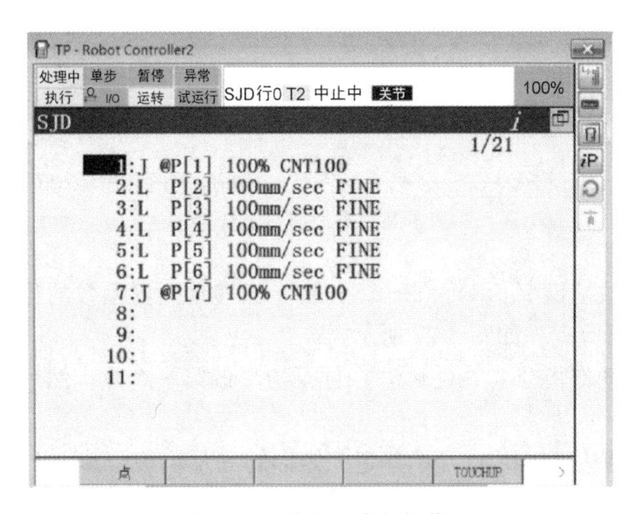

图 3-29 执行程序的操作

第三节　仿真程序编辑器示教编程

离线示教编程的第二种方法就是采用创建仿真程序的方式进行示教编程。仿真程序编辑器是 ROBOGUIDE 软件将示教器的程序编辑功能简化后的产物，提供示教点动作指令添加、位置更新、常用控制指令添加等几个主要功能。

仿真程序编辑器将示教器上的功能组合键进行压缩，譬如 Touchup 命令相当于示教器上的〈Shift〉+〈F5〉组合键。仿真程序编辑器的应用使得示教编程的操作更加简便，记录点的速度更快，编程的周期极大缩短。

仿真程序编辑器创建的仿真程序与虚拟示教器创建的程序有所不同，虚拟示教器创建的程序与真实的示教器创建的程序完全一致，而仿真程序中的某些特殊指令其实是仿真指令，并不存在于真实的机器人中，只是作用于 ROBOGUIDE 软件中的动画效果。如果需要将仿真程序下载到机器人中运行，就必须对程序中的仿真指令进行控制指令的转化和替换。

（1）单击“Teach”→“Add Simulation Program”，创建一个仿真程序，如图 3-30 所示。

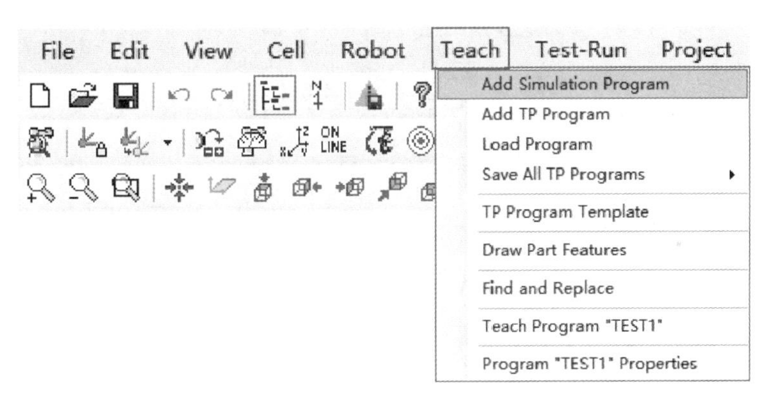

图 3-30　创建仿真程序

（2）输入程序的名称“Prog2”，选择工具坐标系和用户坐标系，单击“OK”按钮，如图 3-31 所示。

（3）进入编程界面，单击“示教”图标 Record 右边的黑三角，显示出下拉菜单。选择动作指令的类型，记录第一个点，如图 3-32 所示。

（4）要将第一点设置为 HOME 点，选择关节坐标，将 J5 轴设置成-90，其他轴均设置为 0，此时 HOME 点已被更新至 P[1]，如图 3-33 所示。

（5）单击工具栏上的图标，弹出点位捕捉功能窗口，选择 Face 表面点捕捉。

（6）或者直接按〈Ctrl〉+〈Shift〉组合键，将光标移动到要示教的位置上单击，机器人的 TCP 将自动移至此点。

（7）用此方式将所有的点全部记录下来，并修改运行速度和定位类型等。

（8）单击工具栏中的启动按钮，运行程序并观察运行的结果是否符合预期。

图 3-31 程序属性设置

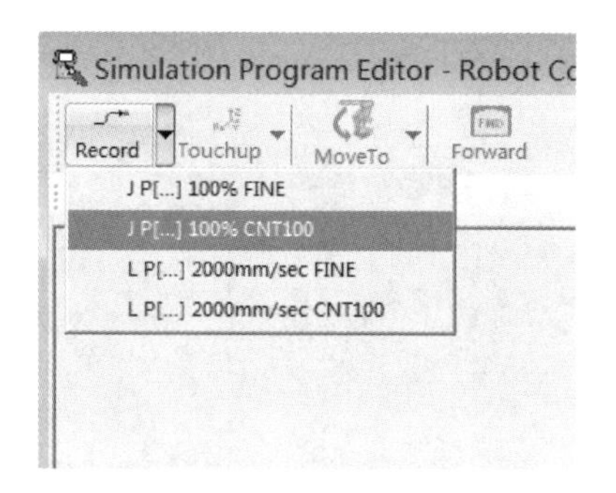

图 3-32 添加动作指令

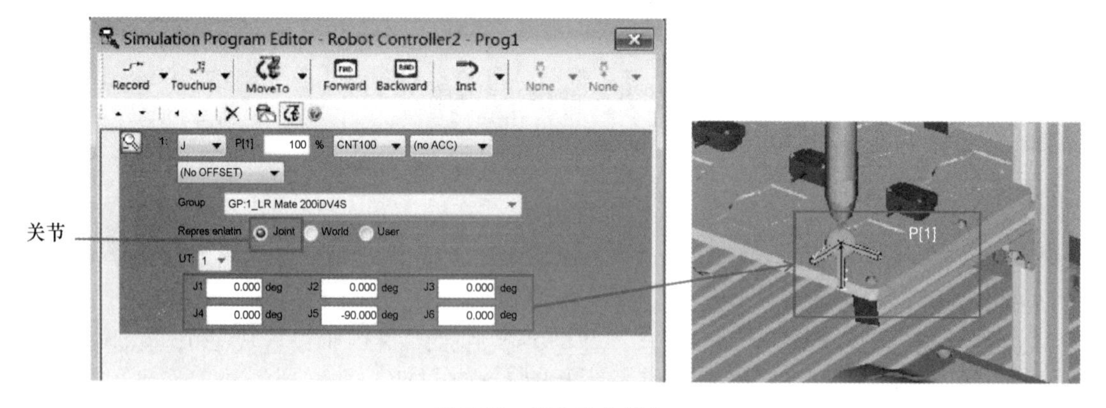

图 3-33 修改动作指令

第四节 修正离线程序及导出运行

在 ROBOGUIDE 软件的虚拟环境中，模型尺寸、位置等数值的控制是一种理想的状态，这也是现实中难以达到的。就算仿真工作站与真实工作站相似度再高，也无法避免由于现场安装精度等原因引起的误差，这就会导致机器人与其他各部分之间的相对位置在仿真和真实两种情境下有所不同，也就造成了离线程序的轨迹在实际现场运行时会发生位置偏差。如果重新标定真实机器人的用户坐标系虽然可解决这一问题，但是会影响机器人本身其他程序的正常使用。

程序的校准修正是 ROBOGUIDE 软件解决这种问题的有效手段，它的作用机理是在不改变坐标系的情况下，直接计算出虚拟模型与真实物体的偏移量（以机器人世界坐标系为基准），将离线程序的每个记录点的位置进行自动偏移以适应真实的现场。在对程序进行偏移的同时，相对应的模型也会跟随程序一同偏移，此时真实环境与仿真环境中机器人与目标物体的相对位置是一致的。

CALIBRATION 校准功能是通过在仿真软件中示教三个点（不在同一直线上）和实际环境里示教同样位置的三个点，生成偏移数据。ROBOGUIDE 软件通过计算实际与仿真的偏移量，进而可以自动地对程序和目标模型进行位置修改。

一、在三维软件中示教程序

（1）双击前面内容中创建的程序所在的 Fixture2 模型，在弹出的属性设置窗口中选择“Calibration”选项卡，单击“Step1：Teach in 3D World”，自动生成校准程序“CAL×××××. TP”，如图 3-34 所示。

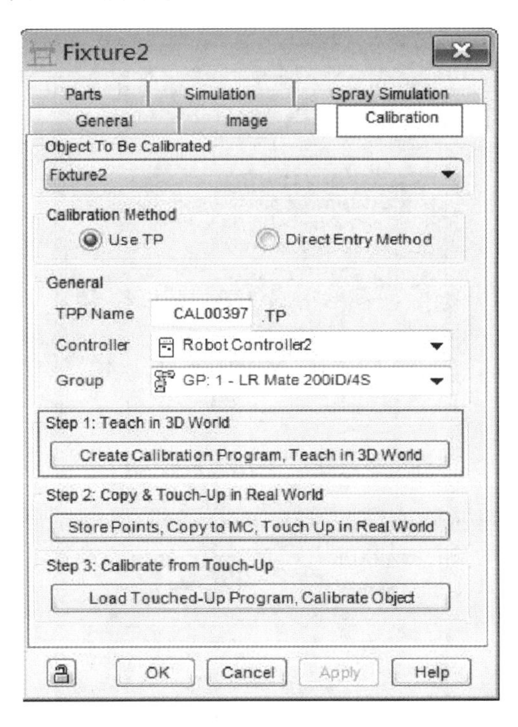

图 3-34　校准窗口

（2）记录程序中调用的“工具坐标系 1”和“用户坐标系 0”示教指令中的三个位置点。注意三点不能在同一条直线上。

二、将程序复制到机器人上并修正其位置点

（1）选择“Step2：Copy & Touch-Up in Real World”，自动将校准程序备份到对应文件夹上，如图 3-35 所示。

（2）使用存储设备将校准程序“CAL×××××. TP”下载到机器人上，如图 3-36 所示。

（3）在真实的机器人上设置同一个工具坐标系号和用户坐标系号，并在实际环境中相同的三个位置上分别示教更新三个特征点的位置。

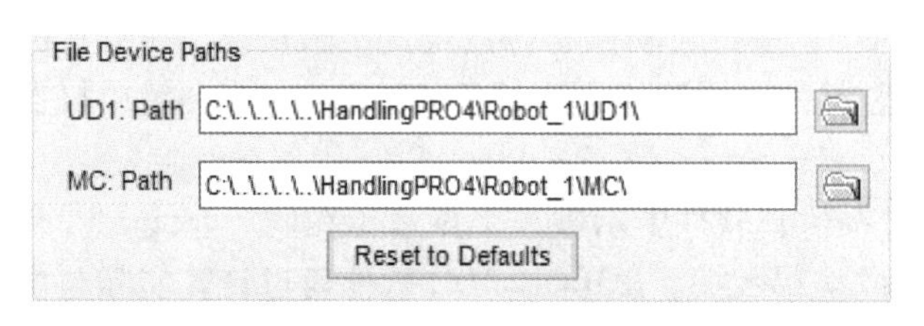

图 3-35 自动将校准程序备份到相应的文件夹里

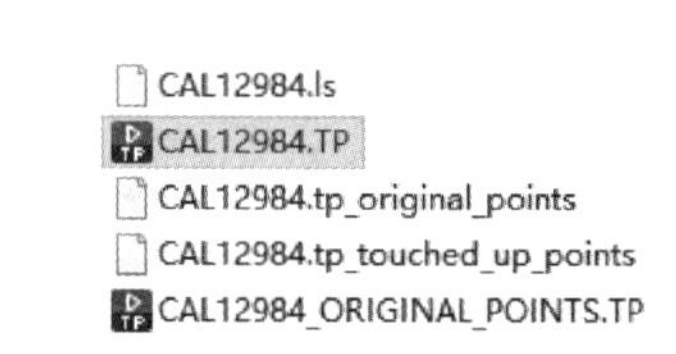

图 3-36 备份的程序

三、校准修正程序

（1）修正好的程序再放回原来文件夹中（直接覆盖），选择“Step3：Calibrate from Touch-Up”，出现图 3-37 所示界面，其中的数据即是生成的偏移量，单击“Accept Off”按钮，即可选择需要偏移的程序。

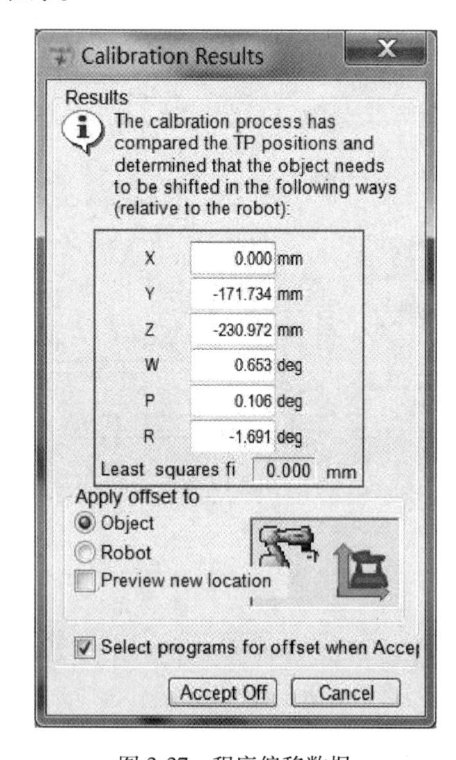

图 3-37 程序偏移数据

（2）以之前创建的程序“Prog2”为例，选择该程序，单击 ENTER 键进行偏移，会发现三维视图中的 Fixtures 模型与程序关键点一同发生了偏移。

（3）将程序“Prog2”导出并下载到真实的机器人中，可直接运行。

第五节　实　　训

如图 3-38 所示，Hello Kitty 外轮廓曲线比较多，轨迹相对来说难以示教，如果选取的关键点位置不准，很容易造成轨迹偏移。

图 3-38　Hello Kitty 外轮廓

将图片导入仿真工作站中，用离线示教的方法，示教出 Hello Kitty 外轮廓轨迹。将此程序加以修正以适用于真实的机器人工作站，并上传到真实的机器人中运行。

第四章　基础搬运的离线仿真

【学习目标】

（1）掌握基础搬运仿真工作站的布局与创建方法。

（2）了解仿真搬运实现的原理，掌握物料的导入与仿真设置的方法。

（3）了解设置夹爪工具动作的两种方法。

（4）能够利用虚拟电机使工件进行运动。

【知识储备】

（1）仿真搬运工作站介绍。仿真搬运工作站由搬运机器人、夹爪、圆柱体物料和工作台组成，如图 4-1 所示。搬运工作站的主要功能是利用仿真机器人改变物料模型的位置，从而模拟真实的物料搬运。工作站搬运机器人选用 FANUC LR Mate 200iD/4S 迷你型机器人，末端执行工具选用气动夹爪（有开与合两种状态），圆柱体物料作为被搬运的工件。

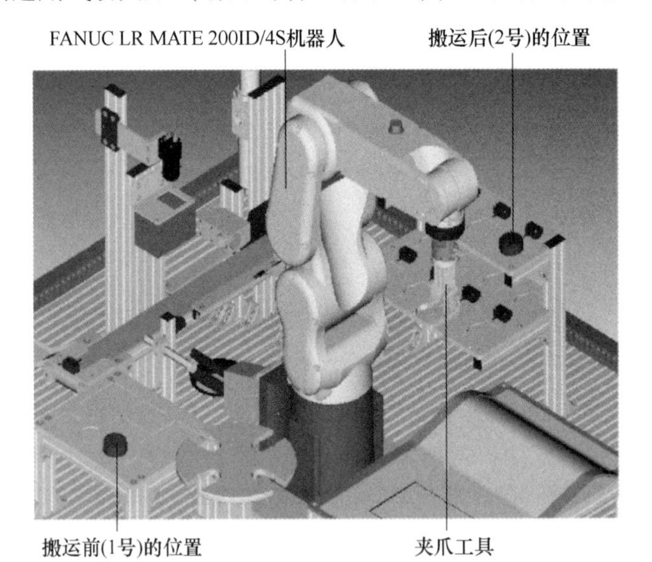

图 4-1　仿真搬运工作站

搬运机器人要实现将圆柱体物料从左侧搬运到右侧的作业，夹爪在 1 号位置上闭合抓取物料，物料被机器人搬运到 2 号位置上，松开夹爪后物料被放下，如图 4-1 所示。

（2）ROBOGUIDE 搬运仿真技术认知。机器人搬运的仿真是 ROBOGUIDE 软件中 HandlingPRO 模块的典型应用，仿真工作站中的工件模型可以被工具抓取、搬运和放置。在进行仿真操作之前，需要对 ROBOGUIDE 软件搬运仿真的机制有一个简单的了解。在仿真的整个过程中，物料 Part 一共出现在 3 个位置（搬运前（1 号）位置、搬运后（2 号）

位置和夹爪工具上），但是物料 Part 这种模型并不能发生实际的位置改变（操作者手动调节除外），所以并不是 1 号位置的模型最终到达了 2 号位置。ROBOGUIDE 软件采用的是模型的隐藏与再现技术，达到了模型“转移”的目的。在物料出现的所有位置都要关联添加同一个 Part 模型，1 号位置物料的显示时间是在夹爪抓取之前，抓取后便自动隐藏；跟随工具运动的物料显示时间是抓取至放下的时间，其他时间段隐藏；最后 2 号位置物料的显示时间是从被放下开始直到仿真过程结束，其他时间段隐藏。

第一节　导入物料与设置仿真

圆柱体物料作为被搬运的对象，要想实现被抓取、搬运和放置的效果，应满足下列几个条件：

（1）搬运的对象必须是 Parts 模块下的模型，所以圆柱体物料模型应位于 Parts 模块；

（2）必须关联添加到 Fixtures 模型或者其他载体模型上，因为物料的抓取和放置都是具有目标载体的，即抓取何处的物料并且要放置到何处；

（3）模型需要进行仿真方面的设置，即针对物料所在的载体进行仿真条件的设置，如图 4-2 所示。

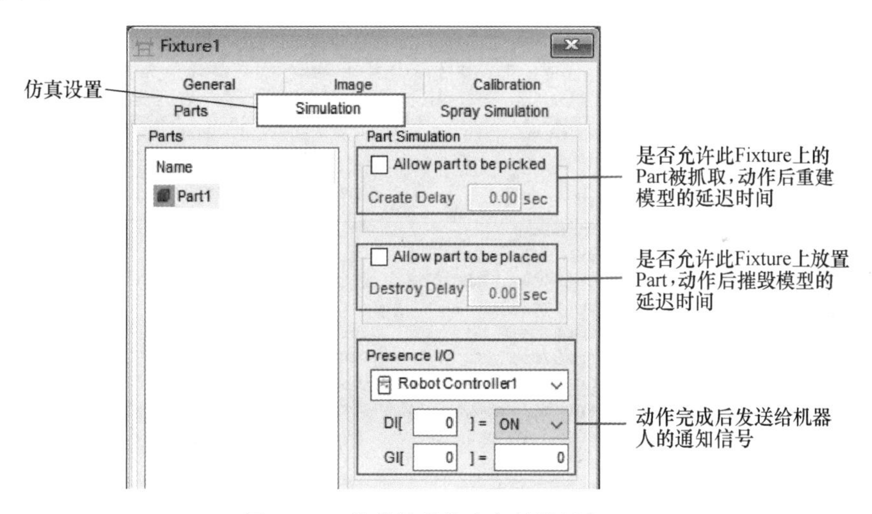

图 4-2　工件载体的仿真条件设置窗口

一、导入圆柱体物料

（1）右击“Parts”，在弹出的菜单中选择“Add Part”→“Single CAD File”，添加外部模型，如图 4-3 所示。

（2）选择“HZ-II-F01-1-03 圆柱体物块 . IGS”模型文件，单击“打开”按钮，如图 4-4 所示。

二、关联设置

（1）设置 Part1 模型的尺寸和质量，由于三维软件是按照真实物体进行 1∶1 建模，所

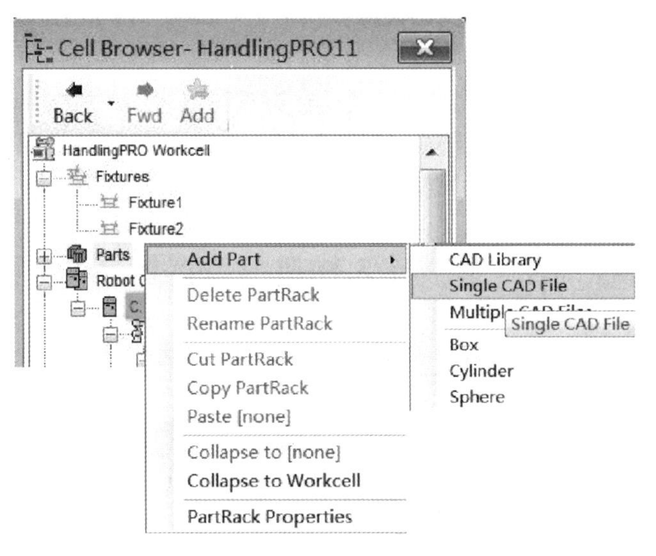

图 4-3 导入 Part 模型的操作步骤

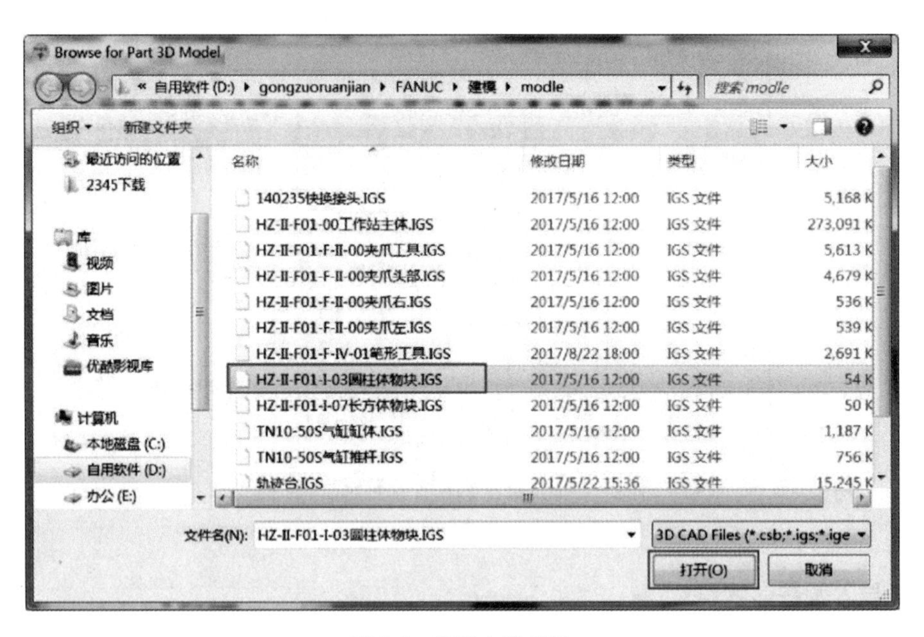

图 4-4 模型文件目录

以不需要调整尺寸等数据，如图 4-5 所示。将导入的 Part1 模型关联添加到 Fixture1 模型上。

（2）在 Fixture1 模型的属性设置窗口中的 Parts 选项卡下，单击“Add”按钮增加 Part1 的镜像模型，并移动物料到相应的位置。第一个物料设置在工作站的左侧待抓取的位置，第二个物料设置在工作站右侧待放置的位置，如图 4-6 所示。

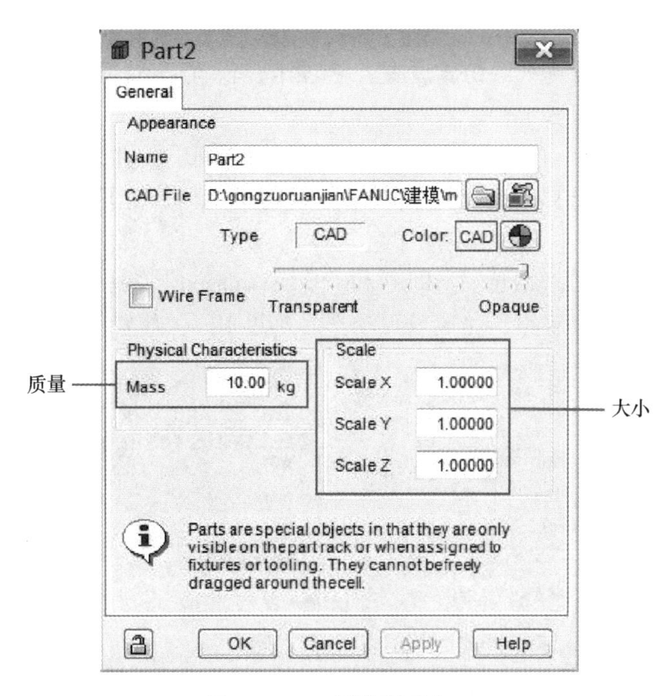

图 4-5　Part 属性设置窗口

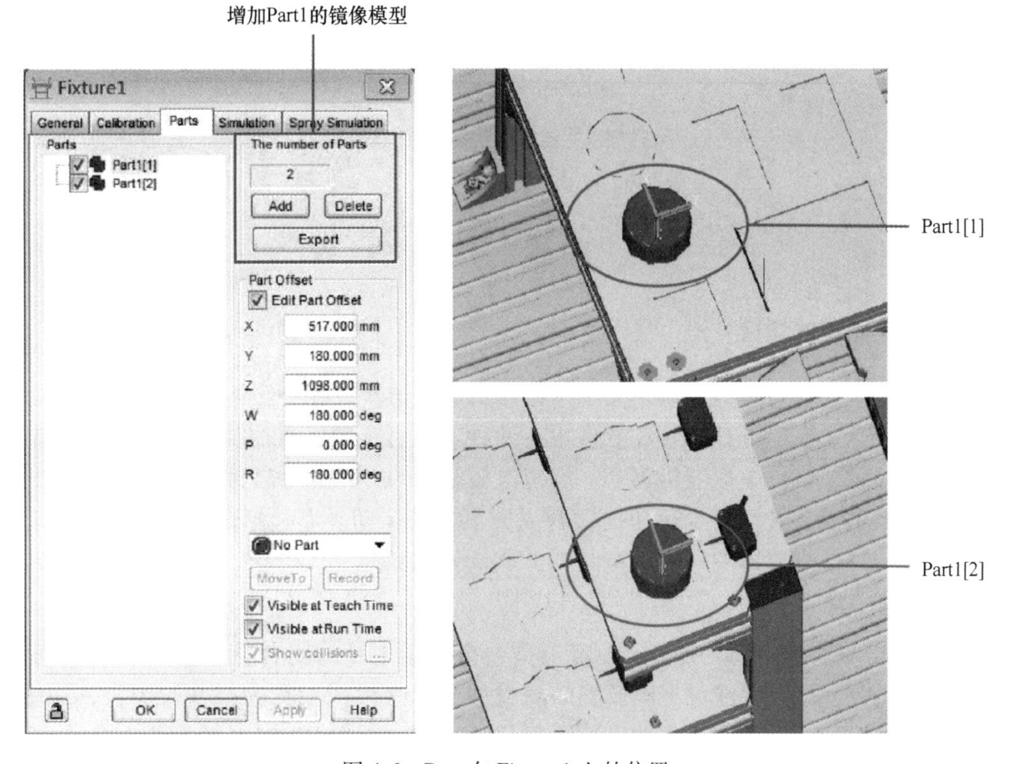

图 4-6　Part 在 Fixture1 上的位置

三、设置仿真

（1）切换到“Simulation”（仿真设置）选项卡，设置 Part1 模型的仿真条件，如图4-7所示。

（2）选择 Part1［1］，勾选“Allow part to be picked”，并设置时间为 10 s，表示 Fixture1 上的 Part1 允许被抓取，完成抓取动作后延迟 10 s，在原来的位置重新生成一个 Part1。

（3）选择 Paut1［2］，勾选“Allow part to be placed”，并设置时间为 10 s，表示 Fixture1 上的允许 Part1 被放置，完成放置动作后延迟 10 s，放置位置上的 Part1 自动消失。

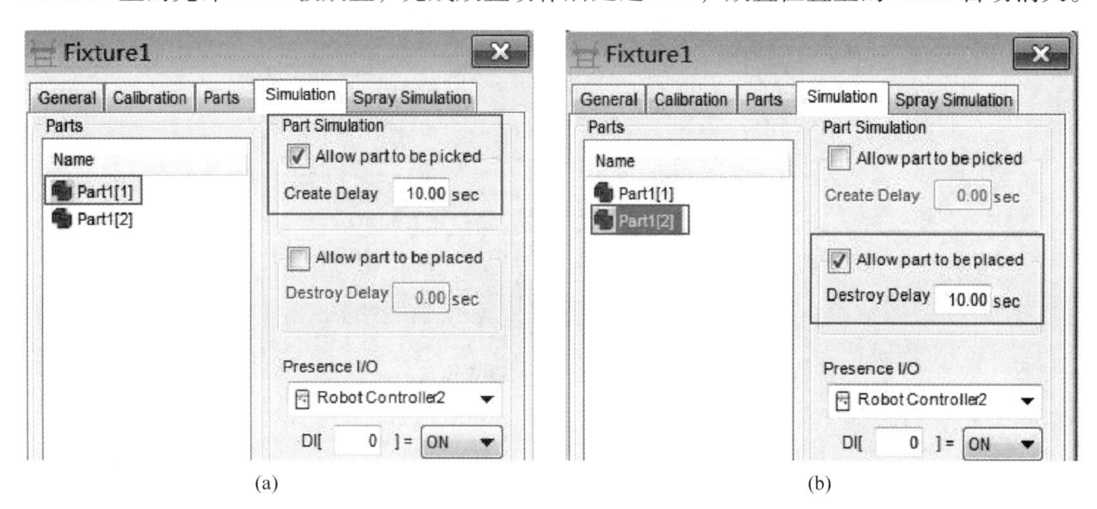

图 4-7 仿真条件设置
（a）Part1［1］；（b）Part1［2］

第二节 创建工具与设置仿真

一、工具状态的切换方法

由于本章中用于仿真的工具是夹爪工具，所以在仿真过程中会涉及夹爪工具的两种状态：打开与闭合。在 ROBOGUIDE 软件中有两种方法可实现这两种状态的切换：一是两个模型的替代显示，二是虚拟电机驱动。虚拟电机是 ROBOGUIDE 软件中除机器人以外的运动模组，为其他设备进行仿真运动提供解决方案，其运动类型包括直线运动和旋转运动，可由机器人、外部控制器进行伺服控制和 I/O 信号控制。

（一）模型的替代显示

设置工具的打开状态调用一个固定模型，再设置工具的闭合状态调用另一个固定模型，利用 ROBOGUIDE 软件对不同模型的隐藏和显示来模拟工具的打开与闭合，如图 4-8 所示。这种情况下只能利用仿真程序控制工具的动作，比如 PICKUP 拾取指令，而示教器中并不存在这种指令，机器人无法通过真实的指令控制工具动作。仿真指令既能实现工具的开合动作，又可以实现工件被抓取、搬运、放置的仿真。

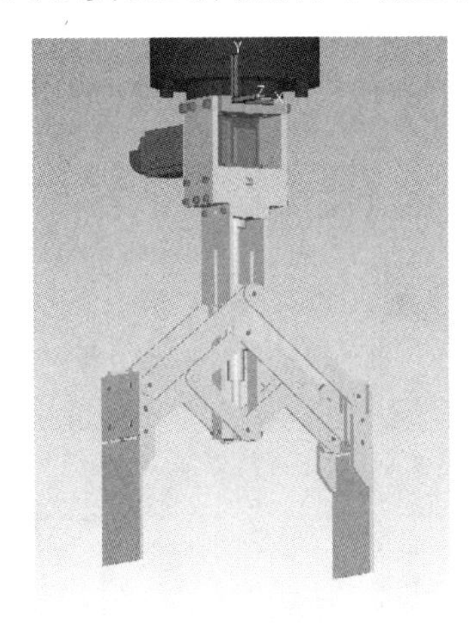

图 4-8　表示两种状态的两个模型

（二）虚拟电机控制

采用虚拟电机创建的工具与模型代替的工具不同，整个工具不是单一的模型，而是由固定部件和运动部件组成的一个模组。创建该模组之前应用三维制图软件将这个工具所需要的模型进行拆分，再逐一导入。

虚拟电机形式的工具可以接收机器人的 I/O 信号，意味着工具的打开与闭合可由机器人 I/O 指令进行控制。但是仅仅用 I/O 指令只能实现工具动作的仿真，并不能实现工件抓取、搬运、放置的仿真，必须有仿真程序和仿真指令的配合。

虚拟电机模型组如图 4-9 所示。

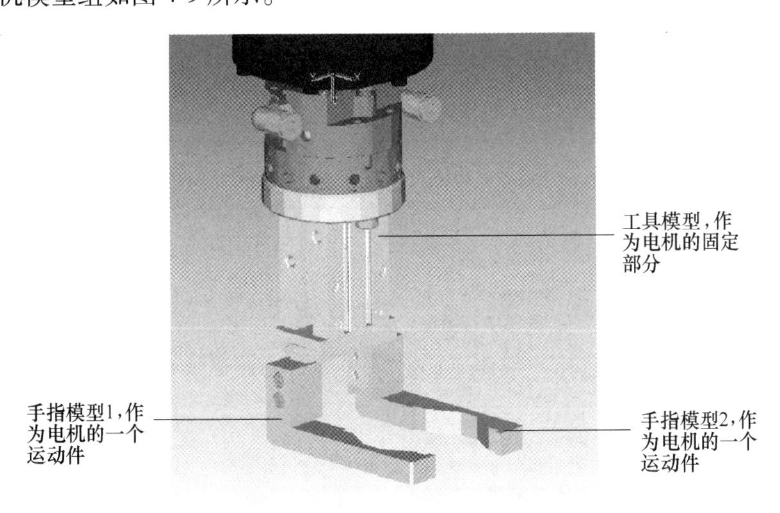

图 4-9　虚拟电机模型组

二、虚拟电机的创建及仿真设置

接下来将会采用虚拟电机来创建仿真的夹爪工具，详细地介绍虚拟电机的创建及设置方法和 Parts 模块关联工具的仿真设置。

（1）首先在工具“UT：2”上导入一个工具快换接头的模型，然后在快换接头上链接一个模型——夹爪头部，显示模型的名称为“Link1”。夹爪头部将作为虚拟电机的固定部件，相当于电机的定子。

（2）右击“Link1”，在弹出的菜单中选择“Add Link”→“CAD File”，如图 4-10 所示。

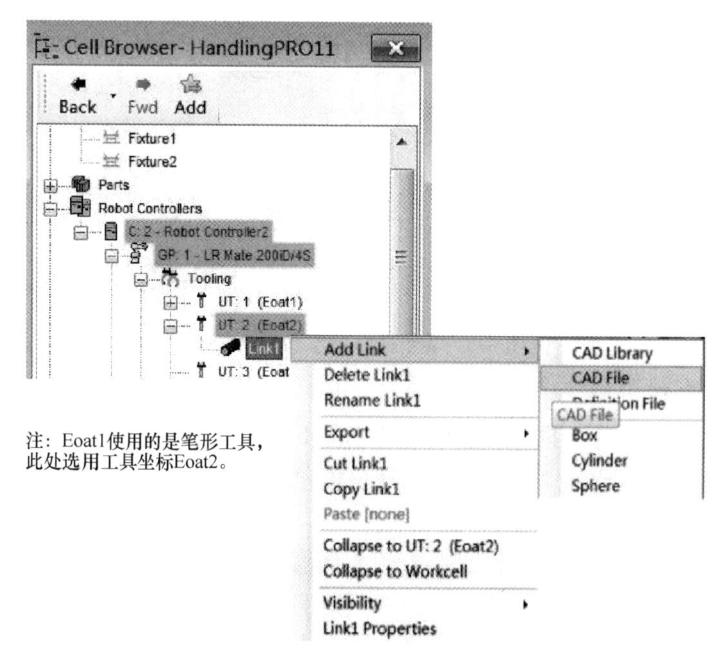

图 4-10 工具链接的操作步骤

（3）选择“HZ-II-F01-F-II-00 夹爪右 . IGS”模型文件，单击“打开”按钮，将夹爪一侧的手指导入进来，如图 4-11 所示。

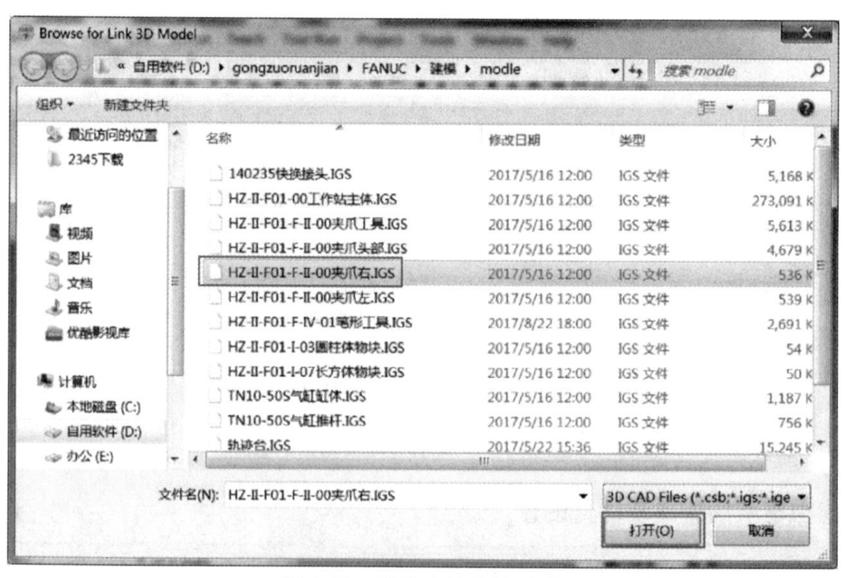

图 4-11 模型文件存放目录

（4）在其属性设置窗口中的“General”（通用设置）选项卡下，调整好手指的安装位置，此时手指的坐标系原点与夹爪头部的坐标系原点重合，如图 4-12 所示。

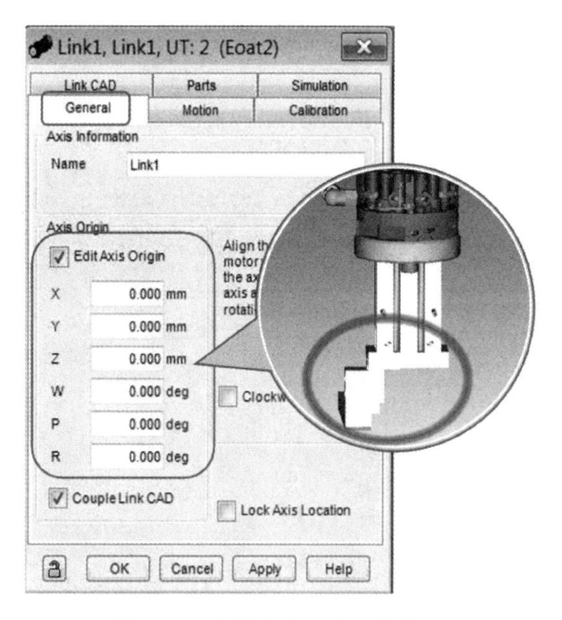

图 4-12　右侧手指正确安装状态

（5）选择“Motion”选项卡，选择内部 I/O 控制，设置虚拟电机的运动类型和驱动信号，如图 4-13 所示。

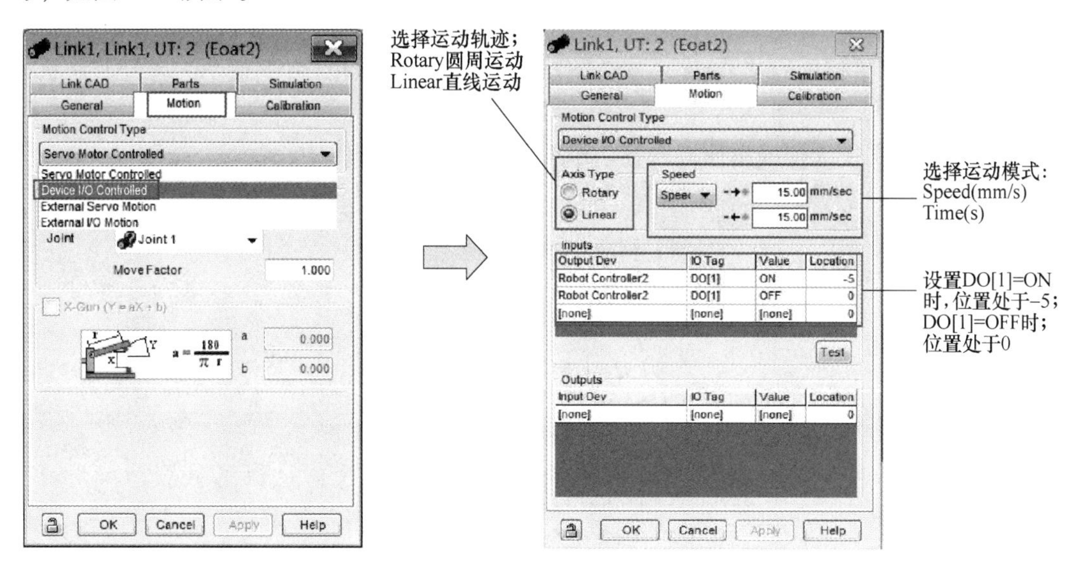

图 4-13　虚拟电机的设置

（6）现实中的夹爪手指由高压气体驱动做直线往返运动，所以在此处选择直线运动的类型，设置两个状态点作为打开与闭合的限位。当 DO[1]=ON 时，手指处于−5 mm 的位置上；DO [1]=OFF 时，手指处于 0 mm 的位置上。

（7）按照上述的步骤将左侧的手指也导入进来进行设置，为了保证二者动作的统一，应使两个手指处于同一信号控制下，动作的范围和速度都应相同，但要注意运动方向相反。

（8）双击工具“UT：2”，打开工具2的属性设置窗口，将工具坐标系的原点设置在夹爪的两个手指之间的区域，如图4-14所示。

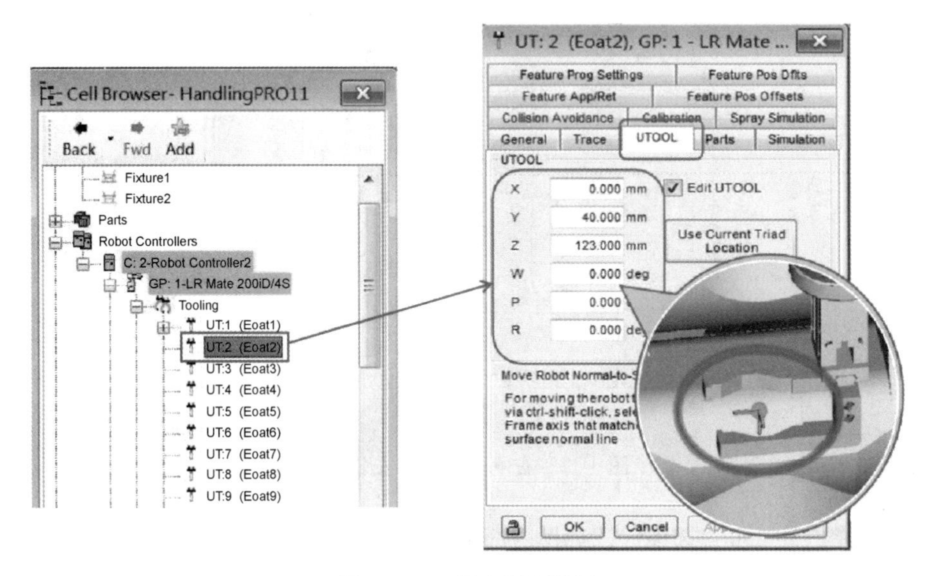

图4-14 工具坐标系设置

（9）选择菜单栏中的“Tools”→“I/O Panel Utility”，如图4-15所示，打开I/O状态模拟面板。

（10）单击图中选项编辑面板内容，添加I/O信号，如图4-16所示。

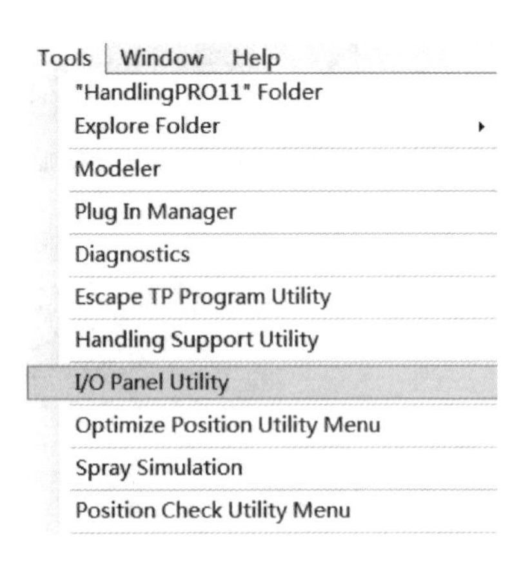

图4-15 软件菜单栏的Tools菜单

（11）在“Name”中选择I/O类型为数字通用信号DO，开始地址为1，长度为1，单击“Add”按钮添加，勾选左侧已添加的选项，单击“OK”按钮，如图4-17所示。

图 4-16　I/O 状态模拟面板的初始状态

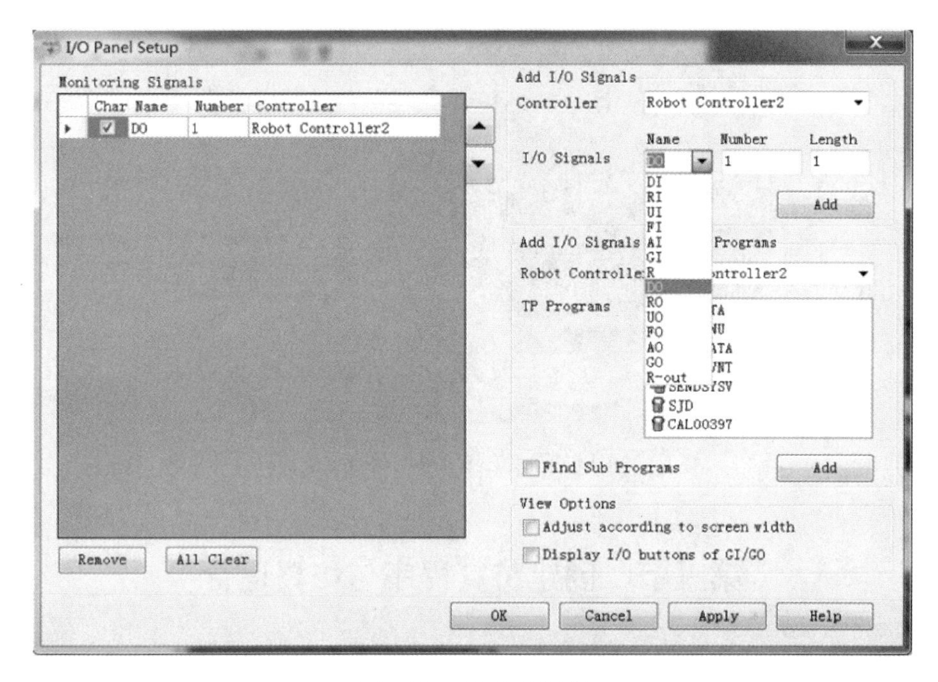

图 4-17　I/O 添加操作

（12）此时 I/O 面板会出现图 4-18 的状态，单击 DO［1］表示为 ON，再次单击松开表示为 OFF。单击DO[1]图标即可看到夹爪工具的闭合与打开动作。

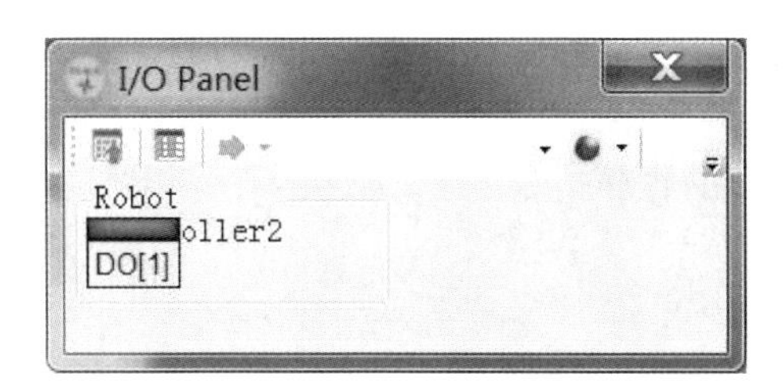

图 4-18　添加完成后的 I/O 状态模拟面板

（13）最后为机器人夹爪工具设置物料仿真，双击“UT：2（Eoat2）”，打开“Parts”选项卡，勾选“Part1”，用鼠标调整物料至图中所示的位置，单击“Apply”按钮，如图 4-19 所示。

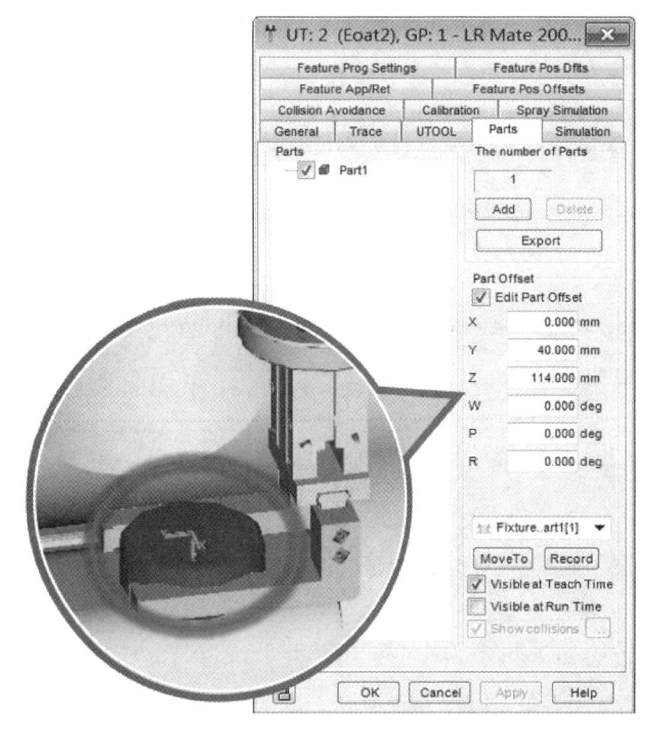

图 4-19 Part 关联工具的仿真设置

第三节 创建仿真程序与仿真运行

一、仿真程序

仿真程序是由仿真程序编辑器创建的程序。与 TP 程序有所不同，仿真程序中包含一些并不存在于 TP 上的特殊指令，即虚构的仿真指令。例如，搬运的仿真效果只能通过仿真程序来实现，普通的 TP 程序无法进行此类仿真的运行。

用示教器打开仿真程序，如图 4-20 所示。程序中有些指令行前方加“!”，并且底色为浅色，这些行就是仿真程序虚构的仿真指令或者注释行。仿真程序运行时既能运行上述的行，也可以运行正常的 TP 程序指令行；而示教器运行时则无法识别这些仿真程序的指令，会自动跳过，执行正常的程序指令。

二、仿真指令

仿真指令是 ROBOGUIDE 软件中 HandlingPRO 模块针对搬运的仿真功能虚构出来的控制指令。运行搬运程序时，真正的控制指令无法使模型附着在工具上随之而动，也无法使模型在 Fixture 消失和重现，而仿真指令可以将这些效果在仿真程序运行的过程中展示出来。实际上可以理解为仿真指令是软件运行的指令而非机器人控制系统的指令。

（1）抓取仿真指令。Pickup（拾取的目标对象“Parts”）From（目标所在的位置“Fixtures”）With（拾取所用的工具“Tooling”）。

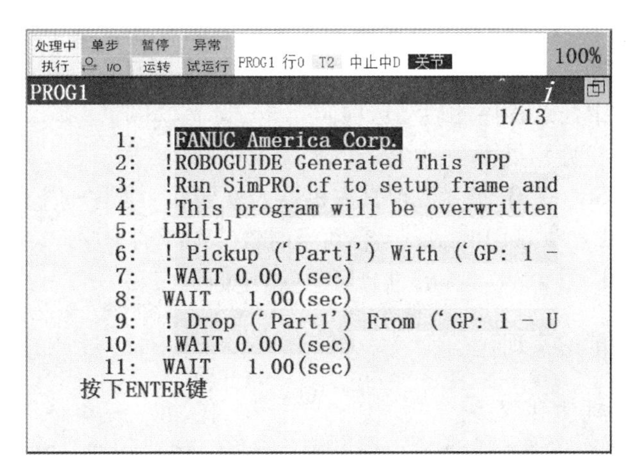

图 4-20　仿真程序的语句

(2) 放置仿真指令。Drop（放置的目标对象"Parts"）From（握持目标的工具"Tooling"）On（放置目标的位置"Fixtures"）。

三、仿真运行

程序编辑完成后就应该进行程序的试运行，检验程序的可行性和观察仿真的效果。其中运行程序的方法有三种：程序编辑器内运行、虚拟示教器内运行和程序仿真运行。

(1) 程序编辑器内运行 Forward Backward。此方法只能单步运行，并且没有仿真动画效果，只演示机器人的运动轨迹。

(2) 虚拟示教器内运行。此方法可连续运行，但无法运行仿真指令，没有仿真动画效果，只演示机器人的运动轨迹。

(3) 程序仿真运行 ▶ · ‖ ■ ⏏ ⊗ 。此方法连续运行仿真程序或者 TP 程序，展示仿真动画效果，可模拟如搬运时物料的位置变换、焊接时的焊接火花等。

启动工具设置面板，如图 4-21 所示。

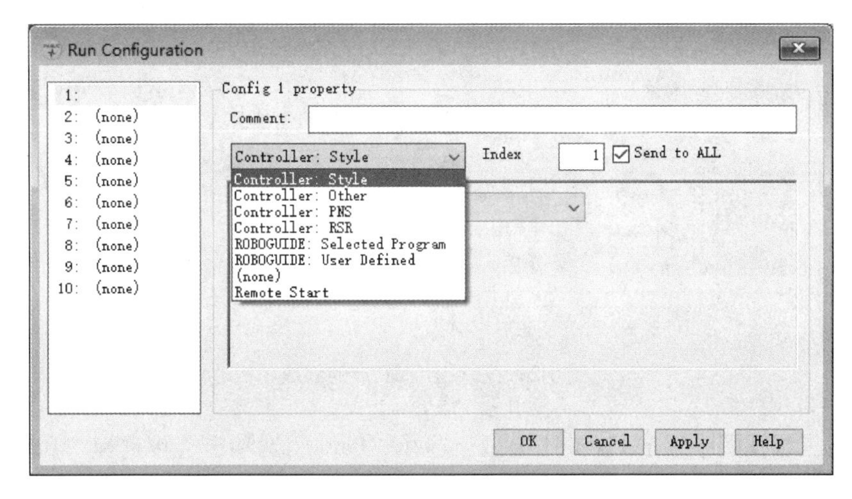

图 4-21　启动工具设置面板

启动工具可预设 10 个运行号，分别指向不同的启动程序，每个运行号中可选择不同类型的启动程序。启动工具可以模拟真实的机器人控制柜循环启动按钮，也可以单纯地作为 ROBOGUIDE 软件中任意程序的启动选项。

启动方式有三种，分别如下。

（1）Controller：Style ~ RSR，模拟真实机器人外部启动程序的方式。

（2）ROBOGUIDE：Select Program，启动当前软件选择的程序。

（3）ROBOGUIDE：User Defined，启动用户指定的程序。

四、仿真搬运功能的实现

（一）创建和编辑仿真程序

（1）单击菜单栏中的“Teach”→“Add Simulation Program”，创建一个仿真程序，选择工具坐标系 2 和用户坐标系 1，如图 4-22 所示，单击“Apply”按钮。

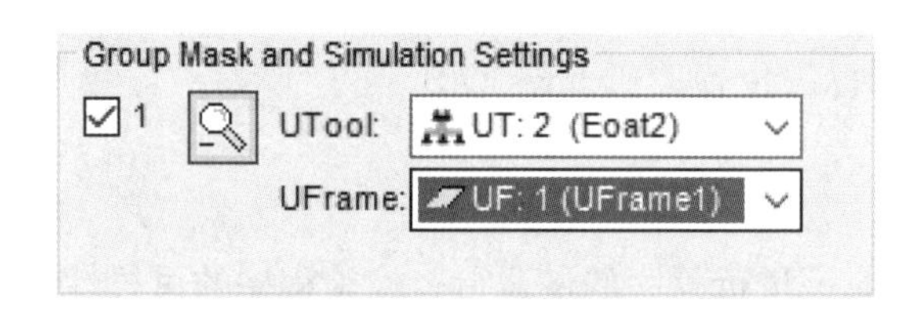

图 4-22　仿真程序坐标系设置

（2）进入到仿真程序编辑器，先示教一个机器人待机的位置为 HOME 点，如图 4-23 所示。

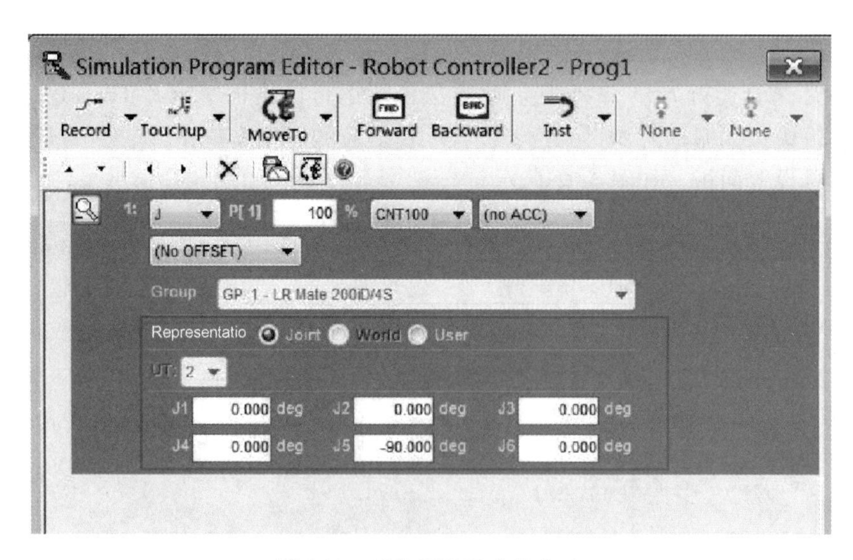

图 4-23　示教 HOME 点的修改

（3）在三维视图中双击 Fixture1 模型，选择“Parts”选项卡，再选择“Part1”，单击“Move To”按钮，将夹爪工具精确地移动到物料的位置上，如图 4-24 所示。

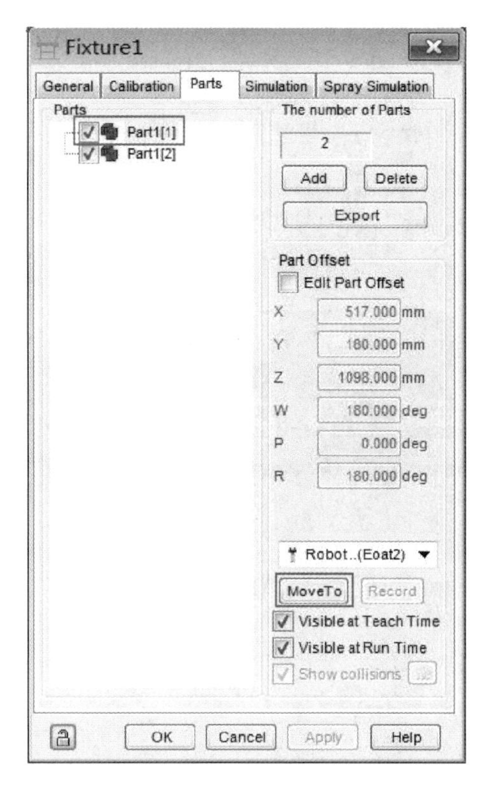

图 4-24　夹爪到抓取位置的操作

（4）此时机器人移动到 Part1［1］的位置，如图 4-25 所示，将此点示教到仿真程序中，添加动作指令。

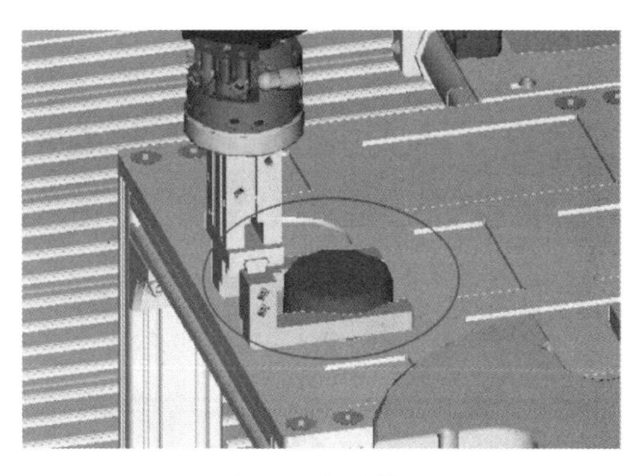

图 4-25　抓取位置

（5）单击 的下拉三角，添加一个能让物料附着在工具上的指令，选择“Pickup”仿真抓取指令，如图 4-26 所示。

（6）设置仿真抓取指令的数据，选择被抓的物料、目标位置和抓取工具，如图 4-27 所示。

（7）单击 的下拉三角，添加一个控制夹爪手指动作的 I/O 指令，选择 DO［1］= ON，如图 4-28 所示。

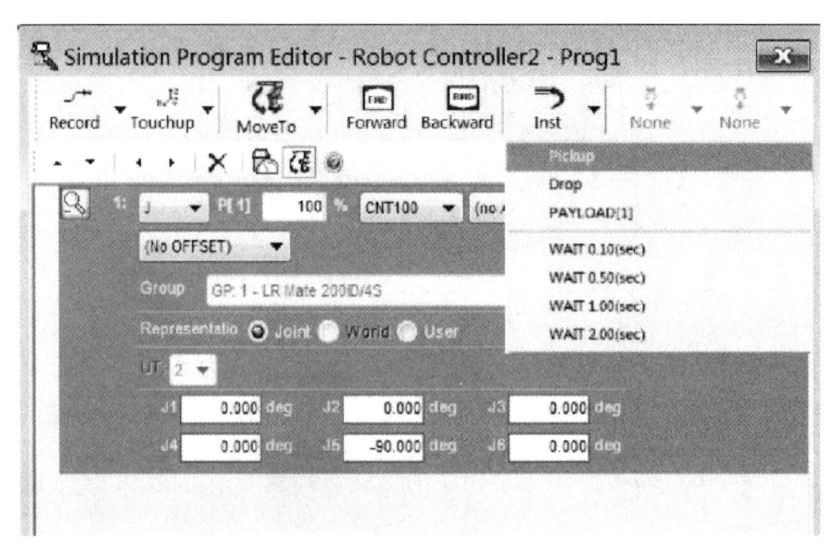

图 4-26 动作指令的设置

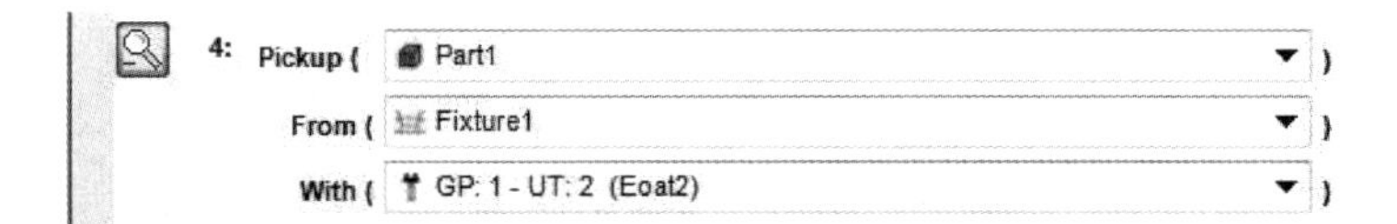

图 4-27 仿真抓取指令的设置

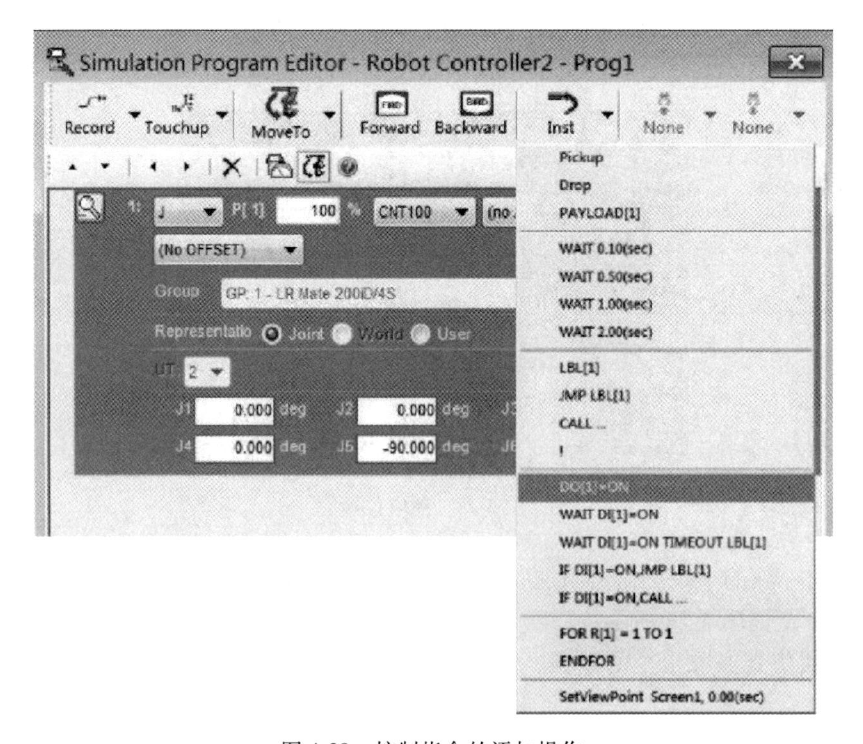

图 4-28 控制指令的添加操作

（8）以同样的方法添加时间等待指令，并且将轨迹上其他的关键点也示教出来。

（9）在示教 Part1［2］的点以后，添加仿真指令时要把“Pickup”指令换成“Drop”指令，选择要放下的物料、放置的目标位置和工具，这样可以让物料脱离工具。

（10）下一行添加 DO[1]=OFF，让夹爪手指实现打开的动作。最终完整的仿真程序如图 4-29 所示。

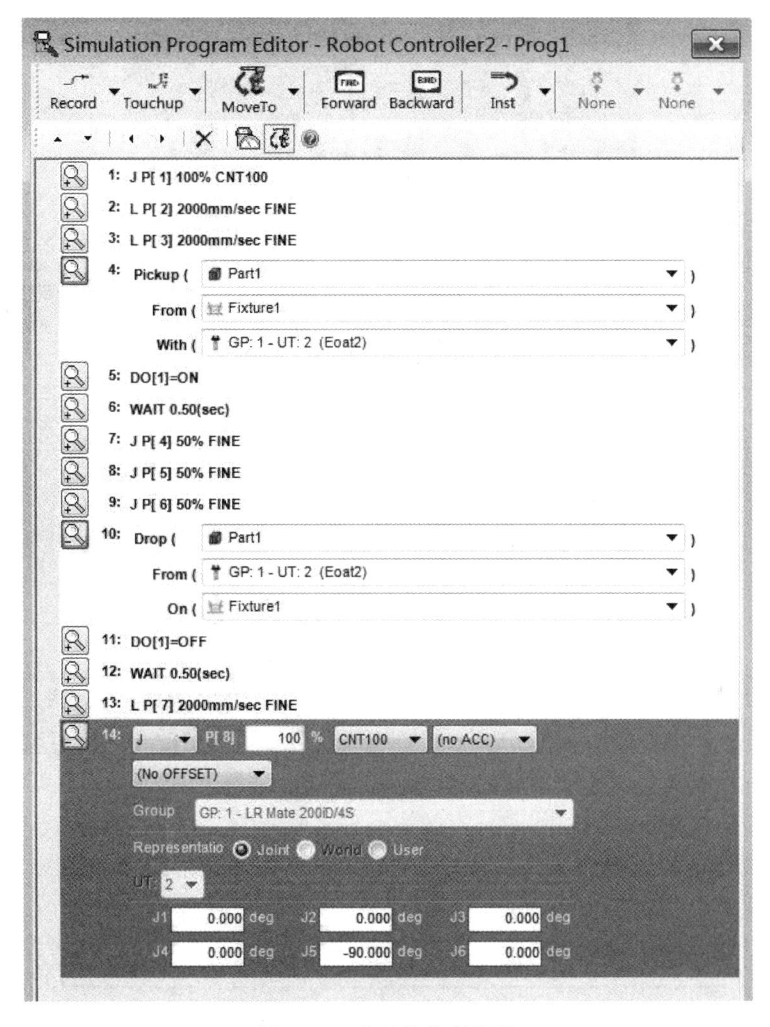

图 4-29　完整的仿真程序

（11）调整动作指令的速度、定位类型，设定等待指令的时间等对程序进行优化。此时在三维视图界面会显示所有示教过的点，如图 4-30 所示。

（二）程序的仿真运行

（1）单击工具栏中的启动按钮 ▸· 的下拉三角，进入启动程序设置窗口，如图 4-31 所示。

（2）选择“ROBOGUIDE：User Defined”用户自定程序，在“Run”的右侧选择要执行的程序“Prog1”，如图 4-32 所示，单击“Apply”按钮。

（3）此时单击启动按钮，当按钮变为绿色时 ，则表示程序开始运行。

图 4-30　轨迹和关键点显示

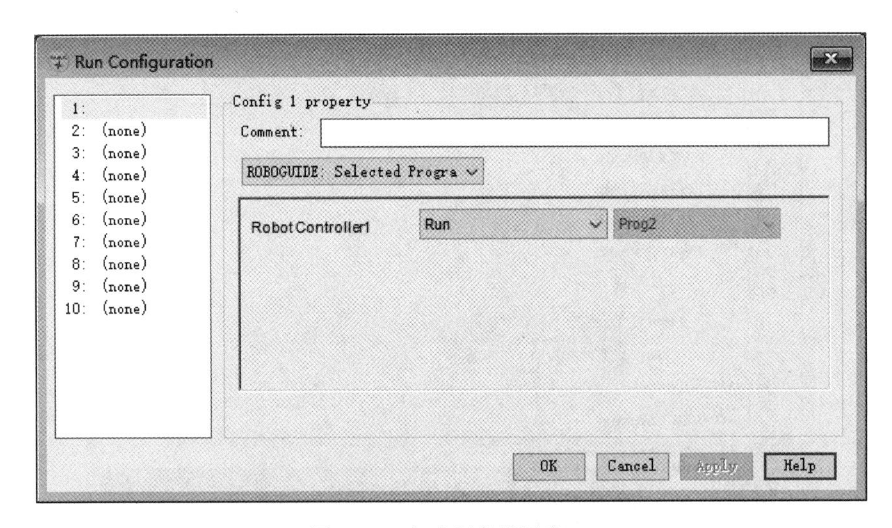

图 4-31　启动程序设置窗口

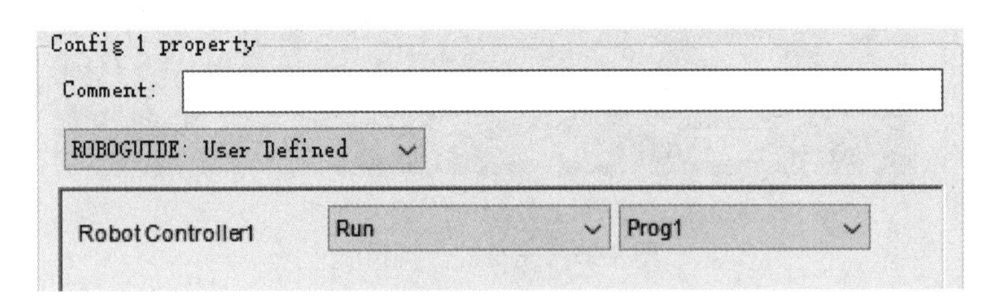

图 4-32　运行设置

第四节　实　　训

在大多数的情况下，机器人搬运作业的拾取点和放置点不会只有一对，更多的是多点对多点。

在本章节工作站的基础上增加工件的种类和数量，并设置不同的抓取位置和放置位置，采用一个程序完成对所有物料的搬运过程。

第五章　分拣搬运的离线仿真

【学习目标】

（1）了解分拣仿真工作站的组成，熟悉分拣仿真工作站的分拣流程。

（2）能够用模型替代法创建仿真工具，并设置仿真工具与工件模型的关联。

（3）了解分拣仿真程序的组成，熟悉编辑分拣仿真程序。

【知识储备】

（1）分拣搬运工作站组成。F01 仿真分拣工作站具体由工业机器人、工具架及末端执行器、双层立体料库及物料块、料井及推送气缸、传送装置、平面托盘组成，如图 5-1 所示。工作站选用 FANUC LR Mate 200iD/4S 迷你型搬运机器人，使用夹爪和吸盘实现物料的搬运与分拣。

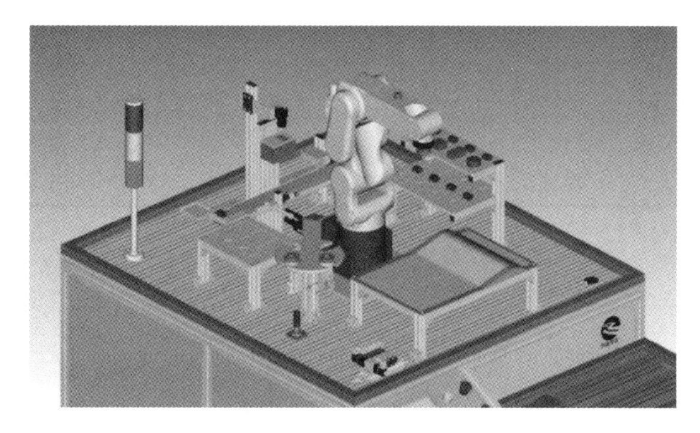

图 5-1　仿真分拣工作站

1）工具架和工具。工具架模型与工作站基座模型作为一个整体导入 ROBOGUIDE 软件的 Fixtures 下，其目的主要是为了精简模型的数量，如图 5-2 所示。如果需要调整工具架相对于基座的位置，必须首先利用绘图软件将工具架的三维模型分拆出来，再单独放到 Fixtures 下。

快换接头（见图 5-3）利用螺栓固定在机器人的法兰盘上，利用气动锁紧装置实现夹爪和吸盘的拾取。在仿真工作站中，快换接头模型属性始终是工具（Tooling）模块。接头拾取夹爪与吸盘，实际上就是一种变相的工件搬运工具，只不过搬运的对象不是常见的物料块模型，而是工具模型。

夹爪和吸盘在本仿真工作站中都具有两个角色：一个是充当快换接头拾取的对象；另一个是担任搬运物料的工具。正是因为这种特殊性，所以夹爪和吸盘具有两个模块属性：一个是位于 Parts 模块下的工件属性；另一个是位于 Tooling 模块下的工具属性。

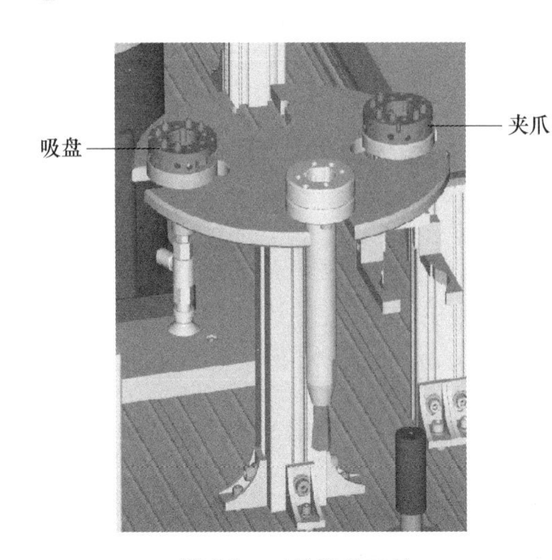

图 5-2　工具架及工具

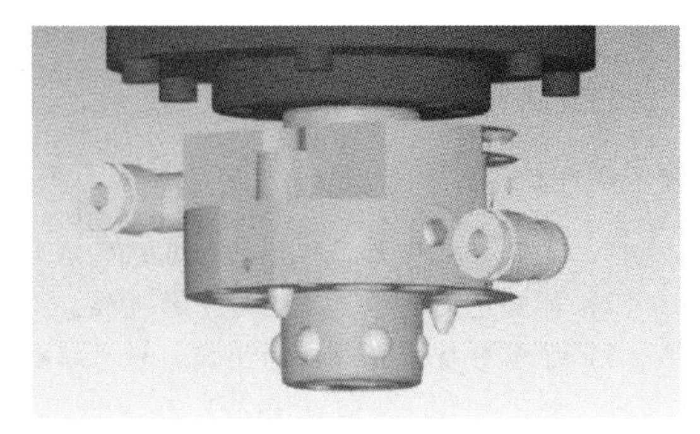
图 5-3　快换接头

图 5-4 所示为夹爪和吸盘的整体模型，二者应放置于工具架上。在夹爪模型导入 Parts 之前，应用绘图软件将两个手指调成打开的状态，即间距较大的状态。工具架上的工具模型的属性是 Part，而不能是 Tooling，因为在仿真的环境下，只有 Part 形式的模型才能被拾取。

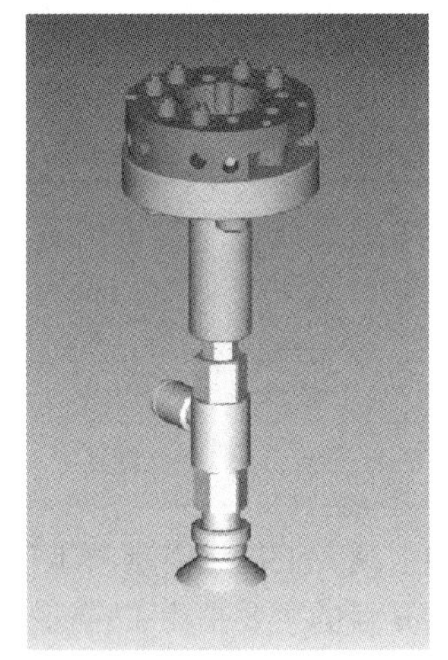

图 5-4　Parts 模块下的工具

图 5-5 所示为安装在机器人上的工具模型，但此处的夹爪和吸盘并不是通过链接的方式安装在快换接头上，而是夹爪或吸盘与快换接头作为一个整体模型导入 Tooling 模块。实际上，夹爪的情况要比吸盘复杂些，因为吸盘在搬运物料时的状态不变，故一个模型文件就足够了。但是夹爪却有开与合两种状态，这就需要两个模型进行交替显示，从而实现两个手指的开合。

2）双层立体料库。双层立体料库（见图 5-6）用于随机存放物料。搬运机器人握持夹爪从双层料库抓取物料。双层料库可与工作站基座作为一个整体导入 Fixtures 模块，如

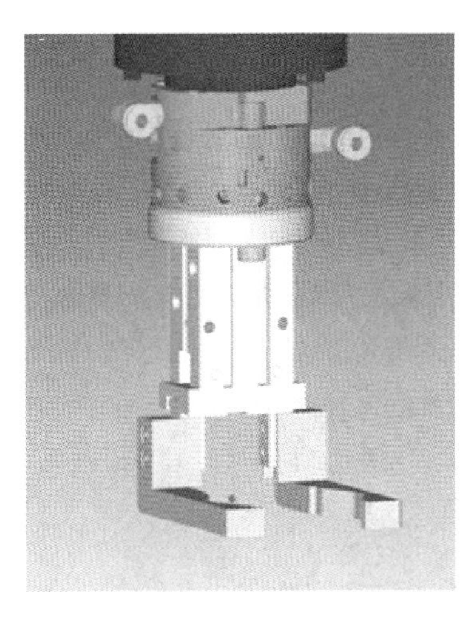
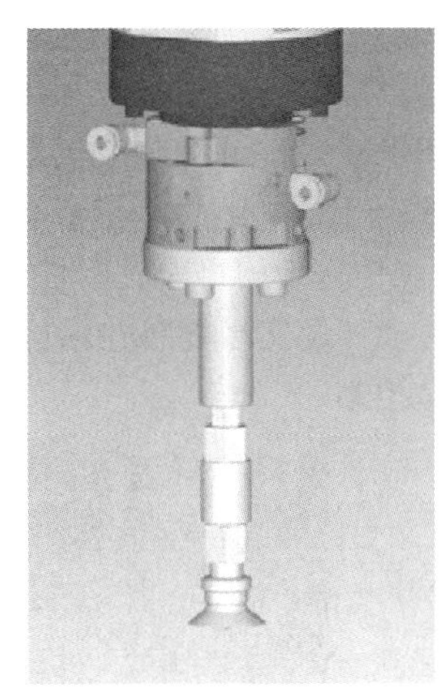

图 5-5　Tooling 模块下的工具

果需要调整料库的位置和尺寸等细节，必须利用三维绘图软件将其拆分出来，再单独导入 Fixtures 模块。

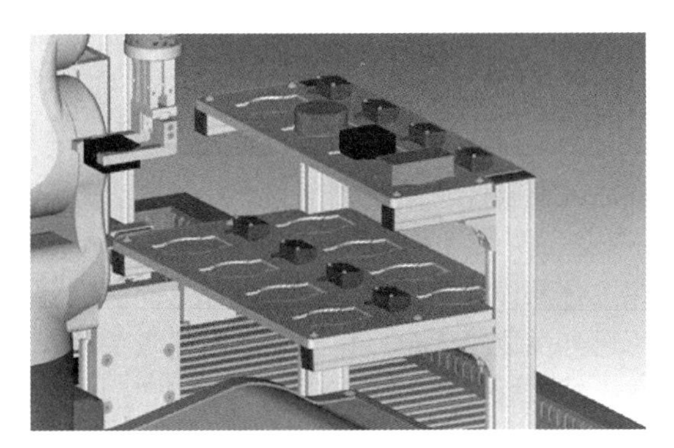

图 5-6　双层立体料库

3）料井和推送气缸。料井模型与工作站基座是一个整体，当然也可以拆分进行单独导入，但是在没有特殊要求的情况下尽量减少模型的数量。

推送气缸是 Machine 模块下的一个模组，用于实现推送动作的仿真。气缸作为模组的固定部分，推杆作为模组的运动部分。

机器人夹爪从双层料库上拾取的物料块会依次投放到料井中，料井底部右侧的推送气缸将物料推送到左侧的传送带上，如图 5-7 所示。整个过程涉及物料的二次运动：第一次是物料自由落体运动；第二次是从料井到传送带的直线运动。要实现这二次运动，需要在 Machines 下创建虚拟的直线电机，通过机器人的数字信号进行控制，携带物料进行运动。

图 5-7　料井和推送气缸

以推送气缸为例，气缸体模型作为该模组的主体，即固定组件，推杆作为运动组件。推送气缸是一个二级模组（固定一级和运动一级）。Machines 支持组件并联和多级串联连接，也就是说，如果需要，可以在“气缸体”的基础上添加组件与“推杆”并联，也可以在“推杆”的基础上添加组件，形成多级串联模组。

4）传送装置。传送带模型及其附件与工作站基座是一体模型（见图 5-8），并且其本身的皮带也无法转动。要实现物料在传送带上做直线运动，同样需要创建虚拟电机，通过机器人的数字信号控制。

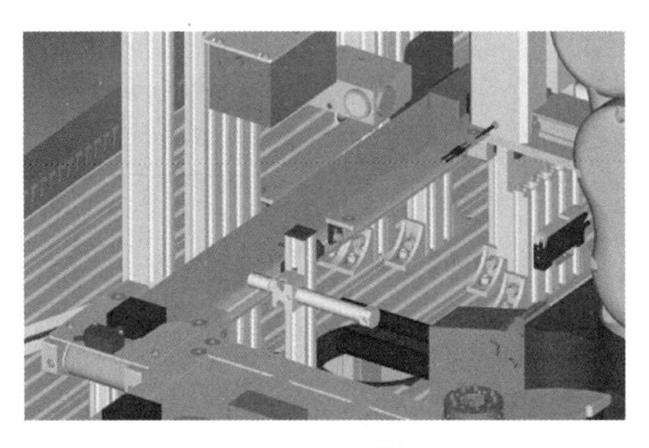

图 5-8　传送装置

与推送气缸不同的是，传送带除了接收来自机器人的控制信号外，物料达到末端后还要将到位信号反馈给机器人控制器。

5）平面托盘。平面托盘（见图 5-9）的模型属性为 Fixture，可以与工作站基座作为一个整体导入。但是如果立体料库、基座、平面托盘都是同一模型，在关联物料 Part 时会出现冲突。因为立体料库已经关联了 Part，相当于平面托盘关联过了。所以建议将平面托盘模型分拆出来单独导入，或者在托盘的附近创建一个隐藏的 Fixture，将物料关联到隐藏的模型上。

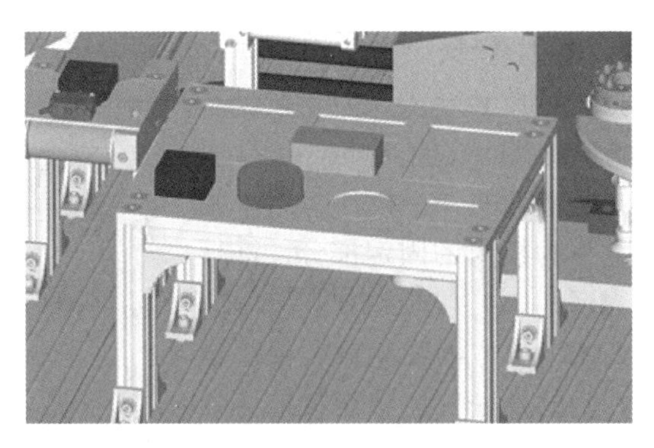

图 5-9　分拣平面托盘

机器人握持吸盘从传送带的末端拾取物料，搬运到平面托盘上。托盘上有四种不同形状的物料摆放坑，面积较大的是码垛位置，其他三种为单个物料摆放位置，有正方形、长方形和圆形，分别对应三种物料的形状。

6）物料。物料是垂直投影为圆形、正方形和长方形的三种形状的模型，始终属于Parts。物料关联的位置有：双层料库、料井自由落体直线电机、推送气缸电机、传送带直线电机、平面托盘、夹爪和吸盘。

（2）预测难点分析。

1）机器人拾取工具后抓取物料过程。夹爪和吸盘会出现在两个地方：一个是工具架上；另一个是快换接头，也就是机器人上。以夹爪为例，在第四章中，仿真搬运的情况比较简单，夹爪模型是直接作为工具模型（Tooling）被安装在机器人上的，仿真过程中工具直接抓取物料（Part）；但本章中则是快换接头工具（Tooling）拾取夹爪（Part）以后，再拾取物料（Part）的过程。但是在ROBOGUIDE软件中，用已经携带Part的工具去拾取另一个Part是不可能实现的，因为在搬运仿真过程中，一个工具不可能同时搬运两个Part模型文件。

2）虚拟直线电机动作前和动作完成后物料显示的问题。以推送气缸推出物料到传送带传送物料至末端的过程为例，推送过程时物料在推送气缸直线电机上运动，传送过程时物料在传送带直线电机上运动。气缸推出第一个物料块，传送带开始传送后，气缸直线电机末端的物料应该消失。但事实上如果按照一般的设置和编程，气缸直线电机末端的物料会一直存在，并且传送带传送过程中也不会有物料显示，不能满足仿真的基本要求。

本章将会在之前学习内容的基础上详细地讲解整个仿真的流程，包括工作站的搭建、仿真的设置、程序的创建和运行，让大家更深入地了解并掌握搬运模块的仿真功能。针对可能出现的难点，在实际实施的过程中通过前后的连接和对比，寻求办法与总结经验。

第一节　创建分拣搬运站基本要素

构建工作站的基础要素就是搭建一个工作站的雏形，包括创建初始机器人工程文件、搭建Fixtures的模型和导入Parts的模型。

一、创建工程文件及基本设置

（1）创建机器人工程文件。选择搬运模块将其命名为“F01仿真分拣工作站”，然后选择“LR Handling Tool”搬运软件工具，选用FANUC LR Mate 200iD/4S迷你型搬运机器人。

（2）常规设置。调整软件界面的显示状态，简化界面以提高计算机的运行速度。

执行菜单命令“Cell”→“Workcell”F01仿真分拣工作站“Properties”，打开工程文件属性设置窗口，选择“Chui World”选项卡，如图5-10所示。

Size(square)：设置平面格栅的尺寸。平面格栅为正方形，数字后的单位是国际单位毫米。

Height：设置平面格栅的高度。工程文件默认的界面中，平面格栅的中心与机器人底座平面的中心都位于界面坐标原点，此原点的位置不可更改。

Visible：设置平面格栅是否可见。

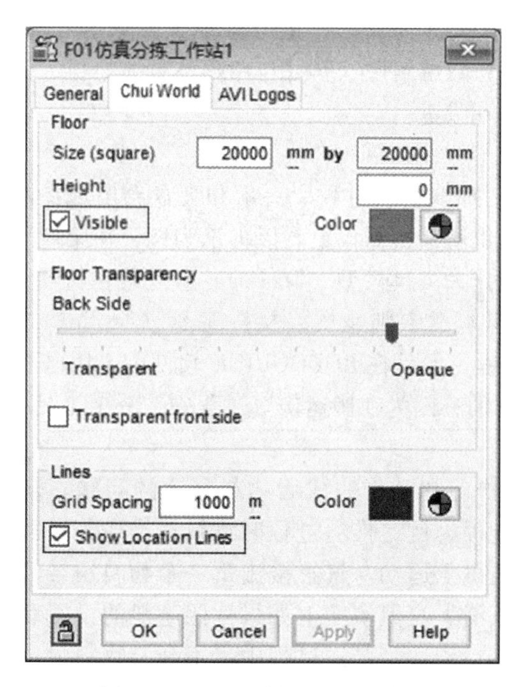

图 5-10 工程文件属性设置窗口

Color：设置平面格栅的颜色。

Back Side：设置平面格栅背面的透明度。平面格栅的上方为正面，下方为背面；滑块从左向右，透明度增加。

Transparent front side：设置平面格栅正面的是否透明。

Grid Spacing：设置平面格栅中每个小方格的边长，后方的单位为毫米。

Color：设置格栅线条的颜色。

Show Location Lines：设置 TCP 相对于工程界面坐标原点的位置信息线是否可见，勾选情况下可见。

如图 5-10 所示，将"Visible"与"Show Location Lines"选项取消勾选，隐藏平面格栅与 TCP 位置信息显示线。设置完成后，界面精简的同时提高了计算机的运行速度。

（3）机器人属性设置界面。在工程界面中双击机器人模型，打开机器人属性设置窗口，选择"General"选项卡，调整机器人的显示状态和位置，如图 5-11 所示。

Name：机器人控制器命名，支持中文输入。在单一机器人的工程文件中可以默认不做处理，如果工程文件中含有多个机器人，给从事不同作业的机器人赋予相应的中文名称，对于模块查找及操作都是极为方便的。

Model：机器人的型号信息。

Serialize Robot：工程文件配置修改选项，单击进入最开始创建工程文件的界面，修改机器人型号、添加附加轴等。

Visible：设置机器人模型是否可见。

Edge Visible：设置机器人模型轮廓边缘线是否可见。

Teach Tool Visible：设置机器人 TCP 是否可见，右侧的滑块可调整 TCP 显示的尺寸大小。

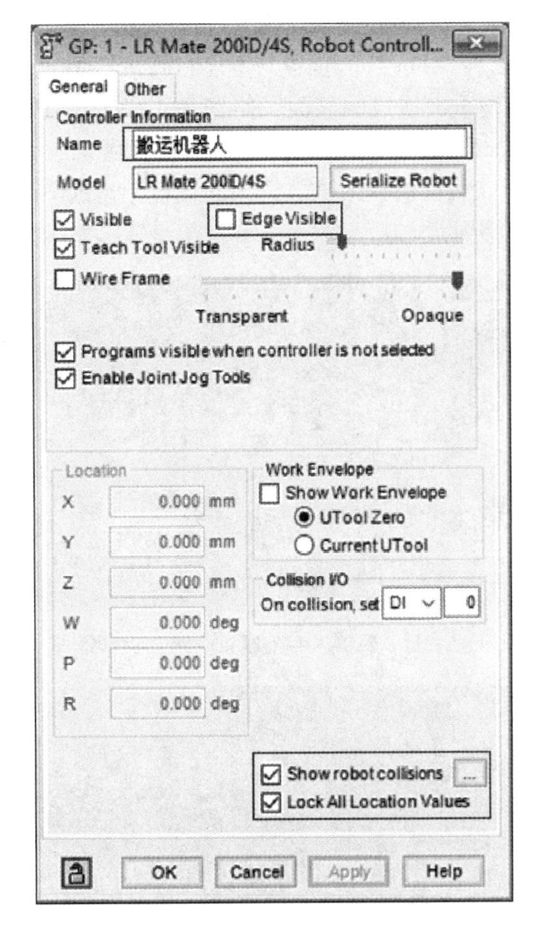

图 5-11　机器人属性设置窗口

Wire Frame：设置是否线框显示。勾选该选项则使得机器人模型以线框的样式显示，右侧的滑块可调整机器人模型在实体和线框两种样式下的透明度。

Location：设置机器人模型的位置。默认情况下，机器人模型底座的中心与界面的坐标原点重合。

二、搭建 Fixtures 模型

（1）打开“Cell Browser”窗口，在 Fixtures 模块下导入“F01-工作站主体．IGS”模型作为工作站的基座。

（2）拖动工作站基座模型的位置，让基座上的安装座与机器人底座对齐，如图 5-12 所示。

（3）双击工作站基座模型，打开属性设置对话框，选择“General”通用设置选项卡。在“Name”一栏中将模型命名为“工作站基座”，以便后续的操作。由于模型的尺寸是根据实际物体按照 1∶1 的比例来绘制的，所以“Scale”中的参数保持不变；勾选“Lock All Location Values”选项锁定基座模型的位置。

（4）在 Fixtures 模块下再创建一个“Box”。将其命名为“托盘”；调整“Size”中的长、宽、高的数值，分别设置为200、200、10（尺寸尽量小于托盘模型，可以将其很好地隐藏到模型里）；用鼠标调整“Box”的位置与基座自带的托盘模型重合，将“Box”隐藏到模型之中；为了避免模型重面造成的破面，勾选“Wire Frame”选项显示线框；最后勾选“Lock All Location Values”选项锁定“Box”模型的位置。

设置完成后，“Box”以线框的样式被放进平面托盘中。这个托盘将作为分拣后物料的目标载体模型，如图5-13所示。

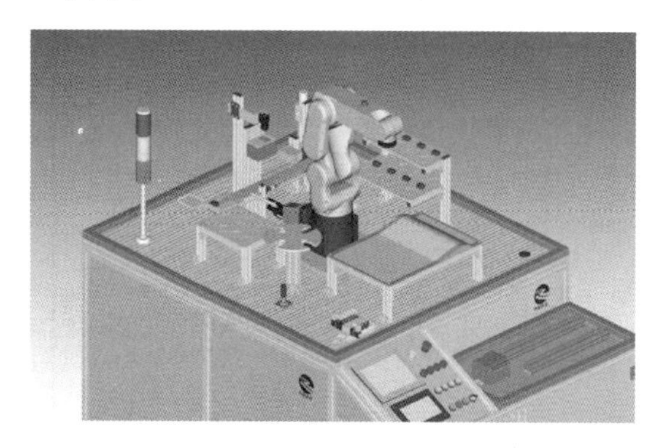

图5-12 机器人与基座正确的安装位置

图5-13 设置完成后的效果

此时在“Cell Browser”窗口的工程文件配置结构图如图5-14所示。

HandlingPRO Workcell
Fixtures
工作站基座
托盘

图5-14 Fixtures模块结构树

三、Part模型的导入和关键设置

本章共用到五个Part模型文件，分别是圆形物料、长方形物料、正方形物料、夹爪和吸盘，如图5-15所示。但是仅仅导入Part模型是没有任何意义的，这些模型必须要和其他模型进行关联，将它们添加到不同的地方才能用于后续的仿真。物料模型需要添加到立体料库（立体料库与工作站基座属于同一模型）和平面托盘上（托盘模型），工具模型需要添加到工具架上（工具架与工作站基座属于同一模型）。

（1）打开“Cell Browser”窗口，在Parts下导入圆形物料模型文件“F01-圆柱体物块.IGS”。

（2）在弹出的Part属性窗口依次设置各模型的基本信息。将模型文件依次命名为

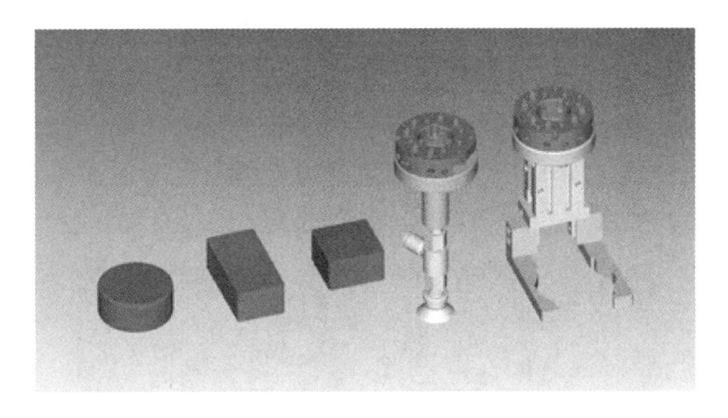

图 5-15　工作站所需 Part 模型

"圆形""长方形""正方形""夹爪""吸盘"，以便后续选择操作；单击"Color"后方的圆形色块图标，将所有模型更改一个鲜明的颜色，这样做的目的是在视觉感官上区别于其他模型；其他选项保持默认。模型全部导入后，"Cell Browser"工程文件配置结构如图 5-16 所示。

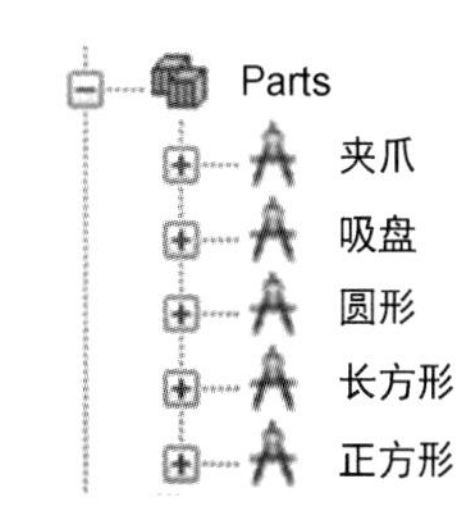

图 5-16　Parts 模块结构树

（3）在"Cell Browser"窗口中的 Fixtures 下双击"工作站基座"，或者直接在三维视图中双击工作站基座模型，打开其属性设置窗口，选择"Parts"选项卡，如图 5-17 所示。

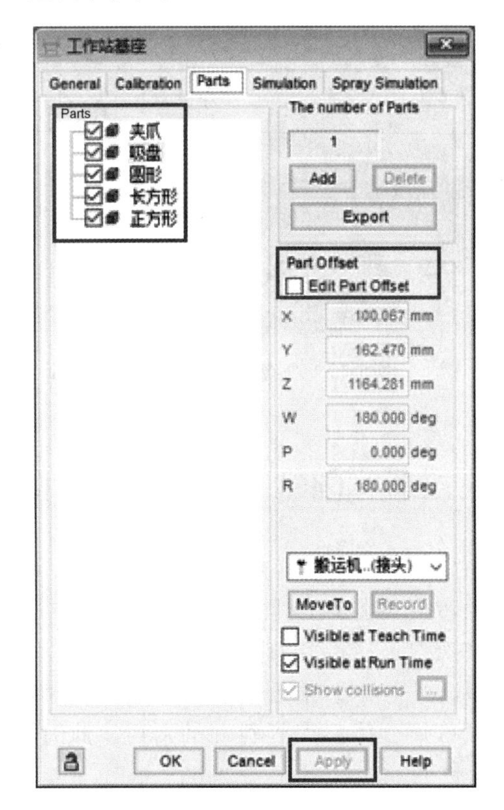

图 5-17　Part 关联到 Fixture 的设置窗口

将五个Part模型文件全部勾选，单击“Apply”按钮，将其关联添加到工作站基座上，然后单击某个Part（如“圆形”），再勾选“Edit Part Offset”选项调整“圆形”在“工作站基座”上的位置，调整完毕后单击“Apply”按钮。

用同样的方法，将其他Part文件的位置调整好，调整完毕后工作站基座上所有Part模型的最终效果如图5-18所示。

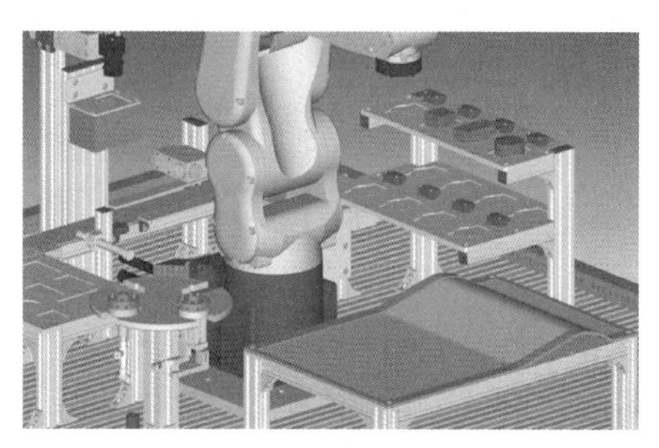

图5-18　基座上的全部Part模型

（4）在“Cell Browser”窗口中的Fixtures模块下双击“托盘”，打开其属性设置窗口。按照“工作站基座”添加Part模型的方法，将三个物料模型也添加到“托盘”上，并调整好位置。最终结果如图5-19所示。

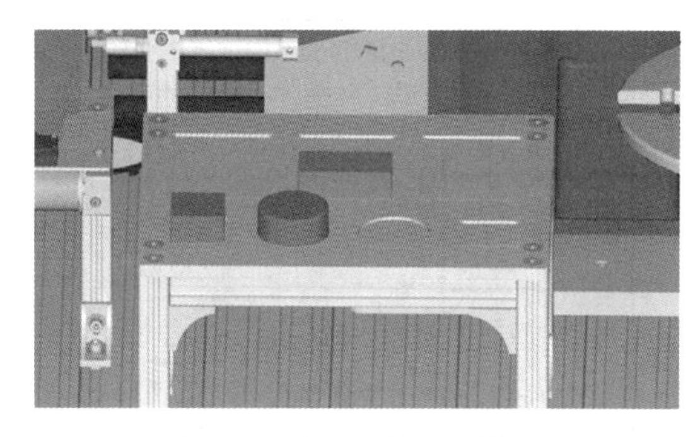

图5-19　托盘上的Part模型

第二节　创建工具与设置仿真

在创建工具之前，首先分析本章中机器人参与的搬运过程（传送带的传送也可称为搬运）都有哪些，参考搬运的过程来决定工具的使用。

（1）机器人搬运夹爪和吸盘。从机器人拾取工具到最后放下工具，虽然拾取与放下的位置不变，但确实是一种搬运过程。此时使用的工具是快换接头。

（2）机器人搬运物料从双层立体料库到料井的上口。此时使用的工具是夹爪（实际上是快换接头与夹爪的结合体）。

（3）机器人搬运物料从传送带的末端到平面托盘上。此时使用的工具是吸盘（实际上是快换接头与吸盘的结合体）。

由此得出结论，在工程文件中需要设置三个不同的工具，并分别定义快换接头为工具1，夹爪（快换接头与夹爪结合体）为工具2，吸盘（快换接头与吸盘结合体）为工具3，如图5-20所示。另外，在一个机器人上，最多可同时设置10个不同的工具，而且每个工具都拥有自己的工具坐标系。

本节将会采用模型替代法来创建仿真工具，详细介绍模型替代的创建及设置方法和Parts模块关联工具的仿真设置。

一、创建快换接头及设置仿真

（1）在“Cell Browser”窗口中双击“UT：1”，进入到工具的属性设置窗口，选择“General”选项卡，如图5-21所示。

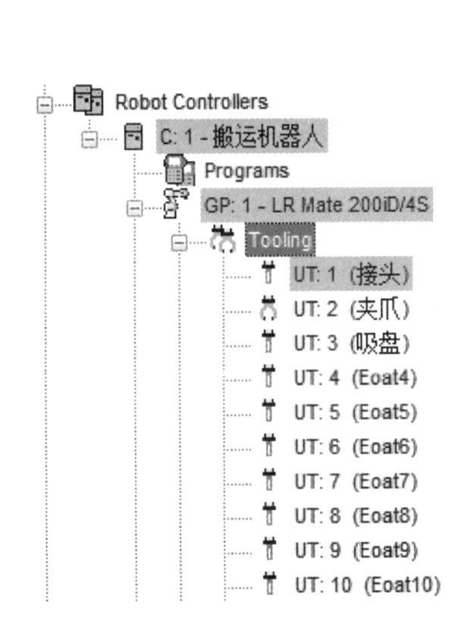

图5-20　工具模块结构图

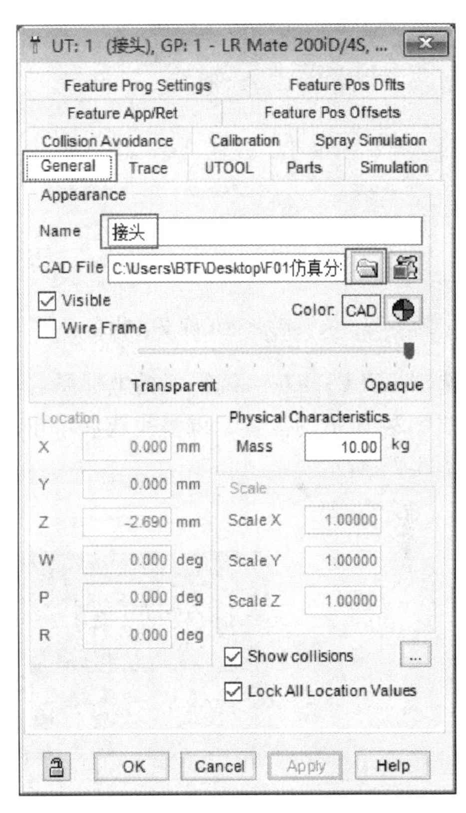

图5-21　工具属性设置窗口

由于本章中工具较多，为了增加辨识度，所以将此工具命名为“接头”。单击“CAD File”右侧的文件夹图标，打开计算机存储目录，添加外部模型。

由于绘图软件坐标设置的问题，在工具模型导入后，可能出现错误的位置和姿态。修改“Location”中的数值并配合鼠标直接拖动，将快换接头调整到正确的安装位置上，如图5-22所示。

调整完毕后，勾选“Lock All Location Values”选项锁定快换接头的位置数据。

（2）切换到“UTOOL”选项卡（见图5-23），设置工具1的工具坐标系。在这里需要将工具坐标系的原点设置在快换接头的下边缘，坐标系的方向保持不变。

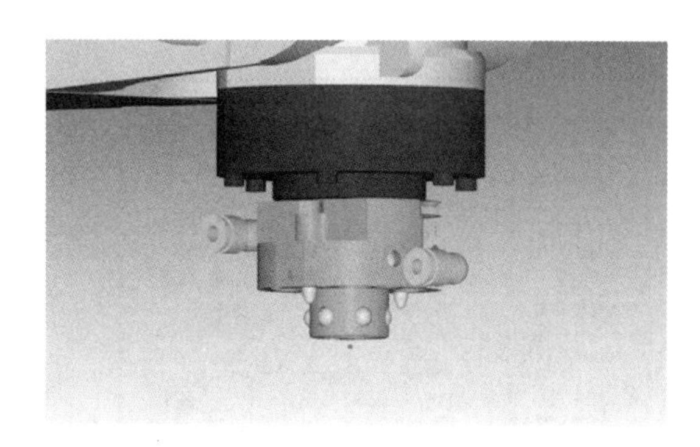

图 5-22 快换接头的正确安装状态

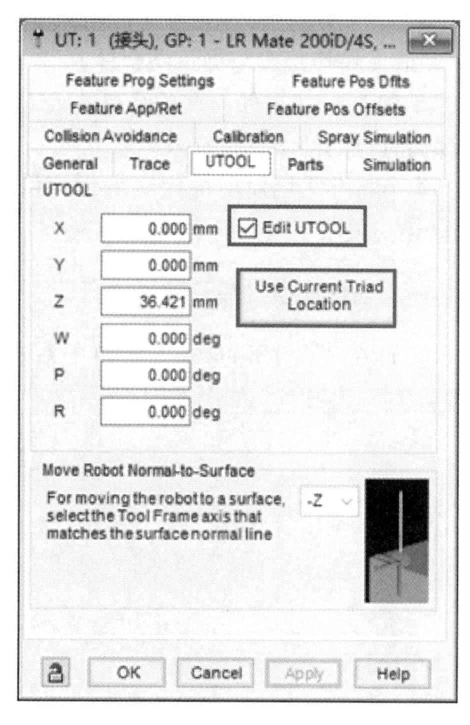

图 5-23 工具坐标系设置窗口

勾选“Edit UTOOL”编辑工具坐标系选项，将鼠标放在坐标系的 Z 轴上，按住并向下拖动至图 5-24 所示的位置，调整完成后单击“Use Current Triad Location”按钮应用当前位置，如图 5-23 所示。

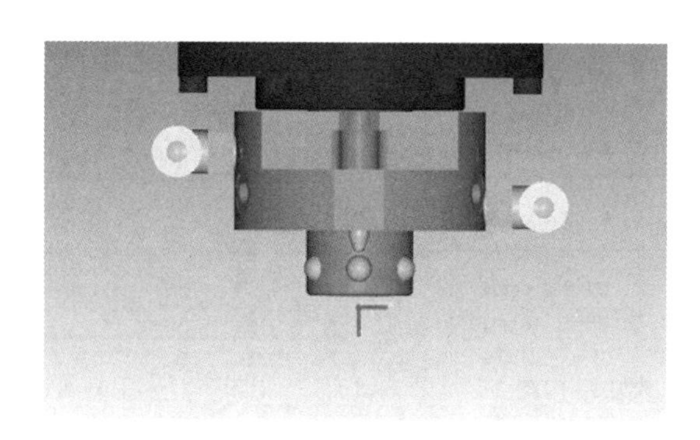

图 5-24 工具坐标系 1 的原点位置

（3）切换到“Parts”选项卡下，将夹爪和吸盘（上一节中的 Part 模型）添加到快换接头上，如图 5-25 所示。

在“Parts”列表中勾选“夹爪”和“吸盘”，单击“Apply”按钮将其添加到工具上。单击列表中的“夹爪”，然后勾选“Edit Part Offset”选项编辑夹爪在快换接头上的位置。“P”值为“90”，使其绕 Y 轴旋转 90°，再配合鼠标拖动调整夹爪的位置。调整完成后单击“Apply”按钮，最终的效果如图 5-26 所示。

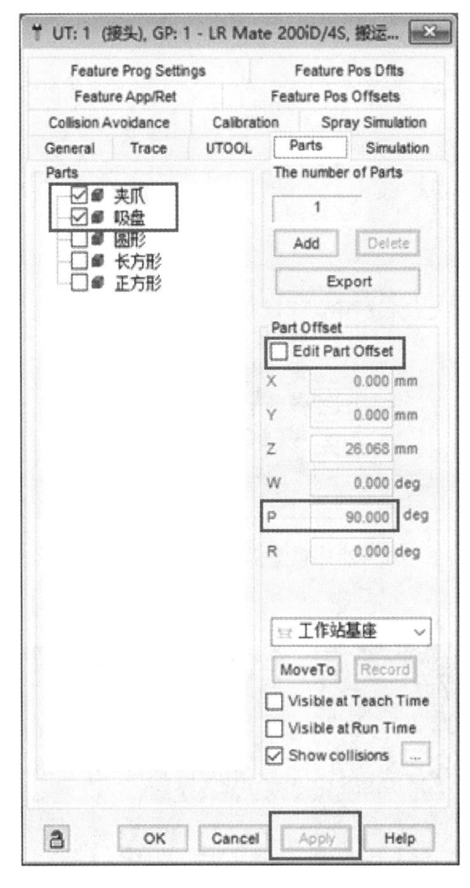

图 5-25　工具添加 Part 设置窗口

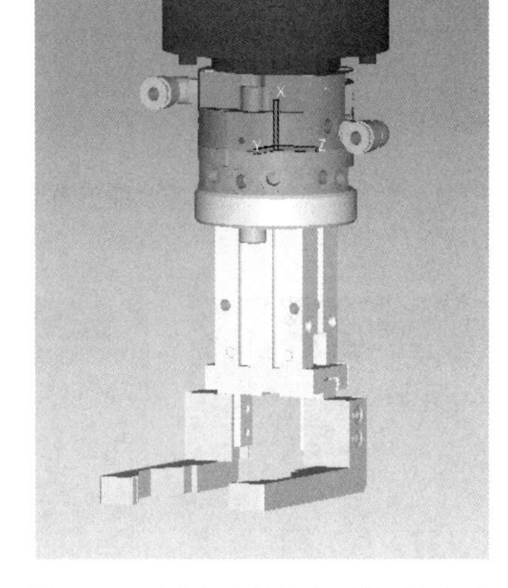

图 5-26　快换接头拾取夹爪的正确状态

(4) 按照给快换接头工具添加夹爪 Part 模型的方法，将吸盘 Part 模型也添加到接头工具上，完成后如图 5-27 所示。

二、创建吸盘及设置仿真

(1) 双击“Cell Browser”窗口中的“UT：3”，或者一个其他的未设置的工具，打开其属性设置窗口。按照创建快换接头的方法，创建吸盘的整体模型（接头与吸盘），并将此工具重命名为“吸盘”。

需要注意的是，此处的吸盘与前面的“吸盘”不同。在上一小节中，快换接头是工具（Tooling）模块，吸盘是工件（Parts）模块；而这里的快换接头与吸盘将作为一个整体模型被导入到工具模块下，直接安装在机器人的法兰盘上。

(2) 将吸盘的工具坐标系原点设置在吸嘴的位置（模型的最下方），工具坐标系的方向保持不变。

(3) 给吸盘添加 Part 模型文件。将圆形物料、长方形物料和正方形物料关联到吸盘上，如图 5-28 所示，并调整好位置。

物料添加并设置完成后的最终状态如图 5-29 所示。

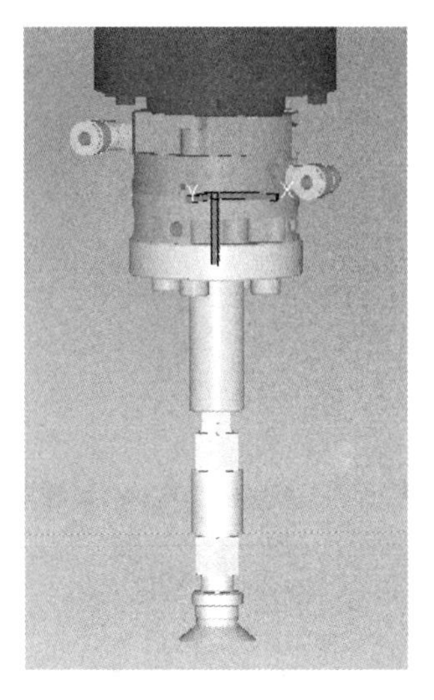

图 5-27 快换接头拾取吸盘的正确状态

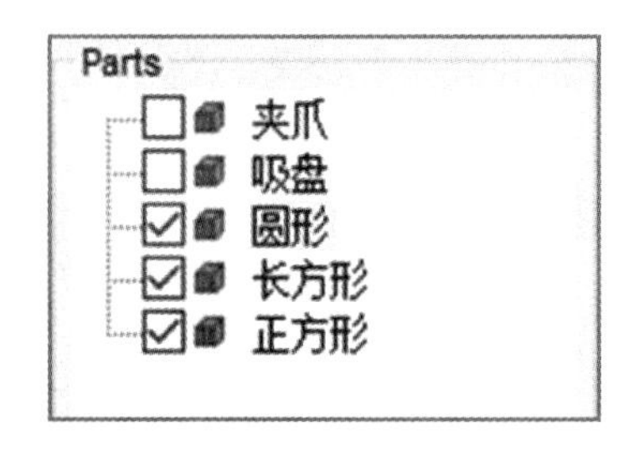

图 5-28 吸盘需要添加的 Part 模型

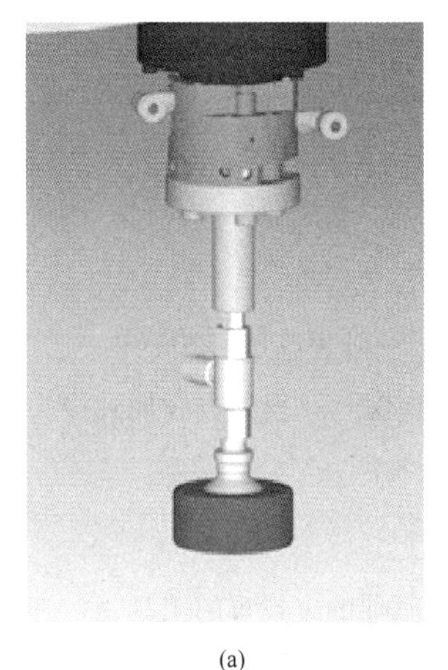

(a)

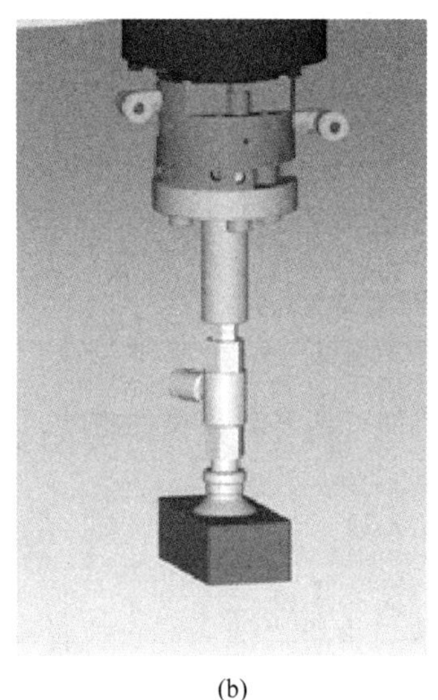

(b)

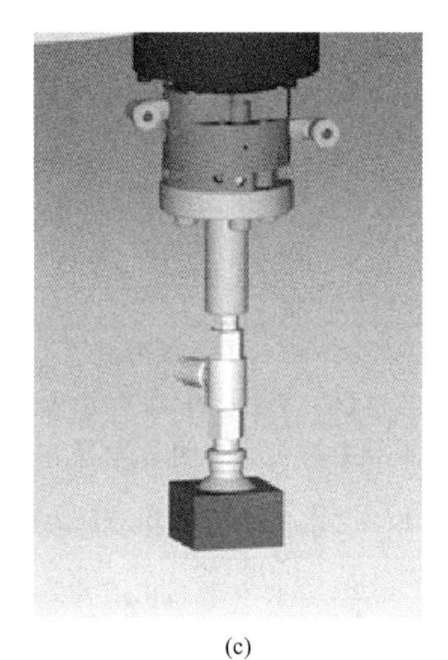

(c)

图 5-29 添加物料 Part 的吸盘

(a) 圆形物料；(b) 长方形物料；(c) 正方形物料

三、创建夹爪及设置仿真

夹爪的创建及设置方法与上述两种工具基本相同，但是又略有区别。以吸盘为例，当吸盘在拾取和放下物料时，其本身的模型状态是没有变化的，即模型文件没有发生形变。而夹爪在没有拾取物料之前，两个手指是张开的状态，间距较大；拾取物料之后，手指处于闭合状态，间距较小。这就使得夹爪在运行过程中势必发生“形变”，如图 5-30 所示。

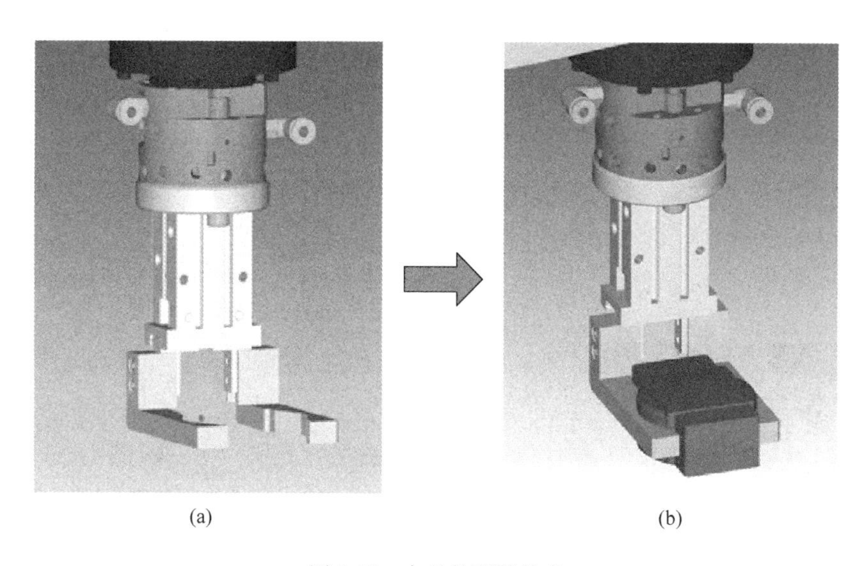

图 5-30　夹爪的两种状态
（a）未拾取物料；（b）拾取物料

首先夹爪将作为一个整体模型进行导入，其形状在理论上是不可能发生变化的。那么，实际上这种“形变”是通过不同模型的交替出现而实现的视觉效果，因此在创建夹爪前，需要准备两个夹爪的外部模型文件，F01-接头与夹爪合 . igs 和 F02-接头与夹爪开 . igs。

注意上述的两个模型文件中同样包括快换接头部分，并且需要用绘图软件调整成不同的两种状态，再导出 IGS 格式的模型文件。

（1）双击“Cell Browser”窗口中的“UT：2”，或者一个未设置的工具，打开其属性设置窗口。首先将“F01-接头与夹爪开 . igs”导入到工具 2 上来，并将该工具重命名为“夹爪”，调整夹爪的位置，使其正确地安装在机器人法兰盘上，并锁定位置数据。将此模型定义为夹爪的常态（打开状态）。

（2）将夹爪的 TCP 设置在手指的位置附近，工具坐标系方向保持不变，设置完成后的状态如图 5-31 所示。

（3）切换到“Simulation”仿真选项卡下，进行夹爪的动作状态（闭合状态）的设置，如图 5-32 所示。

1）在“Function”下拉选项中选择替换模型要表示的状态。

Static Tool：静止的常态。

Material Handling-Clamp：搬运物料时闭合的状态。

Material Handling-Vaccuum：搬运物料时张开的状态。

Bin Picking：拾取时的状态。

2）Actuated CAD：选择要使用的模型文件。

3）Open：在三维视图中显示夹爪打开的状态。

4）Close：在三维视图史显示夹瓜团合的状态。

如图 5-32 所示，选择第二项“Material Handling-Clamp”，然后单击文件夹图标，导入外部模型“F01-接头与夹爪合 . igs”，单击“Apply”按钮。此模型导入后不需要调整其他设置，因为它的坐标与“F01-接头与夹爪开 . igs”的坐标是同一个坐标，调节其中任意一个，另外一个也会随之变动。

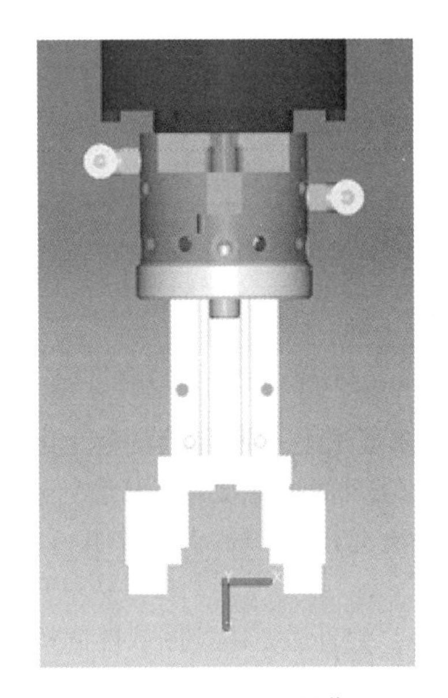

图 5-31 夹爪 TCP 的位置

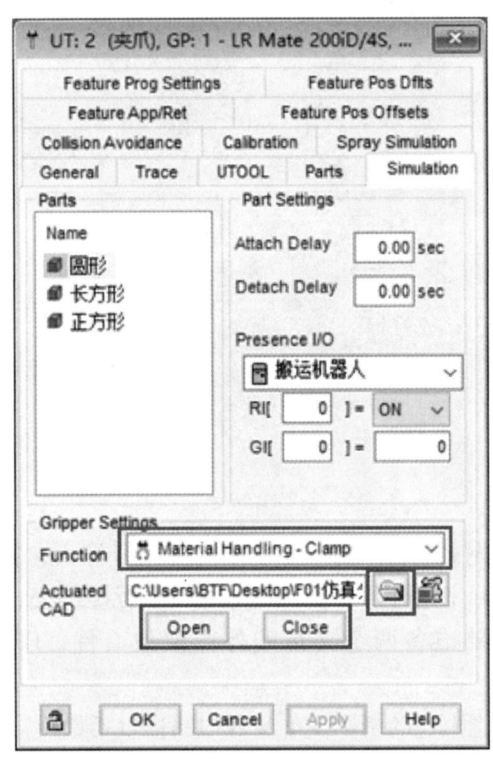

图 5-32 夹爪动作仿真设置窗口

单击“Open”按钮和“Close”按钮，或者单击软件工具栏中的图标，可在三维视图中切换夹爪的开合状态。

（4）切换到“Parts”选项卡下，为夹爪添加物料 Part，设置完成后的状态如图 5-33 所示。

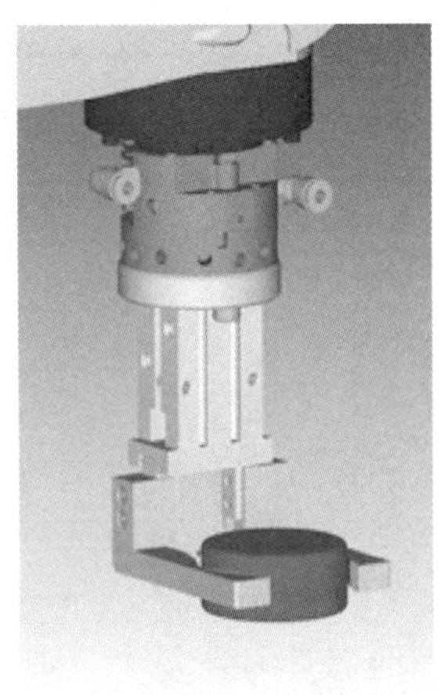

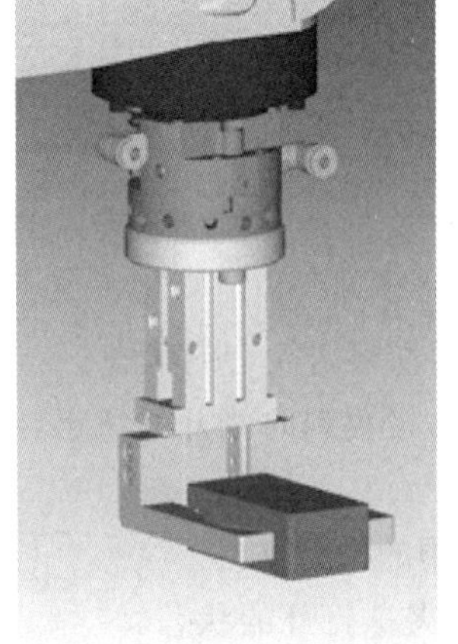

图 5-33 夹爪抓取物料后的状态

至此，三个工具的创建与仿真设置就基本完成了，在“Cell Browser”窗口的工具模块可单击不同的工具号，手动切换进行工具查看。需要注意，“UT：1”和“UT：3”的符号为图标，表示工具为单状态工具；“UT：2”的符号为图标，表示工具为双状态工具，如图5-34所示。

（5）在结构列表中单击不同的工具号，可在三维视图中切换显示工具。

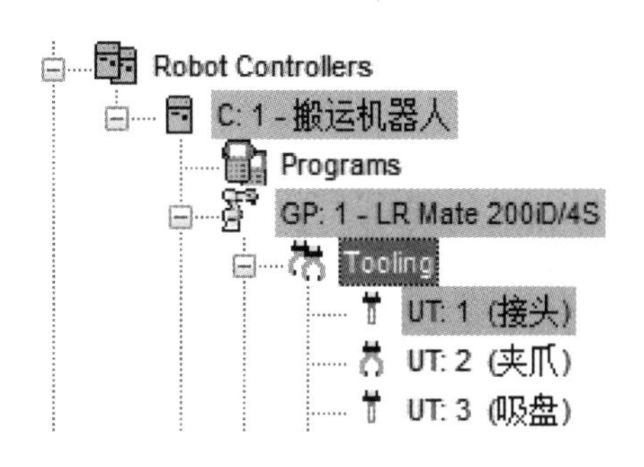

图5-34　工具模块结构图

第三节　创建虚拟电机与设置仿真

首先在创建虚拟电机之前，应分析该仿真工作站中有哪些地方应用了虚拟电机。这里需明确的是物料作为Parts下的模型不可能实现自主运动，必须要靠其他运动设备携带搬运。从整个工作站作业流程中得知：物料从双层立体料库到料井的井口、物料从传送带的末端到平面托盘这两个阶段的运动是由机器人搬运完成的。那么剩余的三个中间过程没有机器人的参与，物料的运动就必须依靠虚拟直线电机来完成。这三个中间过程分别是：

（1）物料从井口到井底的自由落体运动；

（2）物料从井底到传送带始端的被推送运动；

（3）物料从传送带始端到末端的被传送运动。

其中每个中间过程都有三个物料进行依次运动，所以在工作站的整个运行流程中，涉及虚拟电机的运动总共有九次。由于每个过程中，三个物料的运动一致，所以可将九次运动划分成三组（对应三个运动过程），每组设置一个虚拟电机，每个电机设置三个并联运动轴，如图5-35所示。

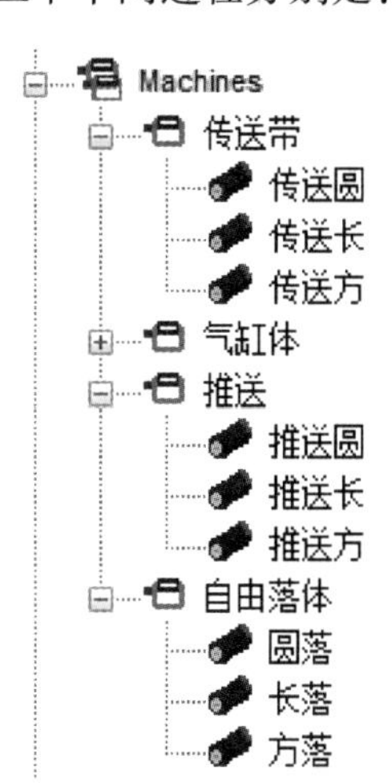

图5-35　虚拟电机结构图

“传送带”虚拟电机用于完成物料在传送带上的运动；“推送”虚拟电机用于完成物料从料井被推出的运动；“自由落体”虚拟电机用于完成物料在料井中的下落运动。

在本工作站中将会用到DO[100]~DO[108]这九个数字输出信号分别控制九个虚拟的电机轴。除此之外，“传送带”电机的三个轴还会用到DI[1]~DI[3]这三个输入信号来作为物料到位的通知，从而反馈给机器人。

一、创建“自由落体”虚拟直线电机及设置仿真

（1）在“Cell Browser”窗口中，用鼠标右键单击“Machine”，执行菜单命令“Add Machine”→“Box”，创建1个简单的几何体作为虚拟电机的主体（固定部分）。

（2）在弹出的属性设置窗口中，选择“General”选项卡。将此模型重命名为“自由落体”，调整模型的尺寸为50 mm×50 mm×300 mm（尺寸任意，主要是为了方便观察），将模型的位置移动到料井的附近，并锁定其位置，如图5-36所示。

设置完成后取消选择“Visible”选项隐藏此模型。

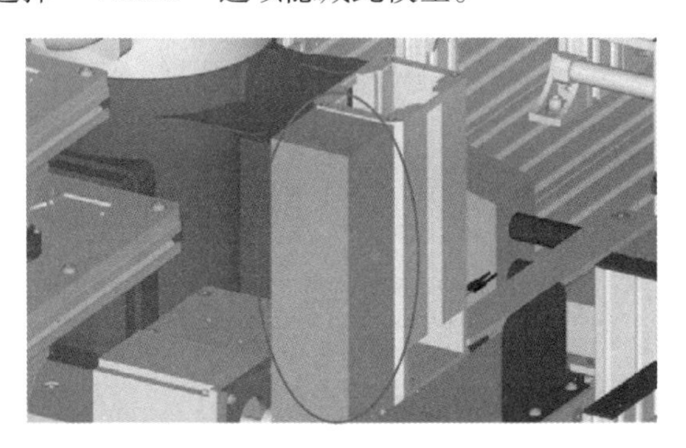

图5-36 “自由落体”虚拟电机的固定部分

（3）在“Cell Browser”窗口中，用鼠标右键单击“自由落体”，执行菜单命令“Add Link”→“Box”，创建一个简单的几何体作为虚拟电机的运动轴。

（4）在弹出的属性设置窗口中，选择“General”选项卡如图5-37所示。

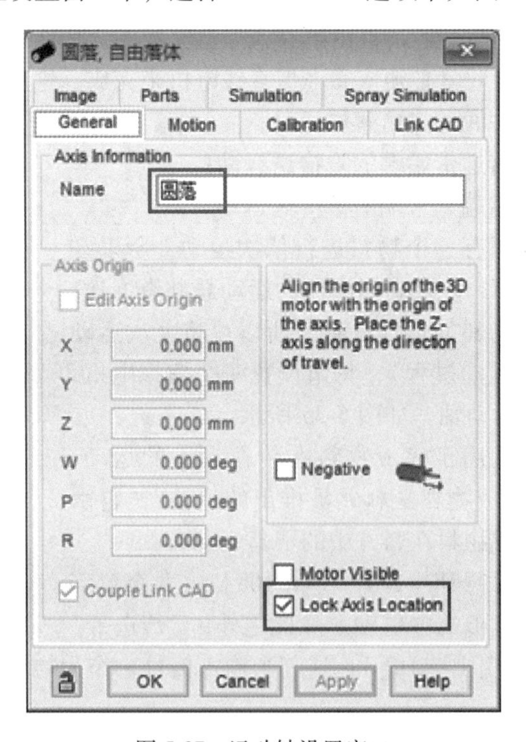

图5-37 运动轴设置窗口

Edit Axis Origin：可编辑轴的零点位置和运动方向。轴的默认零点位置与虚拟电机固定部分的坐标中心重合，默认的运动正方向为虚拟电机固定部分坐标的 Z 轴正方向。

Negative：勾选该选项后，轴的运动正方向与原来的方向相反。

Lock Axis Location：勾选该选项后，锁定轴的零点位置与运动方向。

将此轴重命名为“圆落”，表示此运动轴是携带圆形物料进行自由下落运动的，勾选“Lock Axis Location”选项锁定轴的位置，如图 5-37 所示。

（5）切换到“Link CAD”选项卡下，编辑该运动轴所附着的几何体模型的参数，如图 5-38 所示。

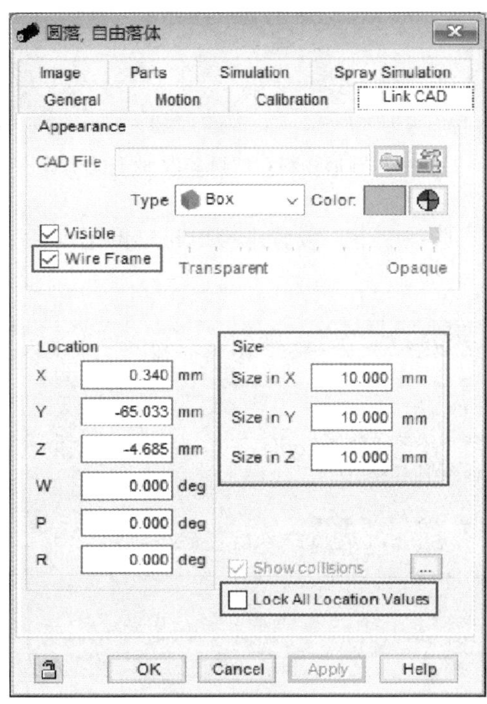

图 5-38　轴附着模型的参数设置窗口

勾选“Wire Frame”选项显示线框；调整模型的尺寸为 10 mm×10 mm×10 mm（尺寸要尽量小，主要是因为轴模型不能隐藏，减小尺寸是为了在工作站运行时不会太明显）；将模型的位置移动到料井井口正中的位置并锁定，如图 5-39 所示。

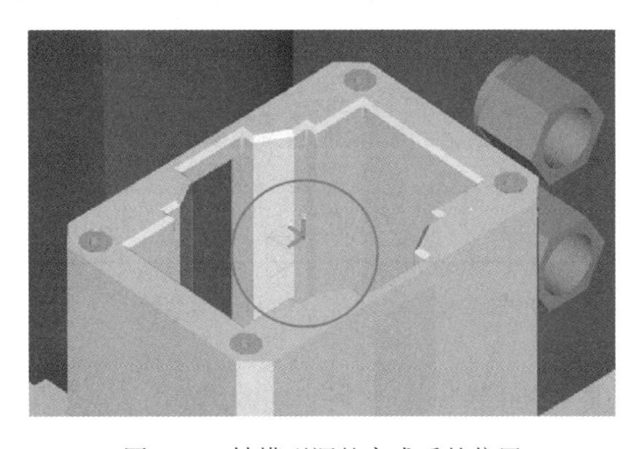

图 5-39　轴模型调整完成后的位置

（6）切换到“Parts”选项卡下，为运动轴添加所要携带的物料 Part。将“圆形物料”添加到“圆落”轴上，并调整好位置，如图 5-40 所示。

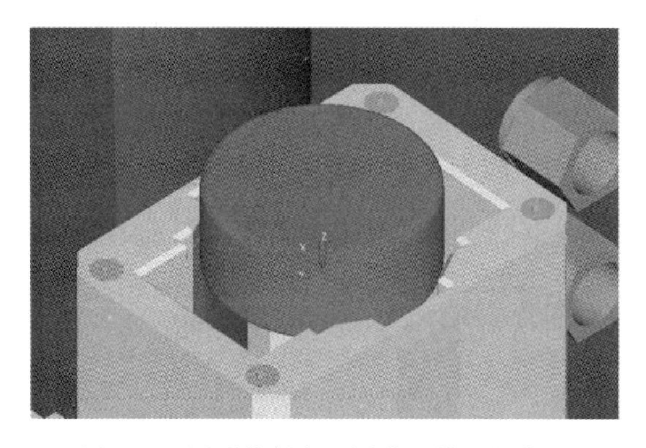

图 5-40 圆形物料在“圆落”轴上的位置

（7）切换至“Motion”选项卡下，设置虚拟电机轴的运动参数，其中各项参数的值如图 5-41 所示。

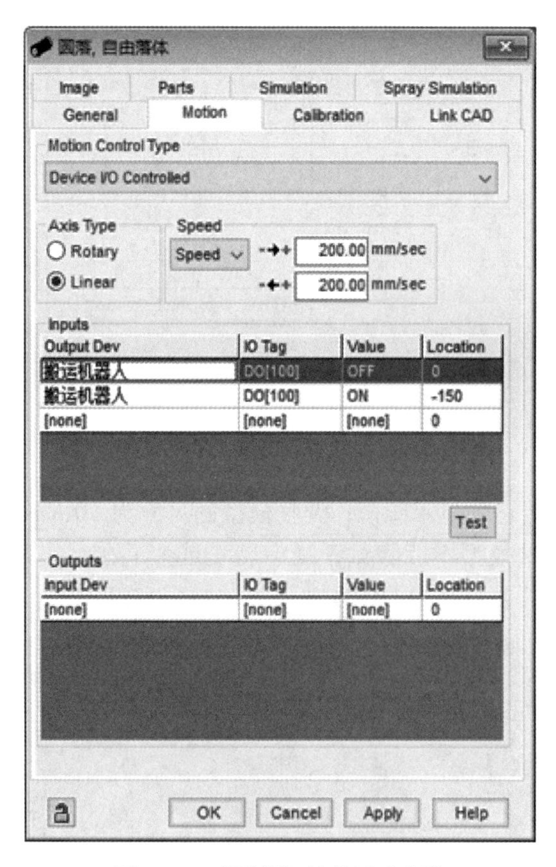

图 5-41 “圆落”轴的运动参数

1）Motion Control Type：选择轴的控制设备。

Servo Motor Controlled：机器人伺服控制，用于控制附加轴运动。

Device I/O Controlled：内部 I/O 信号控制，机器人通过 I/O 指令控制外部设备运动。

External Servo Motion、External I/O Motion：外部控制器的伺服控制和 I/O 控制。

2）Axis Type：设定轴的运动类型，分直线和旋转两种。

3）Speed：设置轴的运动速度，如图 5-42 所示。

Speed：2 点间的运动速度保持恒定，间距越大，时间越长。

Time：2 点间的运动时间保持恒定，间距越大，速度越快。

4）Inputs：设置虚拟电机轴的输入信号，即机器人的输出信号，如图 5-43 所示。

Output Dev：选择机器人控制器。

I/O Tag：选择 I/O 信号类型，如 DO、RO、AO。

Value：设置 I/O 信号的状态。

Location：设置轴在信号该状态下处于位置，单位为 mm，方向沿轴的运动方向。

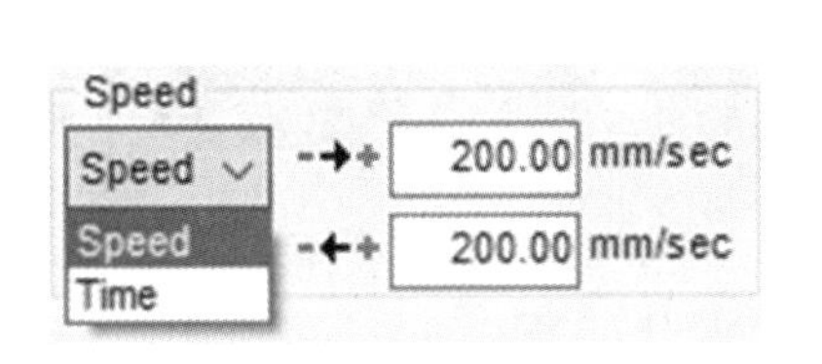

图 5-42　轴速度设置

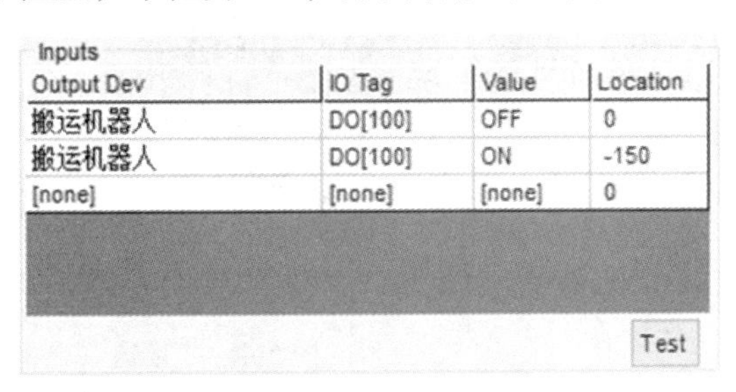

图 5-43　控制信号设置

用鼠标选中图 5-43 中的 DO[100]=ON 行，单击“Test”选项，观察并检验圆形物料块出现的位置是否正确。当 DO[100]=ON 时，圆形物料的位置如图 5-44 所示。如果物料的位置偏上或者偏下，就调整图 5-43 中“Location”的数值；如果物料出现的位置根本就不在竖直的 Z 轴方向上，就必须返回到步骤（4）中修改“Edit Axis Origin”的数值，改变轴的运动方向。

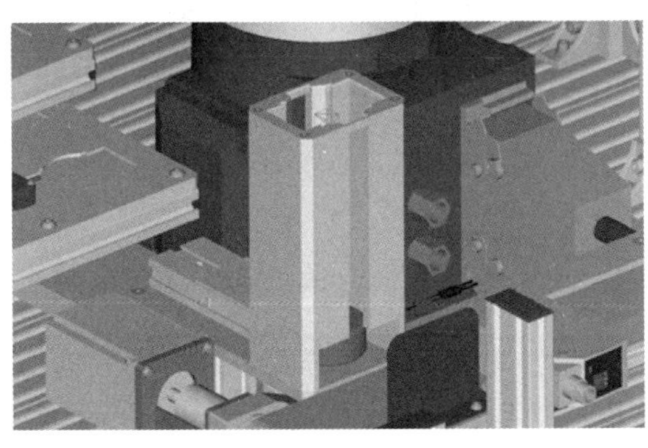

图 5-44　物料落下的位置

（8）按照创建“圆落”的方法创建携带其他两种物块的虚拟电机轴，完成设置后，“自由落体”虚拟电机的结构如图 5-45 所示。

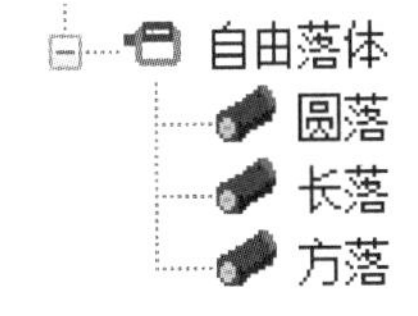

图 5-45　“自由落体”虚拟电机结构

二、创建“推送”和“传送带”直线电机及设置仿真

“自由落体”虚拟电机创建完成之后，参考上述的步骤（1）到步骤（8），进行“推送”和“传送带”虚拟直线电机的创建。两个电机运动轴（以圆形为例）的2点位置如图5-46和图5-47所示。

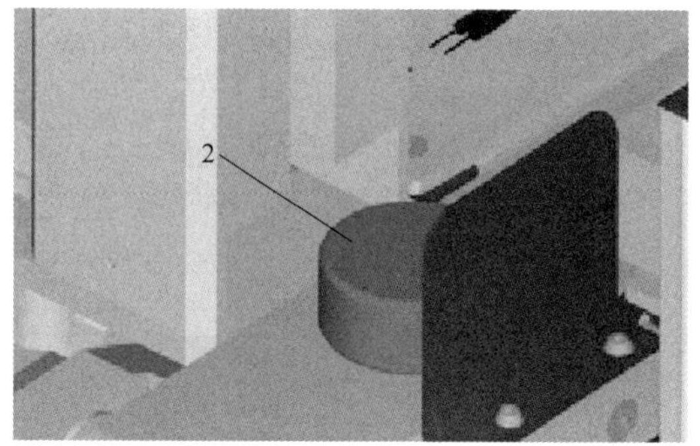

图5-46 “推送”电机轴的2点位置

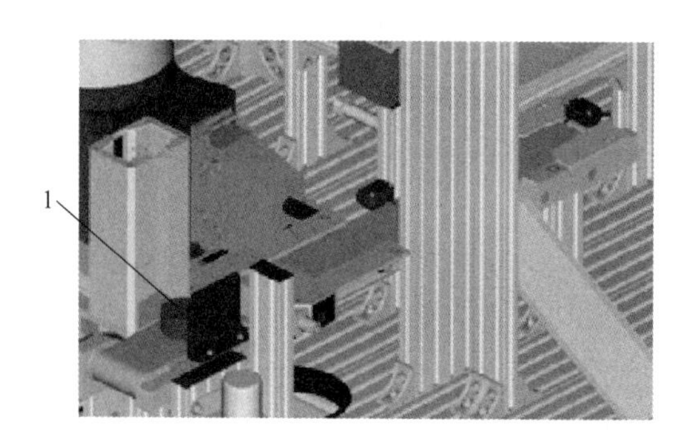

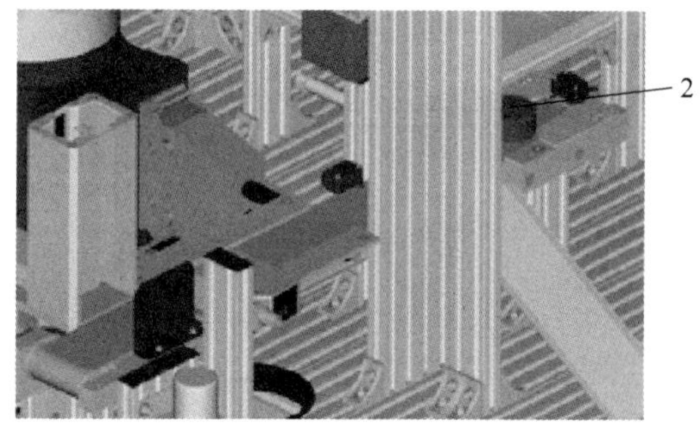

图5-47 “传送带”电机轴的2点位置

需要注意的是，“传送带”电机的末端位置上还要设置输出信号，反馈给机器人。如图5-48所示，当物料块运动到450 mm位置时，DI[1]=ON，以此充当物料的到位信号。

三、Machines模块的最终结构及通信

所有虚拟电机设置完成后，Machines模块中总共包含三组虚拟直线电机和九个电机运动轴。运动轴分别接收机器人的九个控制信号和向机器人反馈的三个到位信号，见表5-1。

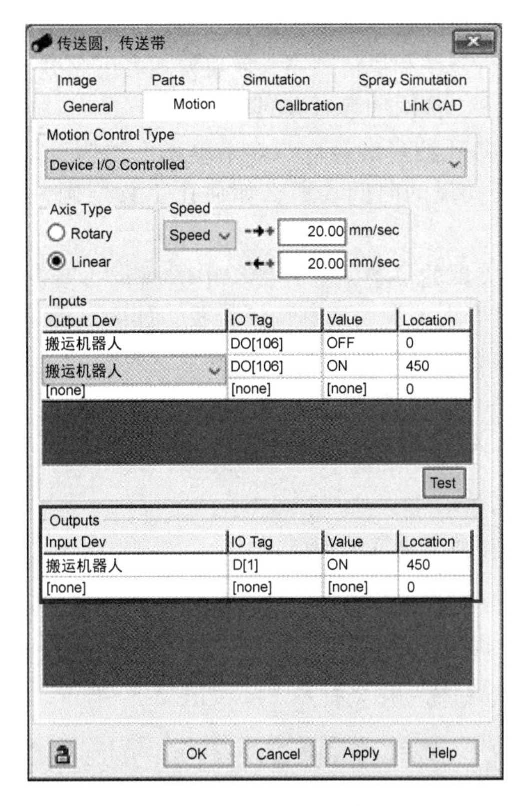

图 5-48　“运动轴”反馈信号设置

表 5-1　虚拟电机通信表

运 动 轴	输入信号（机器人控制信号）	输出信号（物料到位信号）
圆落	DO[100]	—
长落	DO[101]	—
方落	DO[102]	—
推送圆	DO[103]	—
推送长	DO[104]	—
推送方	DO[105]	—
传送圆	DO[106]	DI[1]
传送长	DO[107]	DI[2]
传送方	DO[108]	DI[3]

第四节　创建分拣作业程序

结否整个分拣搬运的流程，在编程之前应该首先对整个工作站的程序结构有一个清楚的划分。创建时尽量使程序碎片化、单一化，避免单个程序中出现过多的动作控制与逻辑控制，以免造成混淆。由此可将整个流程规划成一个主程序和数个子程序，其中子程序用来控制动作，而且必须利用仿真程序编辑器进行创建，才能实现各种仿真的效果；主程序用来控制各个子程序的执行条件和执行顺序，创建方式可用虚拟 TP 进行创建。在编程时，应按照事件发生的先后顺序，依次创建对应的程序。

整个工作流程中涉及 Part 的多次拾取，如果单靠手动调节，很难保证拾取点的精确性，而且会浪费编程人员大量的时间。那么如何让工具准确并快速地移动到拾取点的位置?

例如，快换接头拾取夹爪的位置，打开“Cell Browser”窗口，单击“UT：1”，使当前机器人工具切换到快换接头，如图 5-49 所示。接着，双击“工作站基座”模型，打开其属性设置窗口，选择“Parts”选项卡。在 Parts 列表中单击“夹爪”，然后选择“接头”工具，最后单击“MoveTo”按钮，机器人就可快速并准确地移动到拾取点。

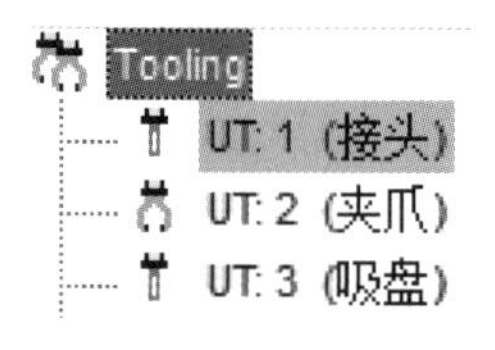

图 5-49 工具列表

一、创建机器人拾取和放下夹爪的程序

(1) 执行菜单命令“Teach”→“Add Simulation Program”，创建一个仿真程序。

(2) 将程序命名为“SHIJIAZHUA”，选择工具坐标系 1 (快换接头)，选择用户坐标系 1 (可任选，后续的编程都统一用坐标系 1)，如图 5-50 所示。

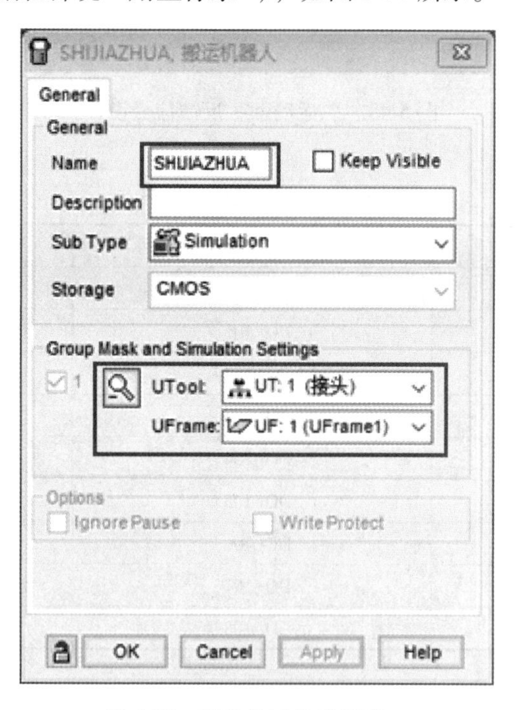

图 5-50 程序的属性设置窗口

(3) 进入到仿真程序编辑器添加指令，如图 5-51 所示。

程序语句中第 1 行和最后 1 行所调用的“HOME”程序所记录的位置是机器人未工作时的待机位置。第 4 行的仿真拾取指令“Pickup”如图 5-52 所示。

Pickup：拾取的目标对象（Parts）。
From：目标所在的位置（Fixtures）。
With：拾取所用的工具（Tooling）。

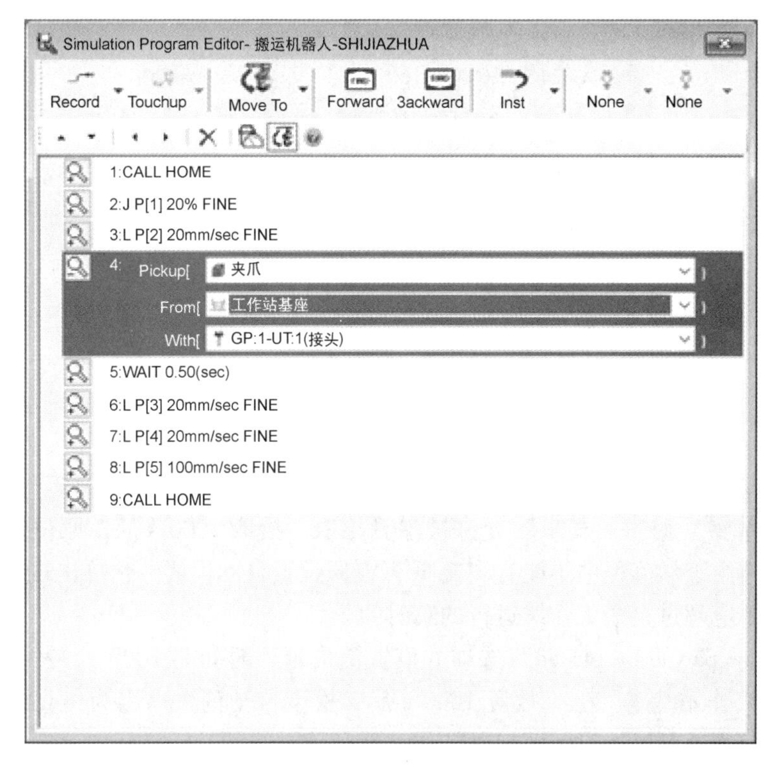

图 5-51 “SHIJIAZHUA”程序

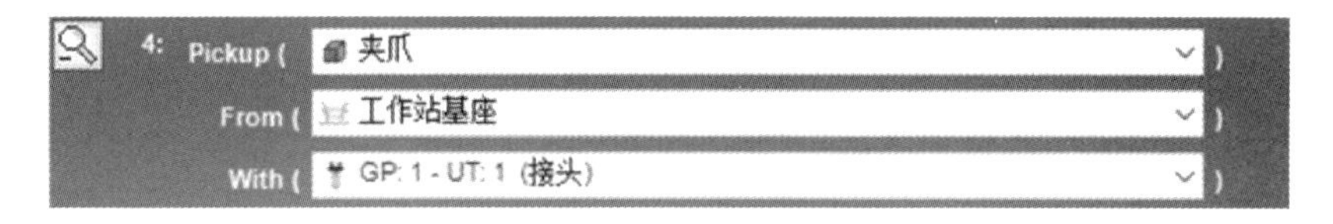

图 5-52 Pickup 仿真指令

（4）对运动轨迹上的各个关键点进行示教后，机器人拾取夹爪的程序轨迹如图 5-53 所示。

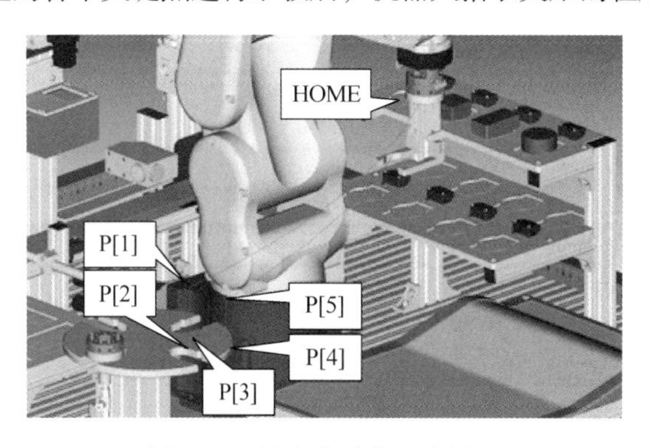

图 5-53 拾取夹爪的程序轨迹

在仿真拾取“Pickup”指令中设置“From”后面的目标载体时，可能会出现无选项的情况，此时应先在Part所在模块（Fixtures或Machines）设置仿真允许条件。以工具架的夹爪为例，打开“工作站基座”的属性设置窗口，选择“Simulation”仿真设置选项卡，如图5-54所示。

图5-54 “Part”仿真设置

选择“夹爪”，勾选“Allow part to be picked”选项并设置再创建延迟时间为1000 s。表示“工作站基座”上的“夹爪”允许被工具拾取，拾取1000 s后，原位置上自动再生成模型。因为整个工作流程中不能有“夹爪”在原位置自动生成的情况出现，所以延迟的时间要尽量大，应超过整个工作站运行的总时间。

勾选“Allow part to be placed”选项并设置消失延迟时间为1000 s。表示允许将“夹爪”放置在“工作站基座”上，放置1000 s后，模型自动消失。因为仿真过程中不能让模型自动消失，所以延迟的时间要超过工作站运行总时间。

后续的操作中，凡是添加Parts、Fixtures、Machines等，都要按照上面的内容进行设置。

（5）创建机器人放回夹爪的程序，程序的坐标系同样采用工具坐标系1和用户坐标系1，将程序命名为“FANGJIAZHUA”，添加的程序指令如图5-55所示。

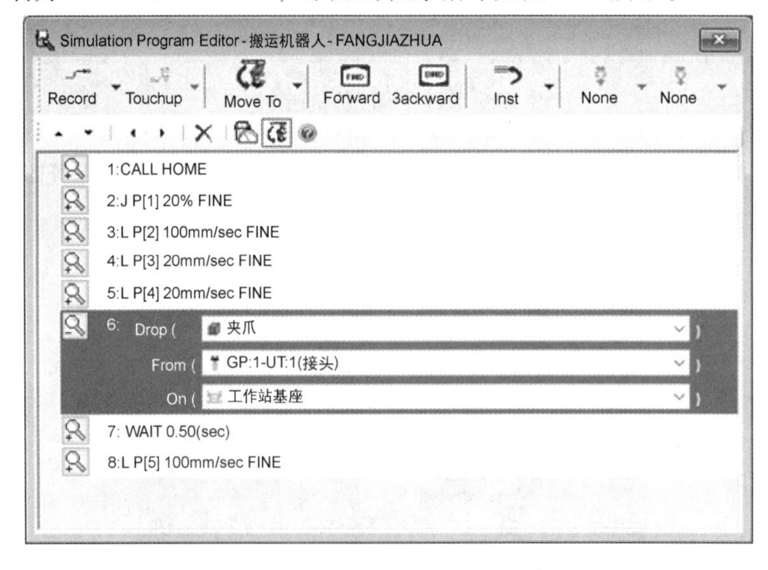

图5-55 “FANGJIAZHUA”程序

“FANGJIAZHUA”与“SHIJIAZHUA”程序路径和关键点位置相同，但是走向相反。程序的末行记录的P[5]点（放置点竖直上方的一点）作为程序结束点，由于机器人下一步要执行拾取吸盘的动作，所以不必使机器人返回“HOME”位置。

Drop：放置的目标对象（Parts）。

From：握持目标的工具（Tooling）。

On：放置目标的位置（Fixtures）。

示教完成后，机器人放回夹爪的程序轨迹如图5-56所示。

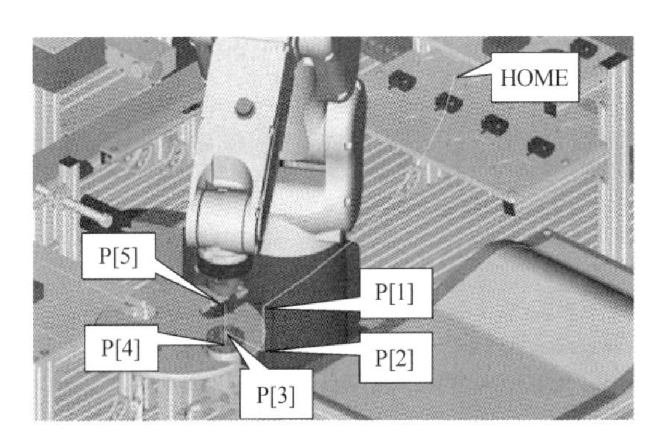

图5-56　放回夹爪的程序轨迹

“SHIJIAZHUA”与“FANGJIAZHUA”中记录的关键点位置相同，在创建完前者后，完全可以直接复制程序，避免重复示教点所造成的不必要的工作。

(6) 打开“Cell Browser”窗口，在目录中找到“SHIJIAZHUA”程序。用鼠标右键单击“SHIJIAZHUA”仿真程序图标，选择“Copy”菜单复制该程序。

(7) 鼠标右键单击上一级“Programs”程序图标，选择“Paste SHIJIAZHUA”菜单粘贴程序。

(8) 复制得到的程序名默认为“SHIJIAZHUA1”。鼠标右键单击该程序，选择“Rename”菜单重命名，将其重命名为“FANGJIAZHUA”。

(9) 双击“FANGJIAZHUA”程序，打开仿真程序编辑器。由于此程序执行的顺序与原程序相反，所以必须调整指令的顺序和动作类型。选中要移动的指令，单击顺序调整按钮，使其上下移动翻转整个程序的执行顺序。在所有指令的顺序调整完毕后，修改动作指令的类型。

二、创建机器人拾取和放下吸盘的程序

按照之前创建拾取、放下夹爪程序的方法来创建拾取、放下吸盘的程序，拾取吸盘的程序轨迹如图5-57所示。

拾取吸盘的仿真程序“SHIXIPAN”如图5-58所示。

放下吸盘的程序轨迹如图5-59所示。

放下吸盘的仿真程序“FANGXIPAN”如图5-60所示。

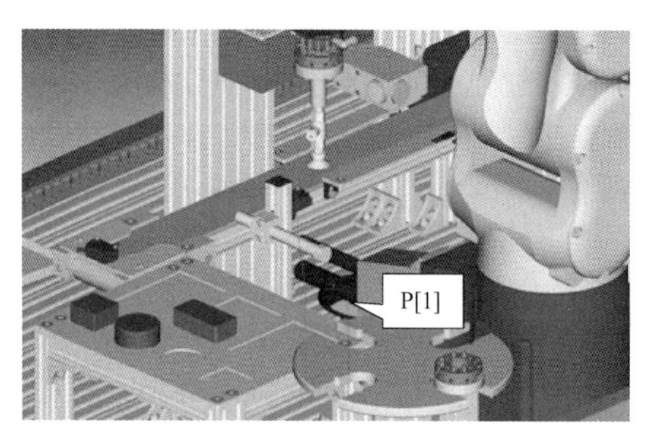

图 5-57 拾取吸盘的程序轨迹

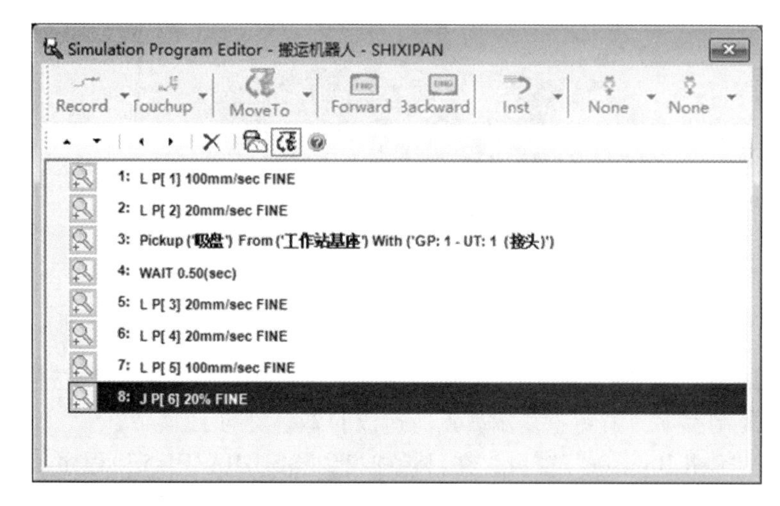

图 5-58 “SHIXIPAN”程序

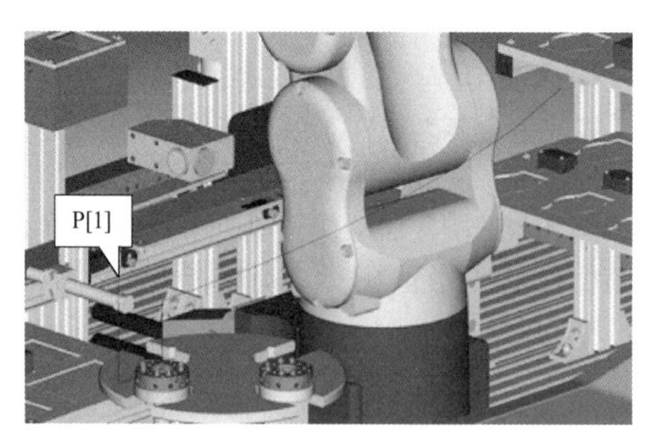

图 5-59 放下吸盘的程序轨迹

三、创建物料搬运程序

（1）创建一个仿真程序，命名为“BANYUN”。需要注意的是，此时的工具一定要选用工具 2 夹爪，如图 5-61 所示。

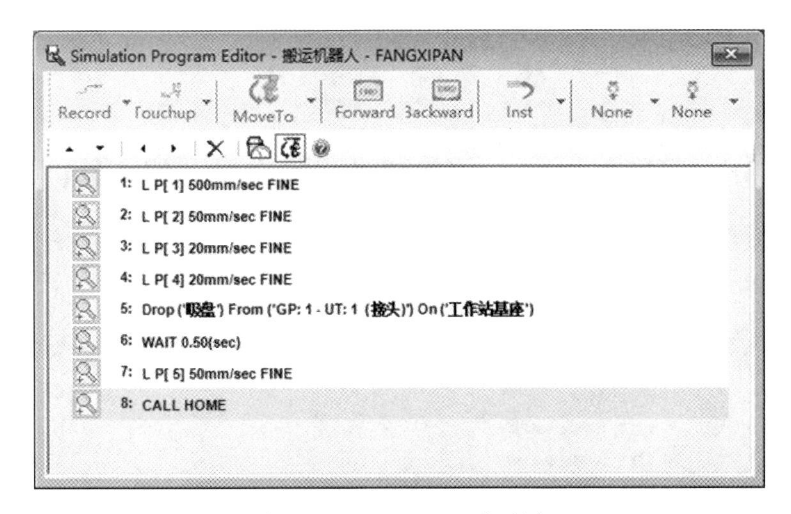

图 5-60　“FANGXIPAN”程序

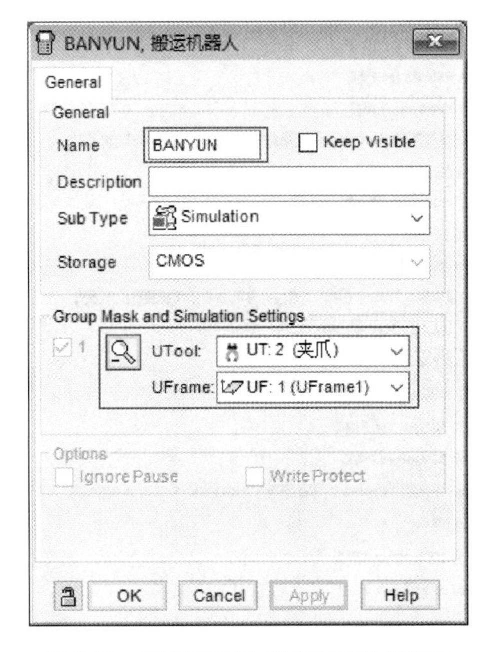

图 5-61　“BANYUN”程序属性设置窗口

（2）示教关键点并添加程序指令，完成后的程序如图 5-62 所示。

程序中第 13、24、35 行出现的“CALL”指令所调用的程序是控制物料在料井中进行自由落体的程序（后面进行创建）。此处可先添加“CALL”指令，调用的程序可以忽略，等物料自由落体的程序创建完成后，再回到此处进行选择。

四、创建物料自由落体的程序

（1）自由落体总共包含三个子程序，分别是圆形物料、长方形物料和方形物料下落的程序。由于程序之中只含有 I/O 指令，所以可以用虚拟 TP 进行创建。将三个程序分别命

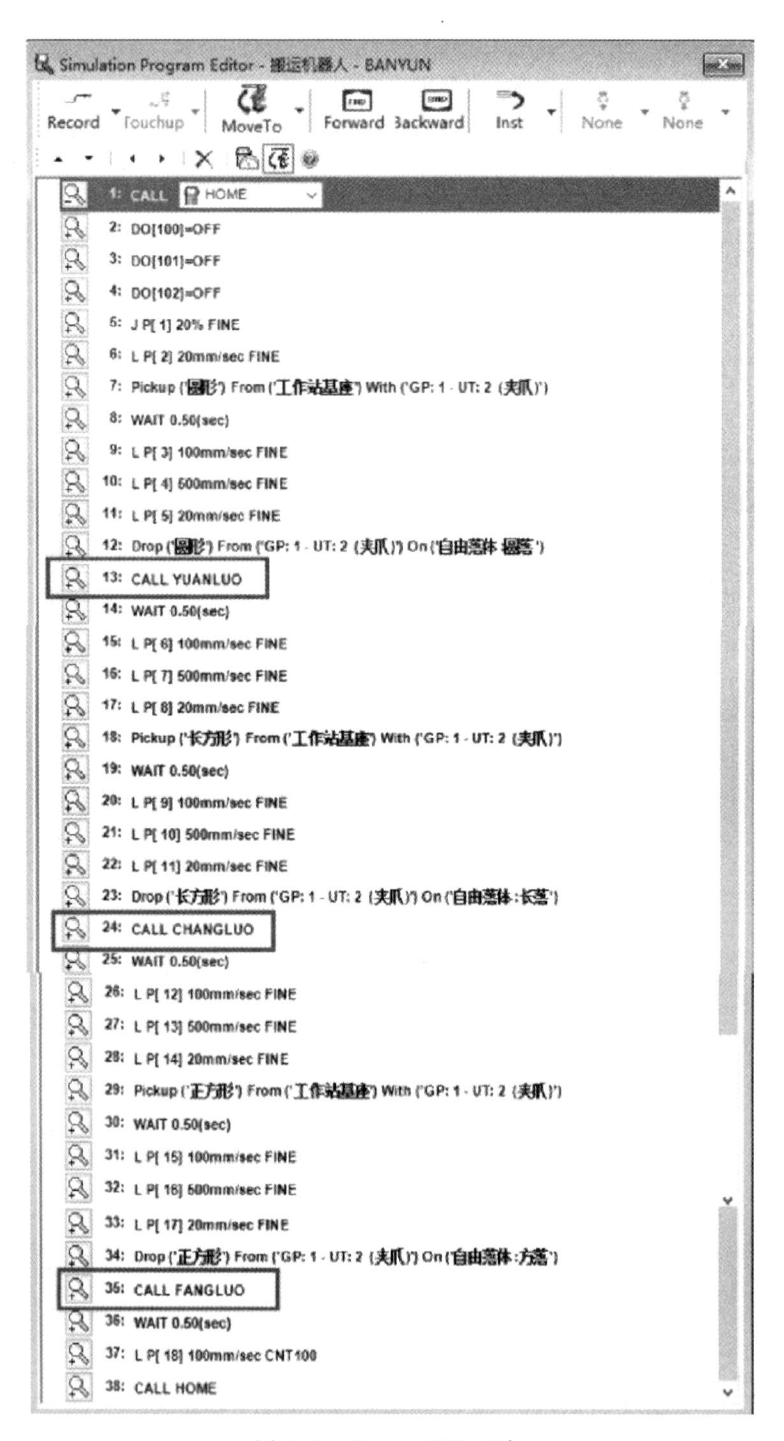

图 5-62 “BANYUN”程序

名为“YUANLUO”“CHANGLUO”和“FANGLUO”，如图 5-63~图 5-65 所示。

（2）返回到图 5-62 中，将“CALL”指令后面的程序补充完整。

（3）打开运动轴的属性设置窗口，选择“Simulation”选项卡，按照图 5-54 所示设置物料的仿真允许条件。

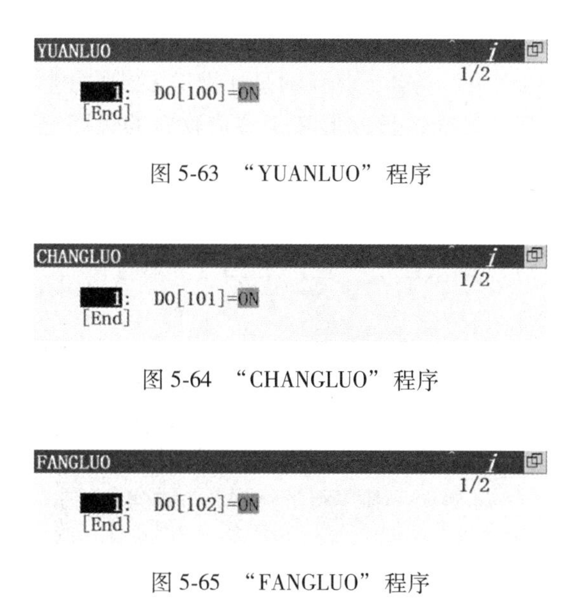

图 5-63　“YUANLUO”程序

图 5-64　“CHANGLUO”程序

图 5-65　“FANGLUO”程序

五、创建物料推送和传送的仿真程序

（1）创建推送圆形物料的仿真程序命名为“TUISONGYUAN”。工具坐标系选择工具 2 夹爪，如图 5-66 所示。

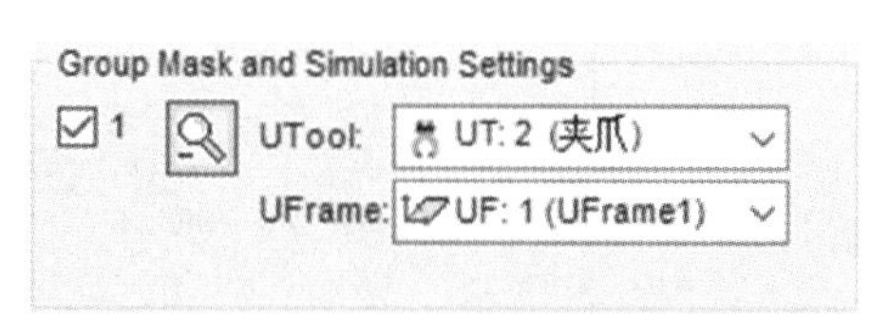

图 5-66　坐标系选择

（2）进入仿真程序编辑器添加指令，如图 5-67 所示。

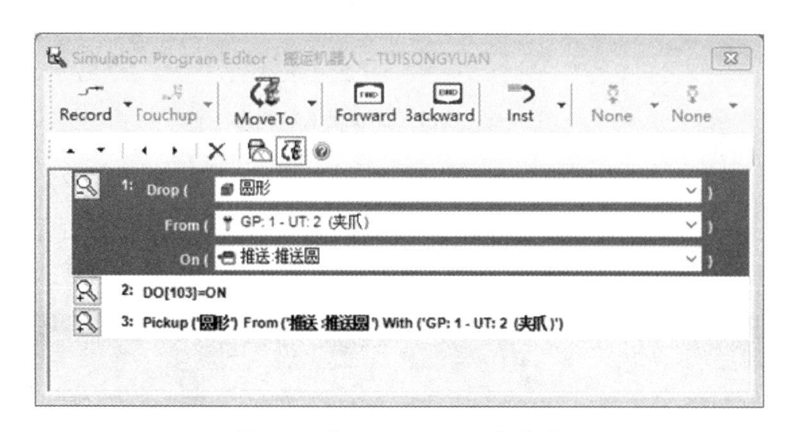

图 5-67　“TUISONGYUAN”程序

根据工作站流程分析得知，推送过程与机器人的拾取和放置过程并无交集。它的上一个流程是物料的自由落体，后面的流程是物料的传送，但是程序的首尾却出现了机器人的放置与拾取仿真指令。

假设程序中只有 DO[103]=ON，按工具栏中的启动键▶ ▾，“推送圆”虚拟电机轴依然可以正常运行。但是圆形物料块却始终不会出现在运行的路径上，此时就需要一个

“Drop”指令将圆形物料“放置”（让物料出现，夹爪并没有实际动作）上来。当推送动作完成后，添加一个“Pickup”指令，其目的是让推送末端的物料消失。

（3）按照上述的思路，将推送长方形和正方形物料的程序也创建出来，分别命名为“TUISONGCHANG”和“TUISONGFANG”，如图 5-68 和图 5-69 所示。

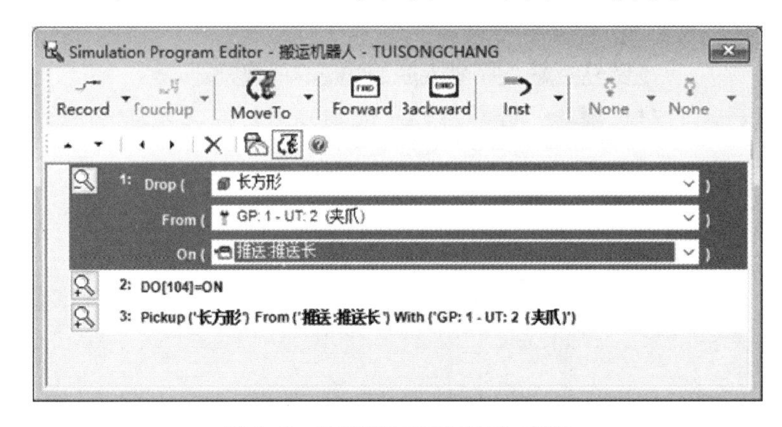

图 5-68　“TUISONGCHANG”程序

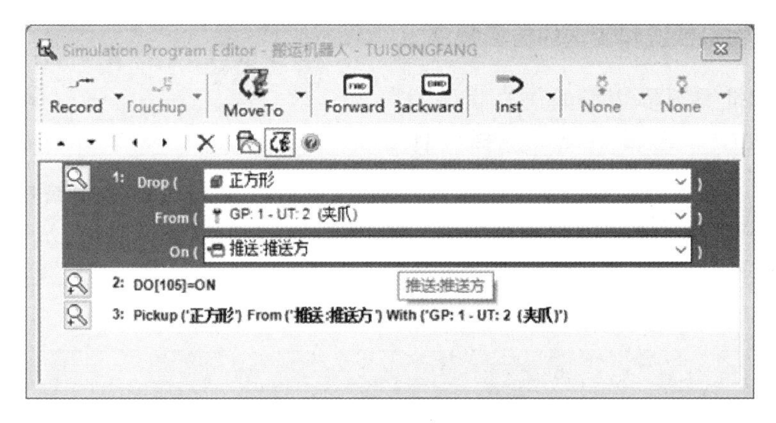

图 5-69　“TUISONGFANG”程序

（4）按照上述步骤，创建传送物料的仿真程序。传送圆形物料、长方形物料和正方形物料的程序分别命名为“CHUANSONGYUAN”“CHUANSONGCHANG”和“CHUANSONGFANG”，如图 5-70~图 5-72 所示。

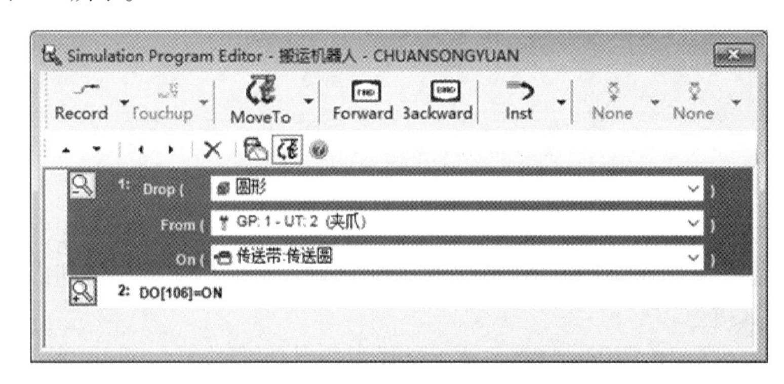

图 5-70　“CHUANSONGYUAN”程序

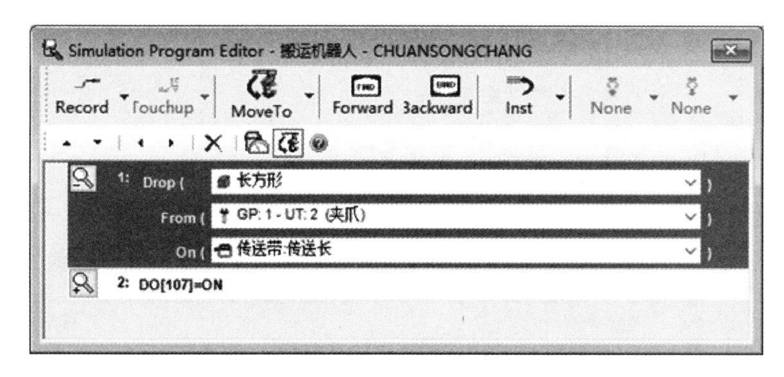

图 5-71 “CHUANSONGCHANG”程序

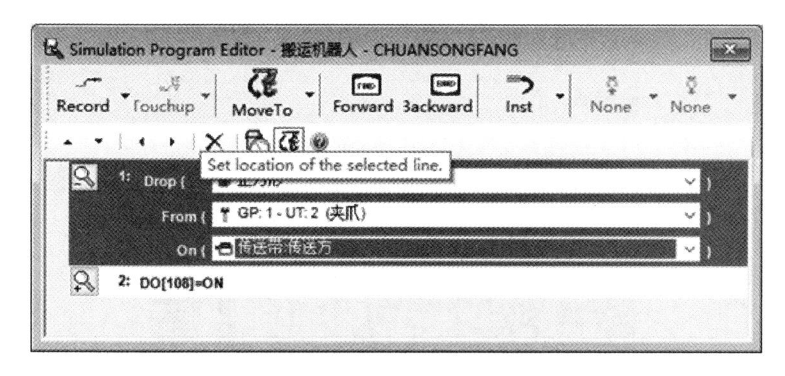

图 5-72 “CHUANSONGFANG”程序

六、创建机器人分拣搬运程序

分拣拾取搬运程序与本节前述的“BANYUN”程序有很大不同。“BANYUN”程序是连续完成三次搬运，而分拣拾取搬运却是在传送程序每完成一次后才能运行，所以应该将其划分成三个程序。

（1）创建吸取搬运圆形物料的仿真程序，命名为“XIQUYUAN”。选择工具坐标系3（吸盘），如图 5-73 所示。

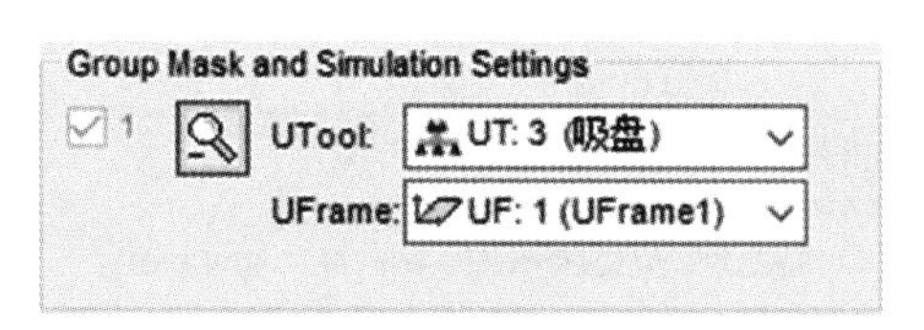

图 5-73 坐标系的选择

（2）进入到程序编辑器添加指令，完成后的程序如图 5-74 所示。

示教完成后，完整的程序轨迹如图 5-75 所示。

（3）按照上述的方法创建吸取搬运长方形物料和正方形物料的程序，分别命名为“XIQUCHANG”和“XIQUFANG”，如图 5-76 和图 5-77 所示。

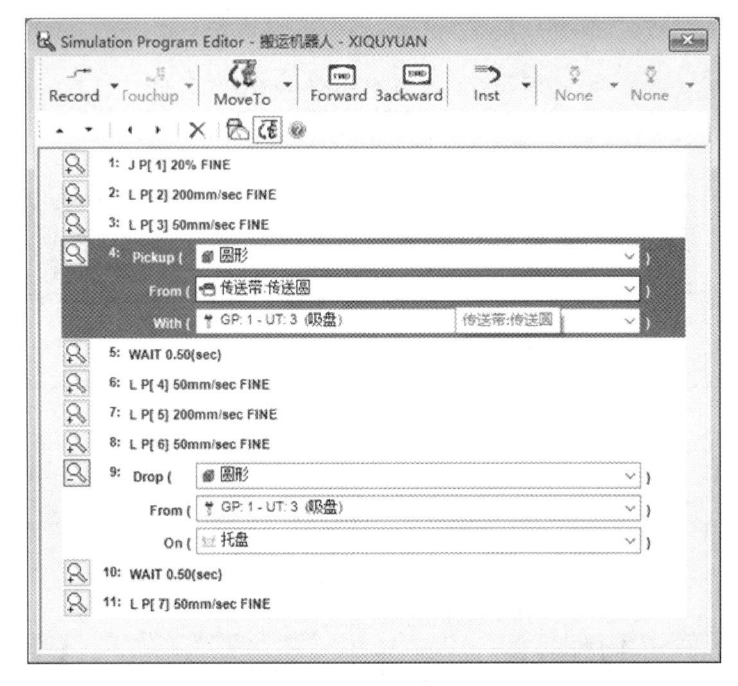

图 5-74 “XIQUYUAN”程序

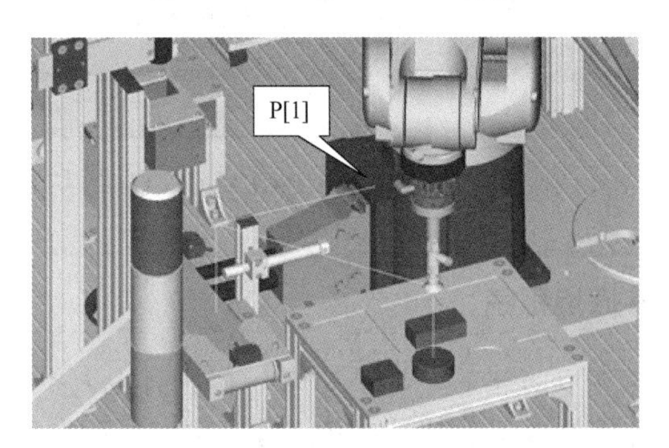

图 5-75 “XIQUYUAN”程序轨迹

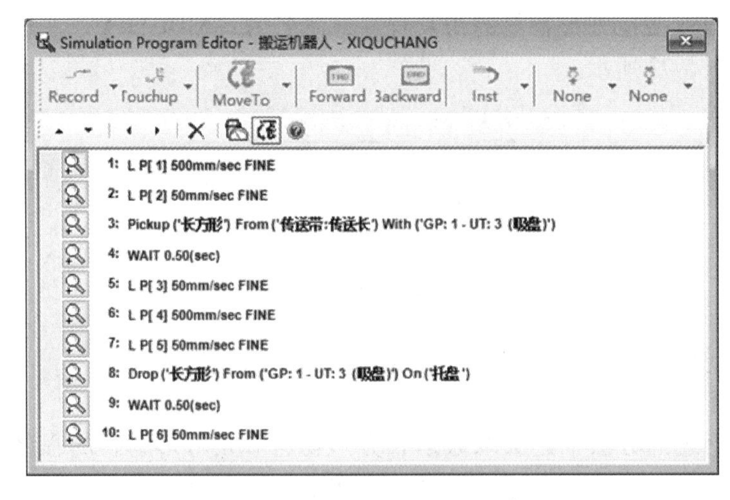

图 5-76 “XIQUCHANG”程序

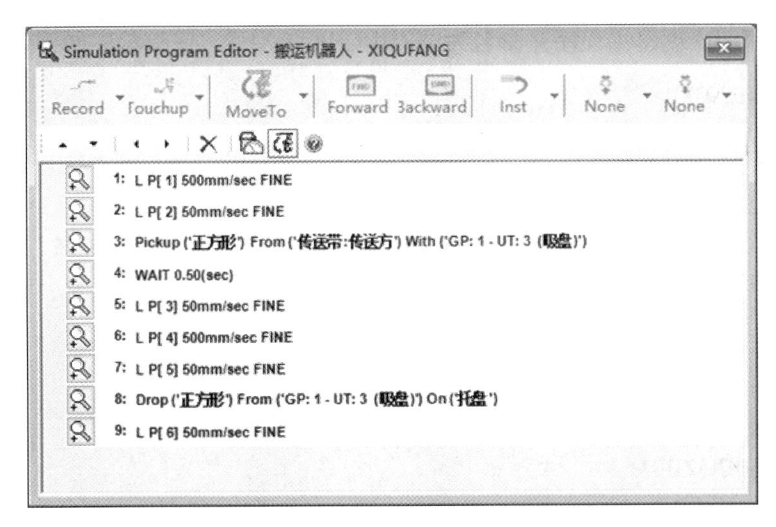

图 5-77　“XIQUFANG”程序

七、创建主程序并仿真运行

子程序名与意义见表 5-2。

表 5-2　子程序列表

程　序　名	意　　义
SHIJIAZHUA	拾取夹爪
FANGJIAZHUA	放回夹爪
SHIXIPAN	拾取吸盘
FANGXIPAN	放回吸盘
BANYUN	搬运物料至料井
YUANLUO	圆形物料自由落体
CHANGLUO	长方形物料自由落体
FANGLUO	正方形物料自由落体
TUISONGYUAN	推送圆形物料出料井
TUISONGCHANG	推送长方形物料出料井
TUISONGFANG	推送正方形物料出料井
CHUANSONGYUAN	传送圆形物料
CHUANSONGCHANG	传送长方形物料
CHUANSONGFANG	传送正方形物料
XIQUYUAN	吸取（分拣）搬运圆形物料
XIQUCHANG	吸取（分拣）搬运长方形物料
XIQUFANG	吸取（分拣）搬运正方形物料

（1）用虚拟 TP 创建主程序并命名为“ZHUCHENGXU”，完整程序如下。

```
PROG ZHUCHENGXU
1:   DO[100]=OFF
2:   DO[101]=OFF
3:   DO[102]=OFF
4:   DO[103]=OFF
5:   DO[104]=OFF
6:   DO[105]=OFF
7:   DO[106]=OFF
8:   DO[107]=OFF
9:   DO[108]=OFF
10:  CALL SHIJIAZHUA
11:  CALL BANYUN
12:  CALL FANGJIAZHUA
13:  CALL SHIXIPAN
14:  CALL TUISONGYUAN
15:  CALL CHUANSONGYUAN
16:  WAIT DI[1]=ON
17:  CALL XIQUYUAN
18:  CALL TUISONGCHANG
19:  CALL CHUANSONGCHANG
20:  WAIT DI[2]=ON
21:  CALL XIQUCHANG
22:  CALL TUISONGFANG
23:  CALL CHUANSONGFANG
24:  WAIT DI[3]=ON
25:  CALL XIQUFANG
26:  CALL FANGXIPA
END
```

由于工作站每次运行完后，DO[100]~DO[108] 都会置位 ON，所以在主程序的开头应添加复位指令。

（2）设置 Fixtures、Machines 和 Tooling 上 Part 的显示时间段。

打开“工作站基座”属性设置窗口，选择“Parts”选项卡。将其所属的 5 个 Part 模型全部设置为非运行状态时可见，仿真运行时可见。设置其他模块上所属的 Part 模型全部为非运行状态时不可见，仿真运行时不可见。

（3）在“Cell Browser”窗口中选择“ZHUCHENGXU”，单击软件工具栏中的▶ ▾按钮仿真运行。

第五节 实 训

在本章中，从一开始抓取物料的顺序就是确定好的，如何应用外部 I/O 信号来控制抓取的顺序?

在本章节工作站的基础上编写整个工作站的程序，抓取工件投放料井的顺序随机，可用I/O状态配合条件指令实现，并以此为顺序，依次完成物料的传送与拾取摆放等流程。

编程篇

第六章　轨迹绘制的编程

【学习目标】

（1）掌握轨迹曲线与路径的创建方法，能够创建机器人轨迹曲线。
（2）掌握目标点与轴配置调整的方法，能够进行目标点调整。
（3）熟练掌握轨迹调整的方法，能够对机器人运动轨迹进行完善和调整。
（4）掌握在线调试流程。

【知识储备】

离线示教编程是 ROBOGUIDE 软件离线编程功能的一种。其虽然在某些方面相较于在线示教编程存在一定的优势，但它与在线示教编程一样，由于编程方式的限制，导致其存在着较大的局限性，也只是运用在机器人轨迹相对简单的编程上，如搬运、码垛、点焊等。对于复杂的轨迹线，如异形表面的打磨、图形的切割等连续作业，因程序中需要示教的关键点非常多，并且姿态可能复杂多变，离线示教编程的工作量就和在线示教一样巨大，导致离线编程相比于在线编程在某些方面无法形成巨大的优势。

实际上 ROBOGUIDE 离线编程软件除了可以离线示教编程外，最重要的就是可以利用“Part”三维模型的信息编写程序。软件中的模型是由无数的点构成的，并且每个点都有自己的坐标，虚拟的机器人系统通过软件获取模型的数据信息，在编程过程中提取点的坐标并利用这些位置信息进行轨迹的自动规划，这一功能被称为“模型—程序”转换（CAD-To-Path）。

ROBOGUIDE 软件针对复杂轨迹的生成，在 Parts 模块的模型基础上提供了轨迹绘制和轨迹自动规划的功能：

（1）在工件模型的表面绘制直线、多段线和样条曲线，软件通过检测线条中的直线和圆弧或者用直线进行细分，自动生成关键点信息，然后根据工件的形状调节姿态；

（2）软件可识别工件模型的数字信息，检测线条中的直线和圆弧或者用直线进行细分，自动生成关键点和动作，然后根据工件的形状调节姿态。编程人员只需进行几步简单的设置，软件就会自动添加程序指令生成机器人程序，这是一种由 CAD 模型信息直接向程序代码转化的过程。

“模型—程序”转换功能（CAD-To-Path）窗口如图 6-1 所示。

Draw：绘制轨迹路径功能面板的显示选项，边框高亮则显示窗口左侧的功能区域，此区域的主要作用是绘制轨迹的路径。

Edit：编辑轨迹路径功能面板的显示选项，边框高亮则显示窗口中间的功能区域，此区域的主要作用是编辑轨迹的路径。

View：轨迹路径关键点信息面板的显示选项，边框高亮则显示窗口右侧的区域，此区域的主要作用是显示轨迹路径的各关键点分布以及点上的工具姿态。

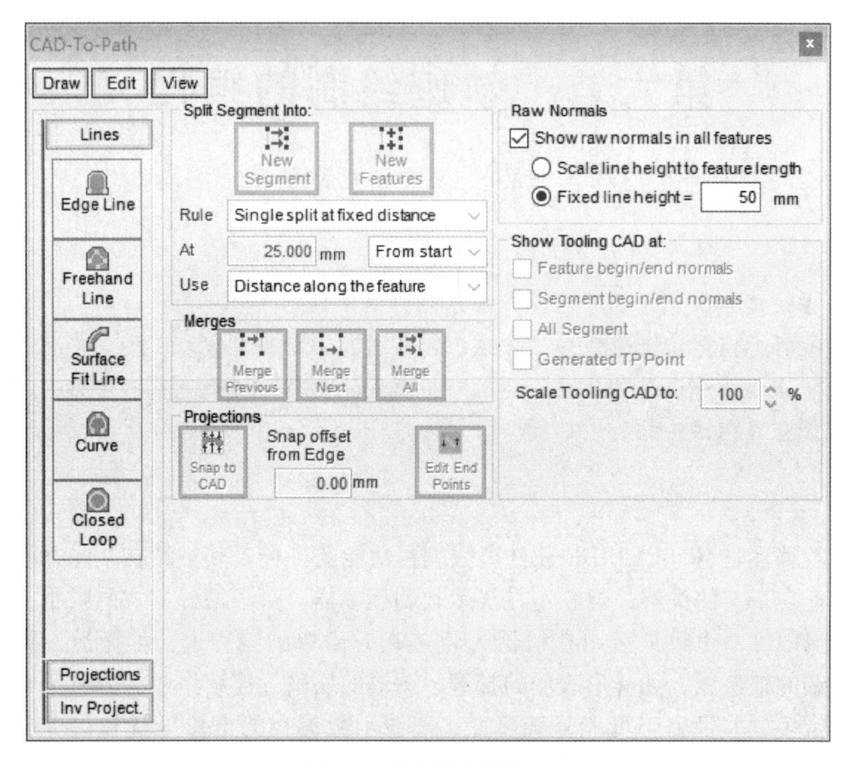

图 6-1 轨迹线绘制窗口

第一节 画 线 模 块

CAD-To-Path 的轨迹生成功能中主要有 Lines（画线模块）和 Projections（工程轨迹模块）两大模块。画线模块是在 Part 模型的表面自由绘制线条或者捕捉模型的边缘来绘制线条，这些线条上的点将作为程序的关键点。工程轨迹模块在下一章打磨工作站中详细介绍。

Lines 包括 Edge Line［捕捉边缘线（局部）］、Freehand Line（自由绘制多段线）、Surface Fit Line［自由绘制表面线（贴合表面形状）］、Curve（自由绘制样条曲线）和 Closed Loop（捕捉闭合轮廓线）功能，如图 6-2 所示。

（1）Edge Line［捕捉边缘线（局部）］。通过捕捉模型的边缘绘制一段轨迹，可以自定义路径的起点和终点位置，并且这个轨迹不局限于一个平面内，如图 6-3 所示。

（2）Closed Loop（捕捉闭合轮廓线）。通过捕捉模型的边缘绘制一条完整封闭的轨迹线，实际上就是轮廓的拾取。可自定义起点（与终点位置重合）的位置，轮廓线可在不同平面内，如图 6-4 所示。

（3）Freehand Line（自由绘制多段线）。在平面上绘制的多段线轨迹，由多条直线组成。可将开始点和结束点设定在平面内的任意位置，对于轨迹的制订有很大的自由空间，但是仅仅适用于单平面内，如图 6-5 所示。

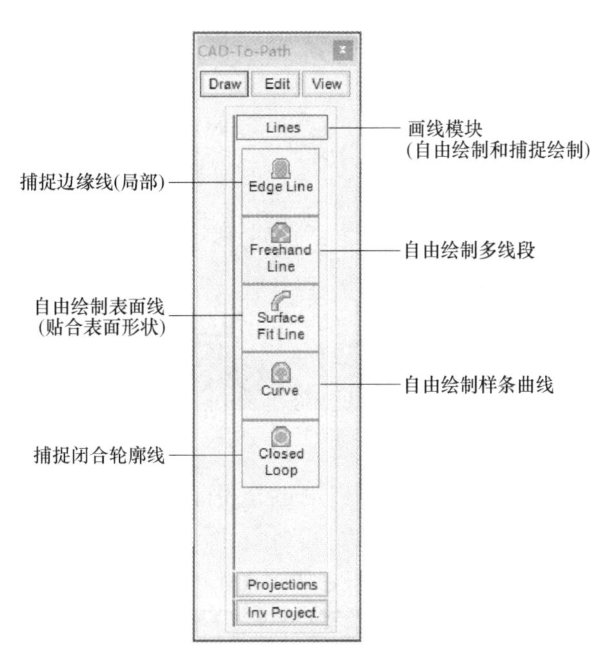

图 6-2　画线模块

图 6-3　局部边缘轨迹

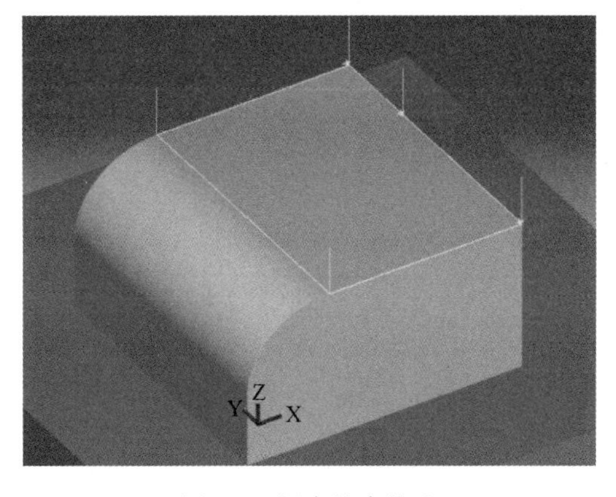

图 6-4　闭合轮廓轨迹

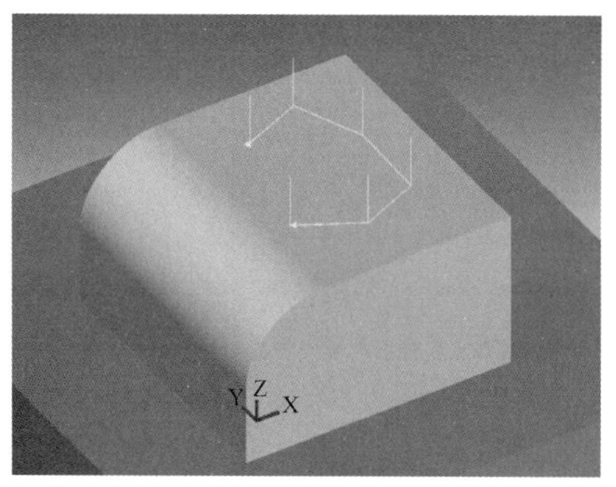

图 6-5　多线段轨迹

（4）Surface Fit Line［自由绘制表面线（贴合表面形状）］。表面贴合线以最短的路径连接相邻的各关键点，能跟随表面的起伏，契合表面的形态，而且不局限于单个平面内。表面贴合线在其物体表面的投影均为直线，如图 6-6 所示。

图 6-6　表面贴合线轨迹

（5）Curve（自由绘制样条曲线）。样条曲线通过不在同一直线上的三个点确定弧度，之后的每个点都会影响这条曲线的形态。样条曲线同样不局限于单个平面内，其路线可贴合表面，如图 6-7 所示。

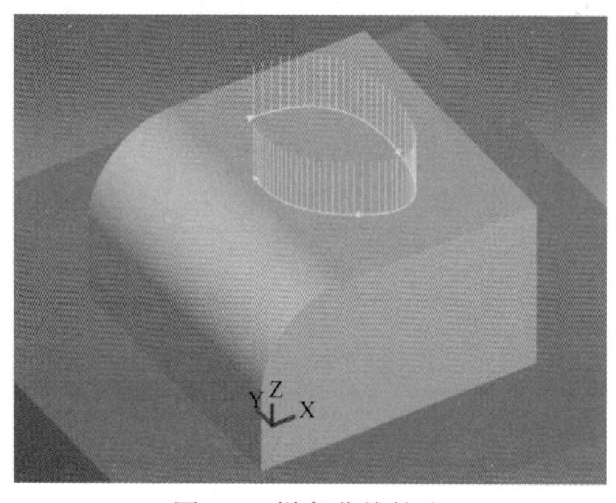

图 6-7　样条曲线轨迹

第二节 汉字书写的轨迹编程

汉字书写虚拟仿真工作站选用 FANUC LR Mate 200iD/4S 小型机器人，工作站基座为 Fixture1，汉字下方的平板为 Fixture2，机器人的法兰盘安装有笔形工具（TCP 位于笔尖），“教育” 二字为 Part1，如图 6-8 所示。该机器人仿真工作站要完成的任务是生成“教育”两个字的离线程序，然后导出程序并上传到真实的机器人当中，在真实的工作站上“写出”上述两个字。

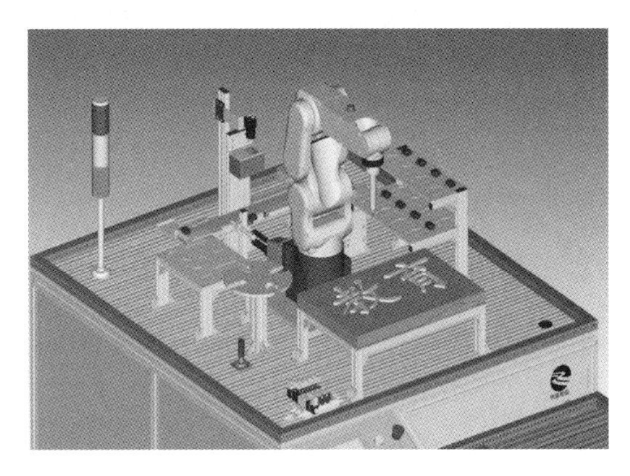

图 6-8 汉字书写仿真工作站

机器人进行汉字书写的方法与人的书写方法不同，要完成标准字体的“书写”，TCP 必须沿着汉字的外轮廓进行刻画。如果进行示教编程，无论是在线示教还是在软件中离线示教，需要记录的关键点的数量都是比较多的，尤其是一些艺术字体和线条复杂的图形，需要的示教点数量非常庞大，并且因为字体轮廓线条的不规则性，手动示教的动作轨迹很难与字的轮廓相吻合。所以此工作站将运用“模型-程序”转换技术完成汉字书写的离线编程，实现机器人写字的功能。在实际的生产中，此类编程多应用于激光切割、等离子切割、异形轮廓去毛刺等工艺，实现立体字和复杂图形的加工。

本节将通过创建书写“教育”离线程序的实例来熟悉“模型-程序”转换功能的具体应用，包括如何拾取模型的轮廓、介绍程序设置窗口中常用的项目以及轨迹路径如何向程序转换。最后还要将离线程序下载到真实的机器人工作站中去验证，其中包括如何调整工作站设置和最终运行。

一、准备工作——构建工作站

（1）创建机器人工程文件，选取的机器人型号为 FANUC LR Mate 200iD/4S。

（2）将工作站基座以 Fixture 的形式导入，并调整好位置。

（3）导入笔形工具作为机器人的末端执行器，将笔尖设置为工具坐标系的原点，坐标系的方向不变。

（4）将“教育”两个字的模型以 Part 的形式导入，关联到 Fixture 模型上，并调整好大小和位置。

（5）设定新的用户坐标系，将坐标原点设置在“教”字模型的第 1 笔画的位置上，坐标系方向与世界坐标系保持一致。

二、轨迹分析

“教育”二字按此模型的形态，如图 6-9 所示，形成了五个完整的封闭轮廓，这就意味着有五条轨迹线，其中“教”字分为左右二部分，“育”字分为上中下三部分。每条轨迹线对应着一个轨迹程序，对其分别进行编程，最后用主程序将五个子程序依次运行。

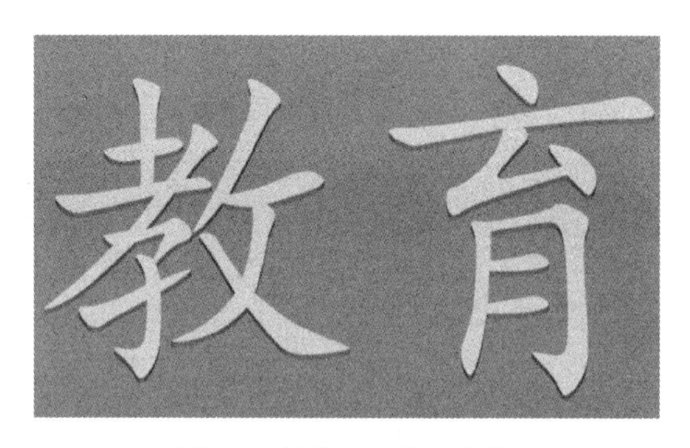

图 6-9　教育 Part 模型文件

三、轨迹绘制

（1）在“Cell Browser”窗口中相对应的“Parts”下找到“Features”，用鼠标右键单击“Draw Features”，弹出“CAD-To-Path”窗口，如图 6-10 所示。

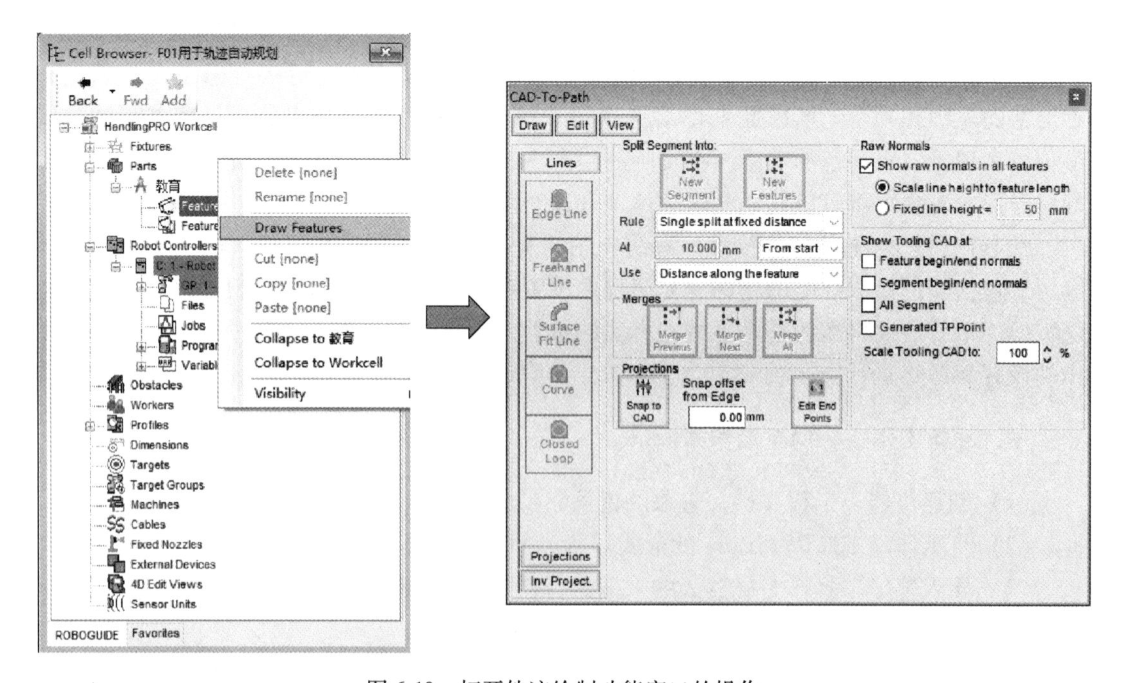

图 6-10　打开轨迹绘制功能窗口的操作

或者单击工具栏中的“Draw Features On Parts”按钮，弹出“CAD-To-Path”窗口，单击一下工件，激活画线的功能。

（2）首先绘制“教”字左半部分的路径，单击“Closed Loop”按钮，将光标移动到模型上，模型的局部边缘高亮显示，图 6-11 中较短的竖直线是鼠标捕捉的位置。

（3）移动鼠标时黄线的位置也发生变化，将其调整到一个合适位置后，单击确定路径的起点位置，然后将光标放在此平面上，出现完整轨迹路径的预览，如图 6-12 所示。

扫一扫
见彩图

图 6-11　捕捉开始点预览

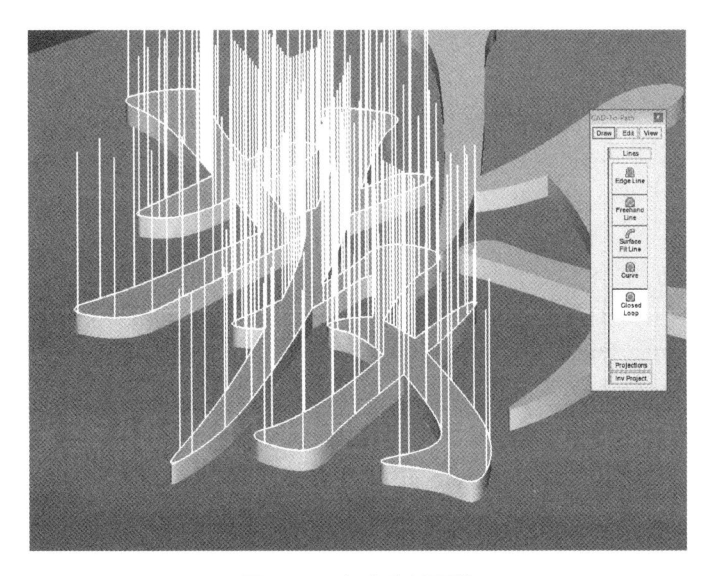

扫一扫
见彩图

图 6-12　完成路径预览

（4）双击鼠标左键，确定生成轨迹路径，此时模型的轮廓以较细的高亮黄线显示，并产生路径的行走方向，如图 6-13 所示。

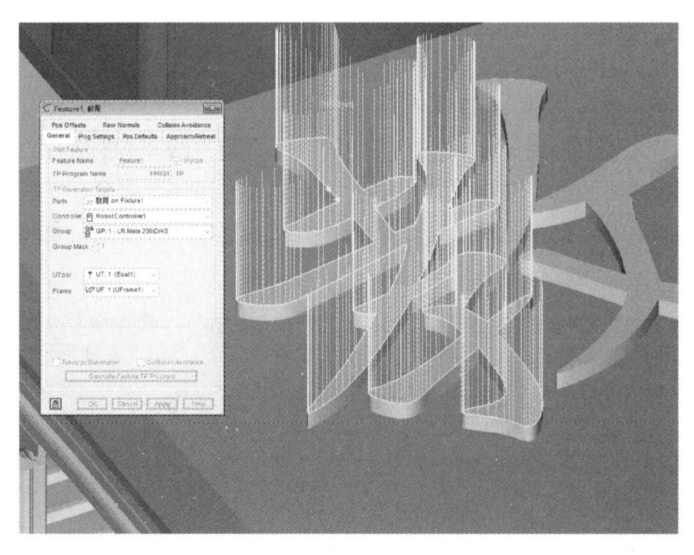

扫一扫
见彩图

图 6-13　路径的生成

（5）生成轨迹路径的同时，会自动弹出一个设置窗口，如图 6-13 所示。这样一个完整的路径称为特征轨迹，用“Feature”来表示，子层级轨迹用“Segment”来表示，其目录会显示在“Cell Browser”窗口中对应的“Parts”模型下，如图 6-14 所示。Segment 是 Feature 的组成部分，一个 Feature 可能含有一个或者多个 Segment。

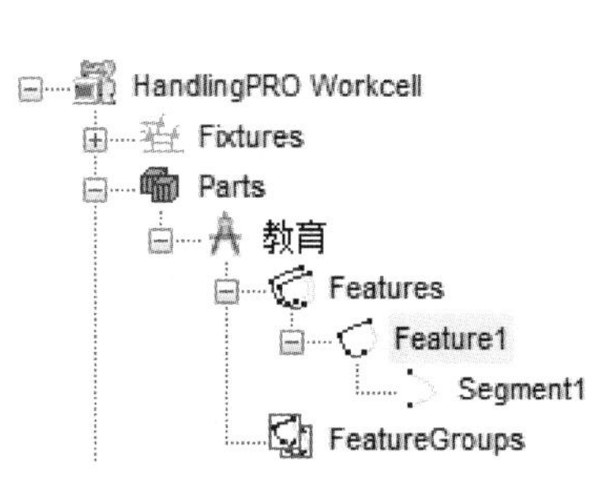

图 6-14　特征轨迹结构目录

四、程序转化

（1）在弹出的特征轨迹设置窗口选择“General”选项卡，将程序命名为“JIAO_01”，选择工具坐标系 1 和用户坐标系 1，单击“Apply”按钮完成设置，如图 6-15 所示。

（2）切换到“Prog Settings”程序设置选项卡，参考图 6-16 中设置动作指令的运行速度和定位类型，单击“Apply”按钮完成设置。

在“指令的运行速度”设置项目中，勾选下方的“Indirect”间接选项，速度值将会使用数值寄存器的值，如果程序上传到真实机器人中运行，其速度修改将极为方便。

（3）切换到“Pos Defaults”选项卡下进行关键点位置和姿态的设置，如图 6-17 所示。

设置面板中坐标系中蓝色箭头“Normal to surface”的方向为模型表面点的法线方向，与右边模型中黄色线的指向相同，每根黄色线都对应着一个关键点。由于本节中机器人工具坐标系的方向保持默认，所以工具坐标系的 Z 轴向与图 6-17 所示蓝色箭头相同。黄色箭头“Alongthe segment”指的是路线的行进方向，设置+X 表示工具坐标系 X 轴正方向与行进方向一致。

“Fixed tool spin，keep normal”表示 TCP 在行进过程中，工具坐标系的 X 轴始终指向一个方向。如果选择“Change tool spin，keep normal”，则工具坐标系的 X 轴的指向会跟随行进方向的变化而变化。

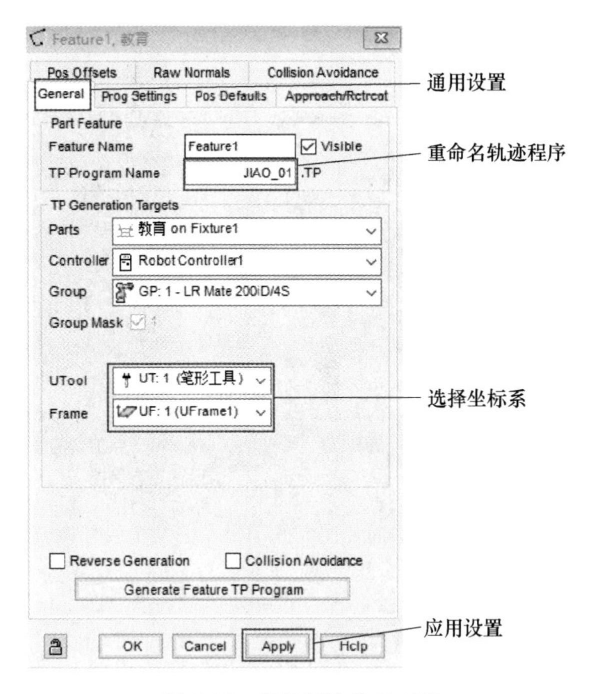

图 6-15 程序属性设置面板

图 6-16 程序指令设置面板

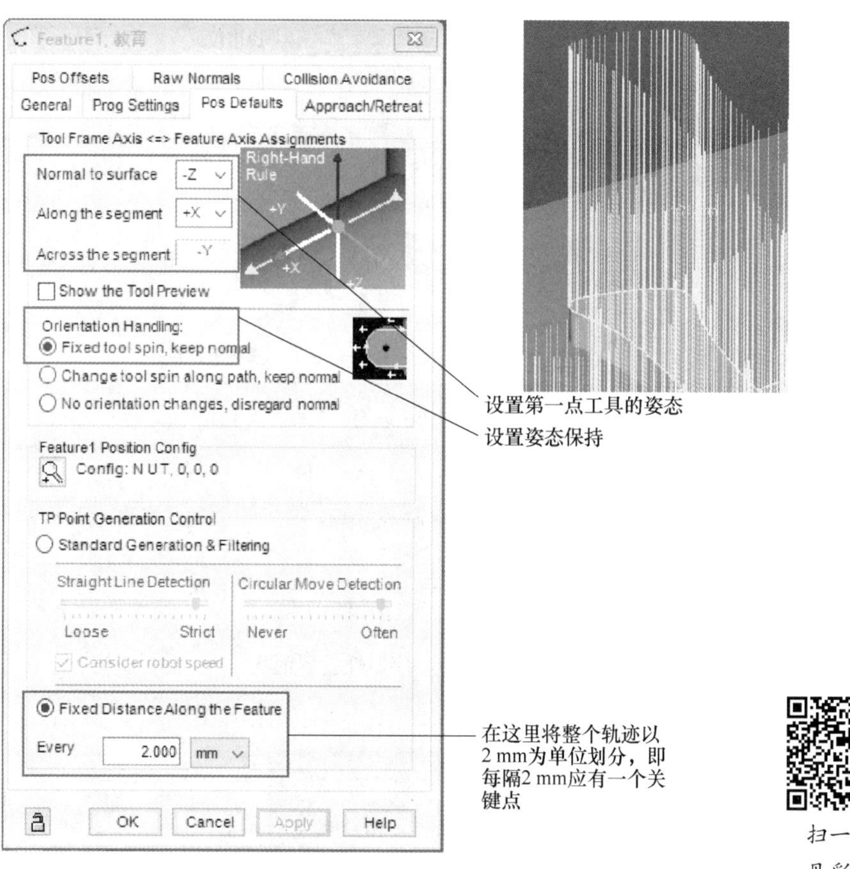

扫一扫
见彩图

图 6-17 工具姿态设置面板

关键点控制设置为“Fixed Distance Along the Feature”，表示将一条复杂的轨迹划分成很多直线，直线越短，轨迹的平滑度也就越高，但是关键点的数量也就越高，最终的程序会越大。如果选择“Standard Generation & Filtering”，则软件将会用圆弧和直线去识别轨迹，但是由于轨迹极不规则，这种方式很容易导致检测不正常，造成最终程序的轨迹偏离。

（4）切换到“Approach/Retreat”选项卡下进行接近点和逃离点的设置，如图 6-18 所示。

勾选“Add approach point”和“Add retreat point”选项，设置动作指令的动作类型全部为直线，速度设置为“200”，定位类型不变，设置点的位置为“-100”。单击应用后，轨迹旁会出现接近点和逃离点，由于这条轨迹的首尾相接，所以这两点位置重合，如图 6-19 所示。

（5）返回到“General”选项卡，单击“General Feature TP Program”生成机器人程序，如图 6-20 所示。

（6）单击工具栏中的“CYCLE START”按钮▶ ▾或者用虚拟 TP 试运行“JIAO_01”程序。

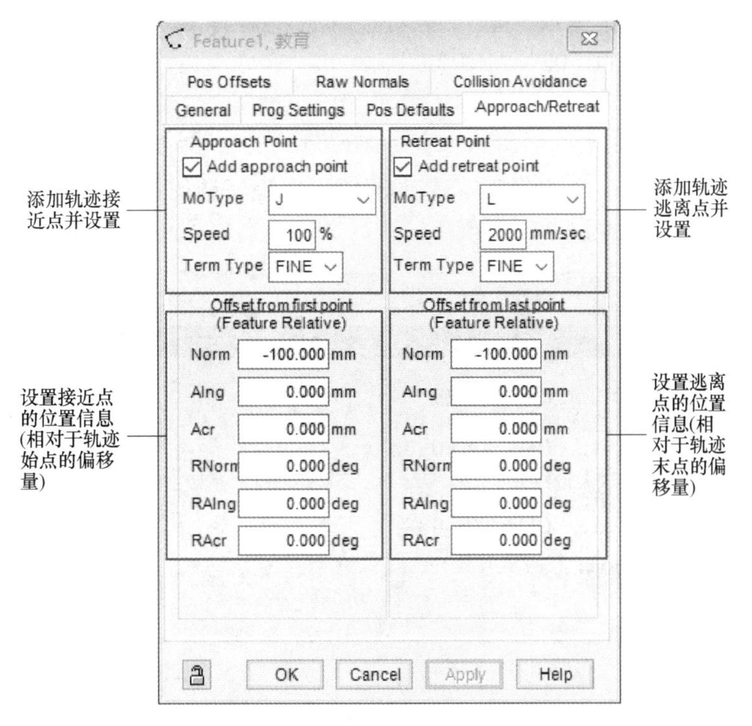

图 6-18　接近点和逃离点设置面板

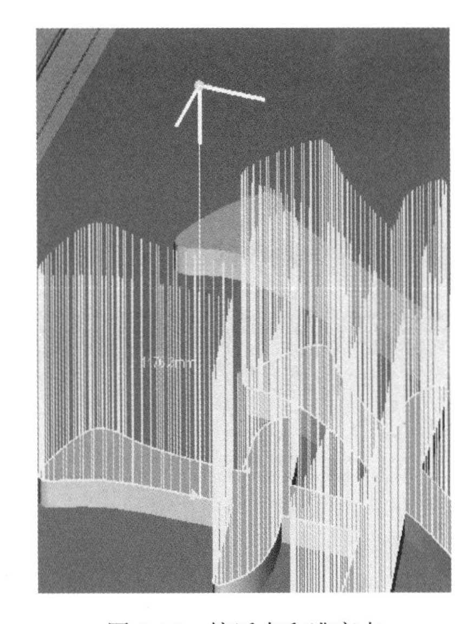

图 6-19　接近点和逃离点

扫一扫
见彩图

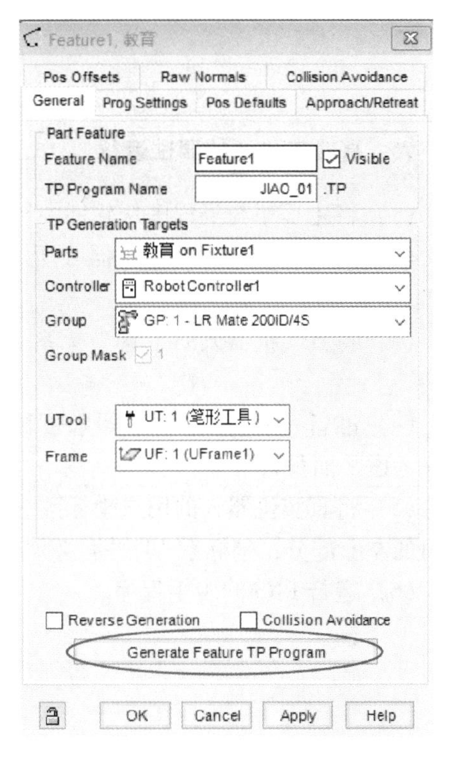

图 6-20　“General”选项卡

（7）按照以上的步骤生成“教”字右边部分的程序和“育”字的程序，分别是“JIAO_02”“YU_01”“YU_02”“YU_03”。

五、创建主程序

在虚拟的 TP 中创建一个主程序“PNS0001”，用程序调用指令将这几个子程序整合，形成一个完成的程序，如图 6-21 所示。

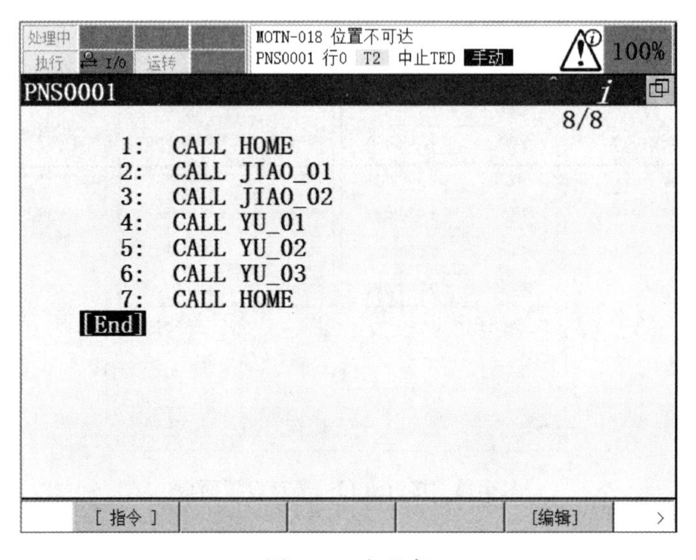

图 6-21 主程序

六、真实工作站的调试运行

（1）将主程序与子程序从软件中导出并上传到真实机器人中。

（2）仿真机器人和真实机器人所用的工具坐标系和用户坐标系要一致，坐标系号都是 1。

（3）将真实机器人的工具坐标系 1 的坐标原点设置在笔形工具的笔尖，坐标系方向不变。

（4）准备一块面积较大、平整度良好的板材，参考仿真文件中画板的位置进行放置，不必考虑平面是否水平。

（5）将真实机器人的用户坐标系 1 设置在板材上，坐标系方向基本不变，原点位置在板材的左上部分，坐标系 *XY* 平面必须与板材平面重合。

（6）运行 PNS0001 主程序。

第三节 实 训

如图 6-22 所示，仿照真实的工作现场在软件中建立一个虚拟工作站。工作站选用 FANUC LR Mate 200iD/4S 小型机器人，机器人完成“华”字的书写。

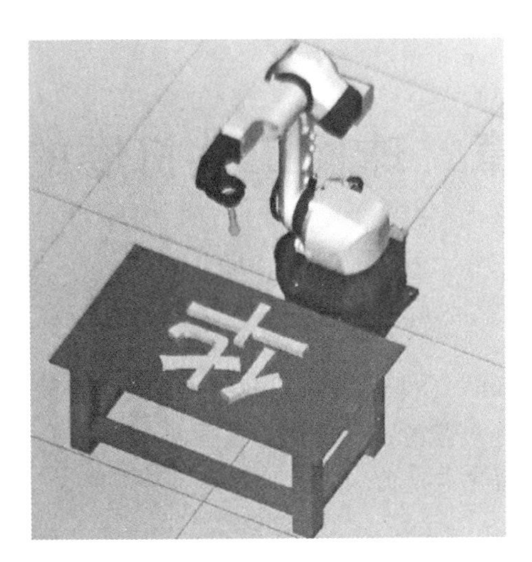

图 6-22　仿真工作站创建

第七章 球面工件打磨的编程

【学习目标】

（1）掌握“CAD-To-Path”（模型-程序）转换功能及程序修改方法。

（2）掌握打磨工程轨迹的范围和位置设置方法。

（3）掌握工程轨迹向程序转换的方法。

【知识储备】

磨削加工：对工件的表面进行精加工，使其在精和表面粗糙度等方面达到设计要求的工艺过程。按磨削精度分粗磨、半精磨、精磨、镜面磨削、超料加工。

粗磨：对工件表面进行粗加工，表面粗糙度 *Ra* 为 10~1.25 μm。

精磨：对工件表面进行精磨，去除粗磨留下的划痕，为抛光、电镀加工作准备，精磨精度可达到 *Ra* 为 0.4~0.2 μm。

去毛刺：清除工件已加工部位周围所形成的刺状物或飞边。

加工在生产过程中，很多铸件要人工去毛刺，不仅费时，打磨效果不好，效率低，而且操作者的手还常常受伤。去毛刺工作现场的空气污染和噪声会损害操作者的身心健康。随着国内制造业的升级转型以及人口红利逐渐消失，机器人行业正迎来高速发展时期。而工件表面打磨抛光技术被广泛应用到卫浴、五金和 IT 等行业。传统手工打磨抛光存在打磨抛光质量不稳定、效率低、产品的均一性差和自动化程度低等问题。因此，对打磨抛光机器人的研究引起了许多国内外高校、研究机构和一些公司的广泛关注。打磨抛光机器人能够实现高效率、高质量的自动化打磨，正慢慢地被一些公司用以代替人工打磨。但影响机器人打磨抛光的质量因素很多，如磨砂带的型号、抛光轮的材质、工业蜡的使用，而控制打磨工具末端的力度和加工轨迹是确保打磨工件质量很重要的途径。

打磨机器人的工作原理：整个打磨机器人由双工作台和三维直角坐标机器人组成。其中双工作台的工作原理和加工中心的双工作台原理相似。一个工位上的毛坯件被打磨过程中，操作员可以把另一工位上已打磨完的零件取下，然后装上另一毛坯。每个工作台上的工装可以把零件转动 180°，这样能对毛坯的四个面进行打磨。另外可用三维机器人，其中 Z 轴（上下运动轴）上带有气动砂轮。通过编程可以使砂轮按要求的轨迹和速度对毛坯进行打磨。也可以采用示教方式编程，通过手动打磨，系统自动记录下运行的轨迹和速度。打磨机器人大致可以分为工具型打磨机器人（机器人通过操纵末端执行器固连打磨工具，完成对工件的打磨加工）、工件型打磨机器人（是一种通过机器人抓手夹持工件，把工件分别送到各种位置固定的打磨机床设备，分别完成磨削、抛光等不同工艺的打磨机器人自动化加工系统）、机器人+磨床型打磨机器人。本章主要采用工具型打磨机器人来实现离线编程与仿真设计。

第一节 工程轨迹模块

CAD-To-Path 的轨迹生成功能中主要有 Lines（画线模块）和 Projections（工程轨迹模块）两大模块。画线模块前面已做介绍。工程轨迹模块是软件预设的工件表面加工轨迹线条，包括 W 形往返、U 形往返和矩形往返路径等。工程轨迹模块下的线条可附着于工件的表面，即使是带有起伏的非平面，也可以很好地贴合，从而形成程序的轨迹路径。

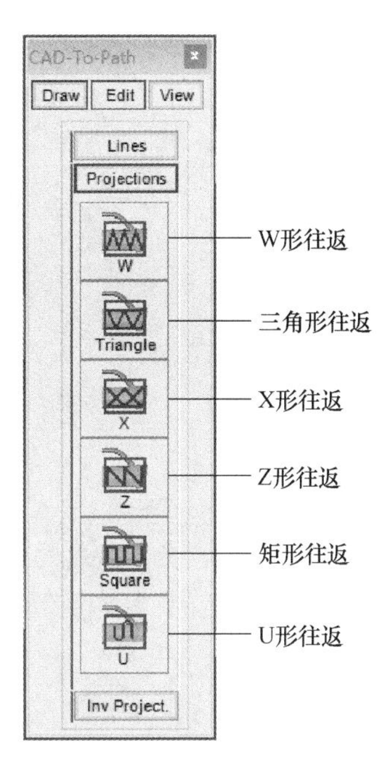

图 7-1 工程轨迹模块

Projections 提供了 6 种样式的工程轨迹线，分别是 W 形、三角形、X 形、Z 形、矩形、U 形轨迹如图 7-1 所示。整个轨迹就是在一个区域内进行有规律的往复运动，并且轨迹能自动贴合工件的外表面。在非平面的情况下，工件上不同位置的点的法线方向在不断变化，工程轨迹也能通过软件的自动规划，自动计算出机器人的工作姿态。

如图 7-2 至图 7-7 分别为 W 形往返轨迹、三角形往返轨迹、X 形往返轨迹、Z 形往返轨迹、矩形往返轨迹、U 形往返轨迹。以图 7-7 所示的 U 形往返轨迹为例，整个轨迹的所有点处于一个三维空间中，Z 方向与 U 形线的振动方向一致，表示其波峰与波谷的距离；Y 方向与 U 形线的排列方向一致，也是整个工程轨迹区域的宽度，决定着往返的次数；X 方向与 YZ 平面垂直，表示工程轨迹整体的深度。整个轨迹路径在 YZ 平面上遵循 U 形往返轨迹，在 X 方向上则贴合于模型的表面。

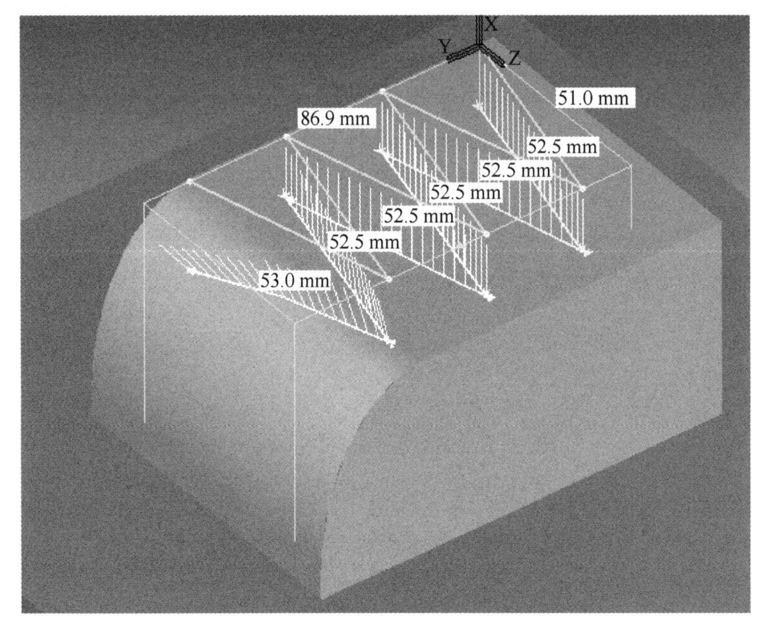

图 7-2 工程轨迹中的 W 形往返路径

扫一扫
见彩图

这种编程方式在工件打磨、去毛刺等工件表面加工的应用上极为方便，解决了手工示教难以实现的复杂轨迹编程，并且节省了大量的工作时间，实现了加工程序的快速编程、精确调节、易于修改的良好生态。

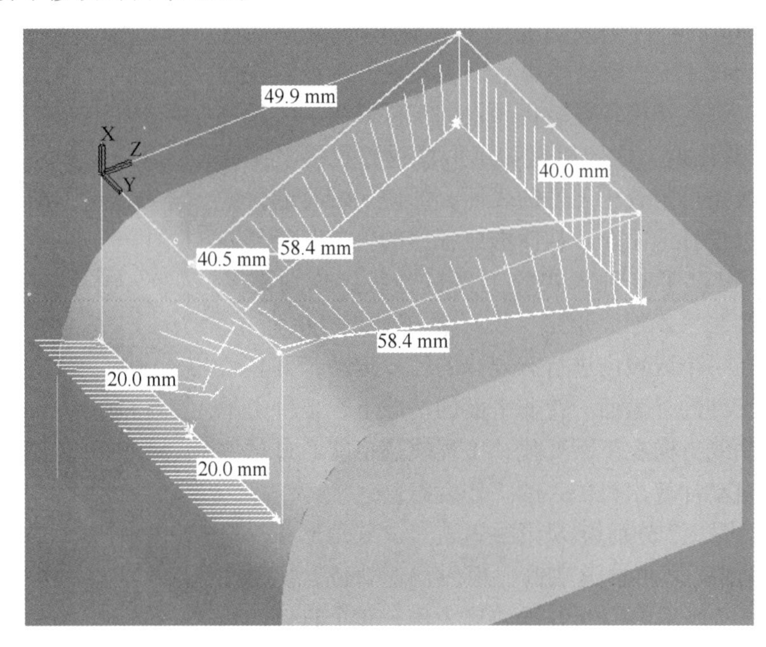

图 7-3 工程轨迹中的三角形往返路径

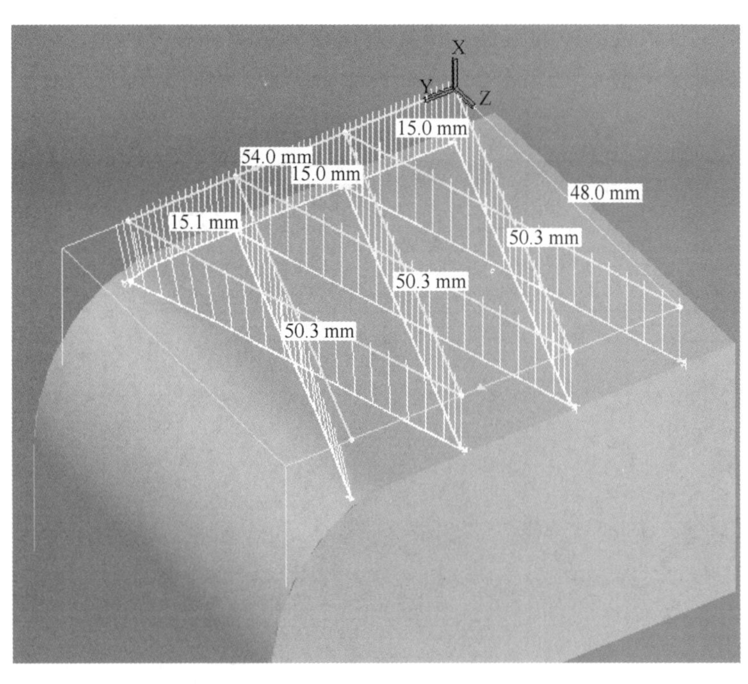

图 7-4 工程轨迹中的 X 形往返路径

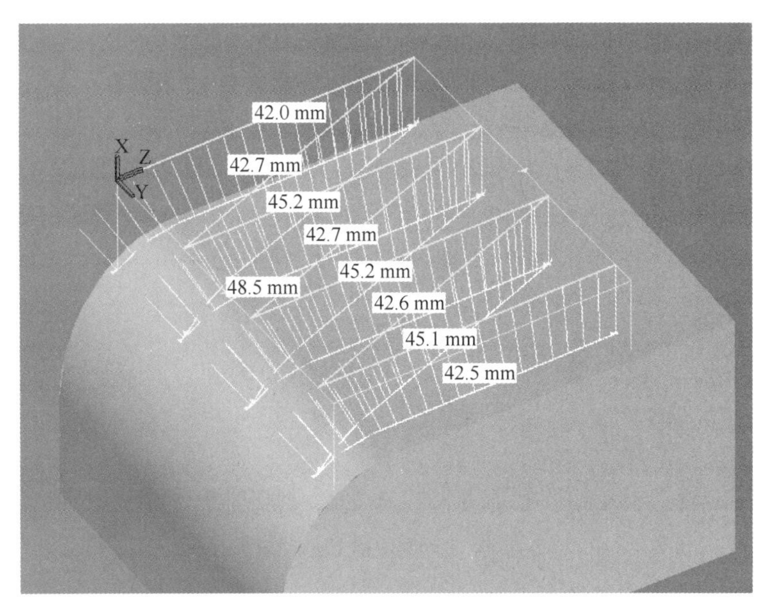

图 7-5　工程轨迹中的 Z 形往返路径

扫一扫
见彩图

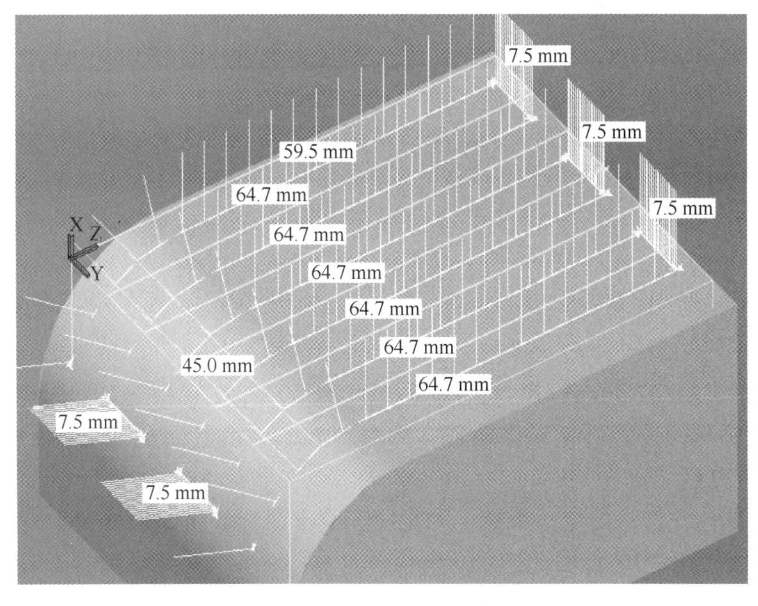

图 7-6　工程轨迹中的矩形往返路径

扫一扫
见彩图

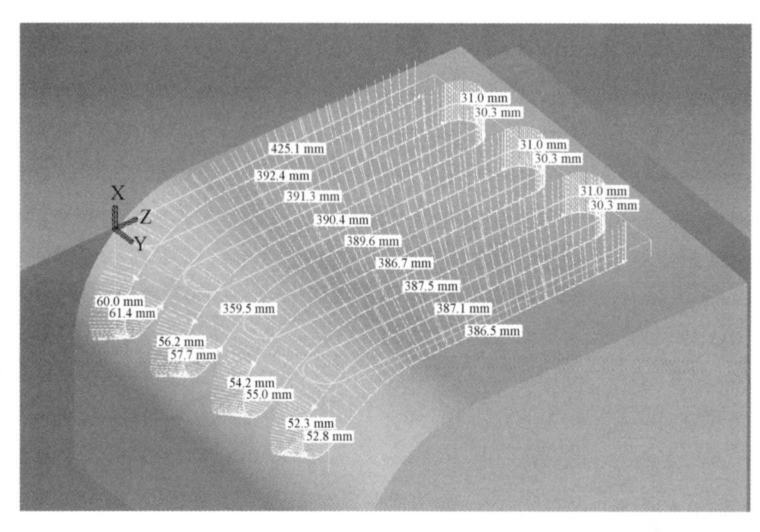

扫一扫
见彩图

图 7-7 工程轨迹中的 U 形往返路径

第二节 球面工件打磨的编程

一、准备工作——构建工作站

（1）创建机器人工程文件，选取的机器人型号为 FANUC LR Mate 200iD/4S。

（2）将工作站基座以 Fixture 的形式导入，并调整好位置。

（3）导入打磨工具作为机器人的末端执行器，并将工具打磨位置设置为工具坐标系的原点。

（4）将球形工件模型以 Part 的形式导入，关联到 Fixture 模型上，并调整好大小和位置。

二、轨迹的创建

（1）打开“CAD-To-Path”窗口，选择“Projections”工程模块，如图 7-8 所示。

（2）选择 U 形轨迹，将光标移动到工件模型上，单击鼠标左键出现一个白色的立方体边框，如图 7-9 所示。

（3）移动鼠标，任意给定一个长度和宽度，双击鼠标左键，边框变为高亮的黄色，并弹出设置窗口，如图 7-10 所示。

（4）打开“Projection”选项卡进行工程轨迹的设置，如图 7-11 所示。

首先工程轨迹之所以可以贴合异形表面，就是因为整个轨迹的范围是一个立体空间，X 方向表示深度方向，Y 方向表示 U 形线的重复排列方向，Z 方向表示单个 U 形线的振动往返方向。

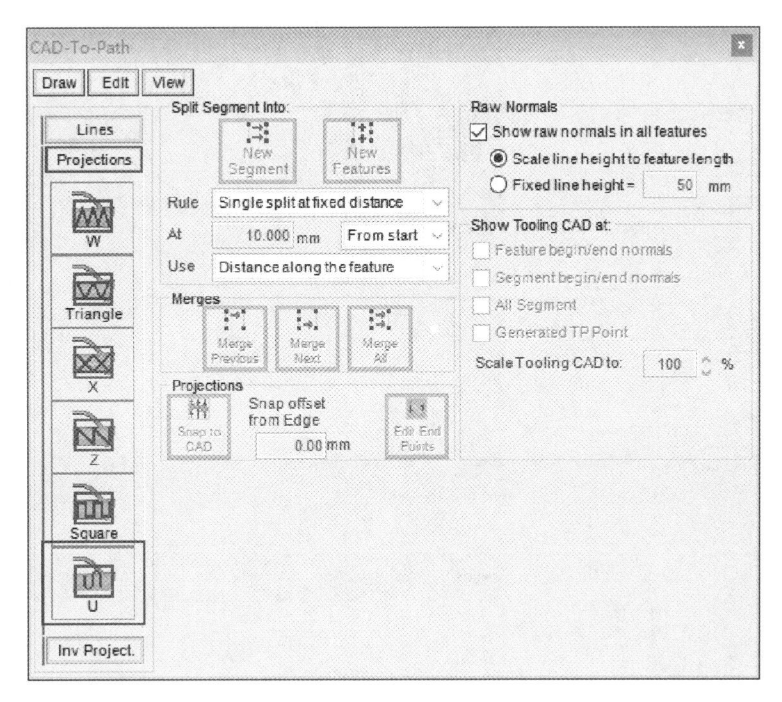

图 7-8　工程轨迹窗口

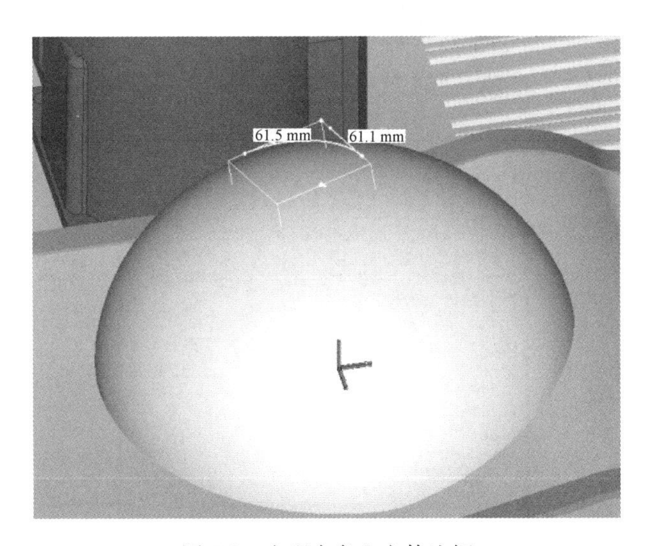

图 7-9　出现白色立方体边框

轨迹的密度就是在固定的 Y 方向范围内 U 形线的重复次数，“Index Spacing”表示相邻两条线的间距，数值越小、密度越高。按照图 7-11 设置好的轨迹如图 7-12 所示。

三、程序的转化

（1）程序的设置和上一章中的过程是基本相同的，已经描述的过程这里不再重复。首先切换到“Prog Settings”选项卡，如图 7-13 所示。

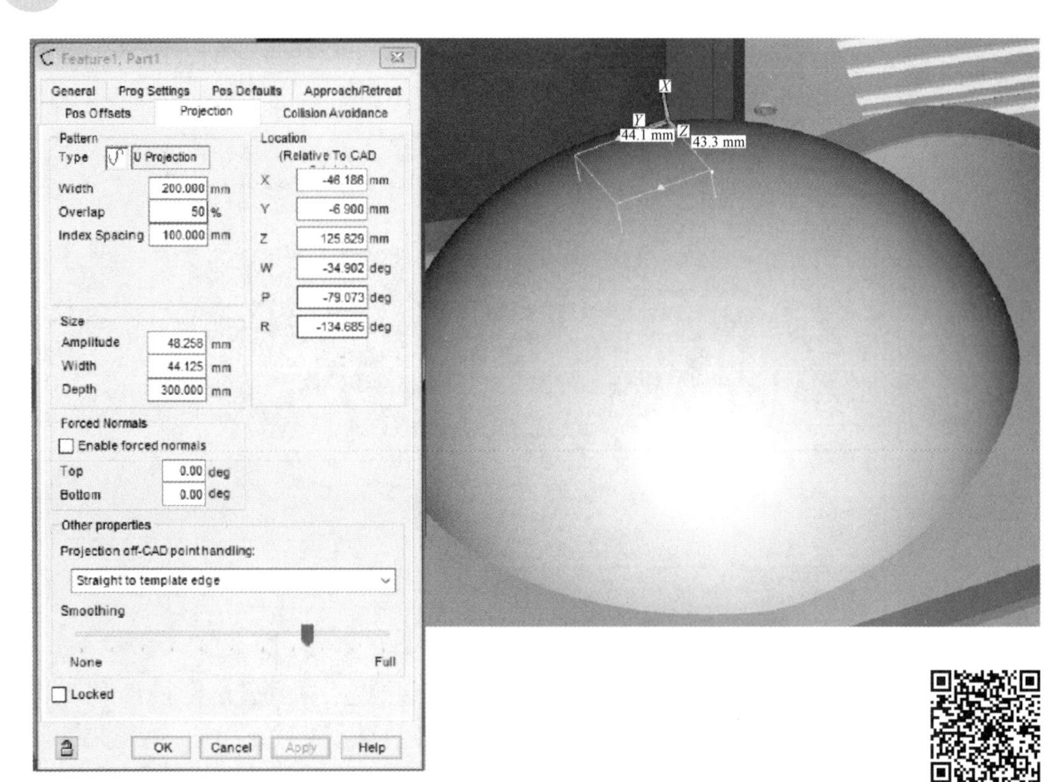

图 7-10　边框高亮并弹出设置窗口

扫一扫
见彩图

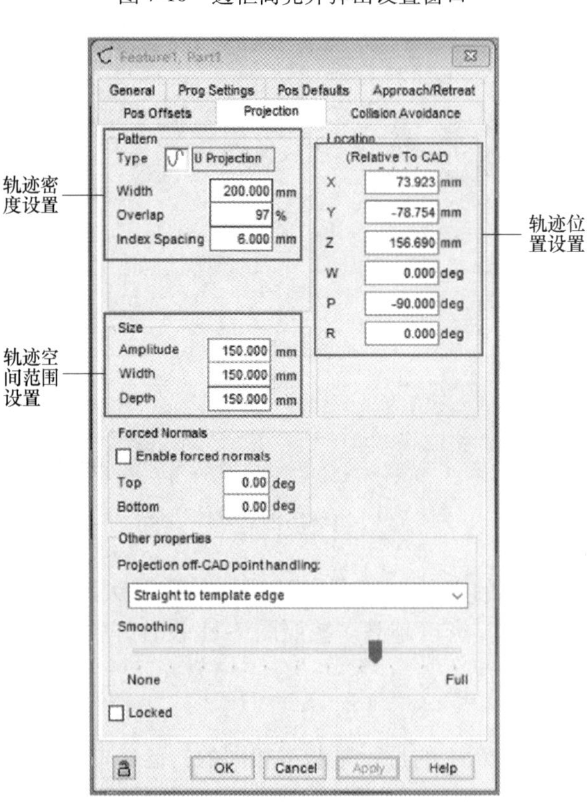

图 7-11　工程轨迹大框架设置窗口

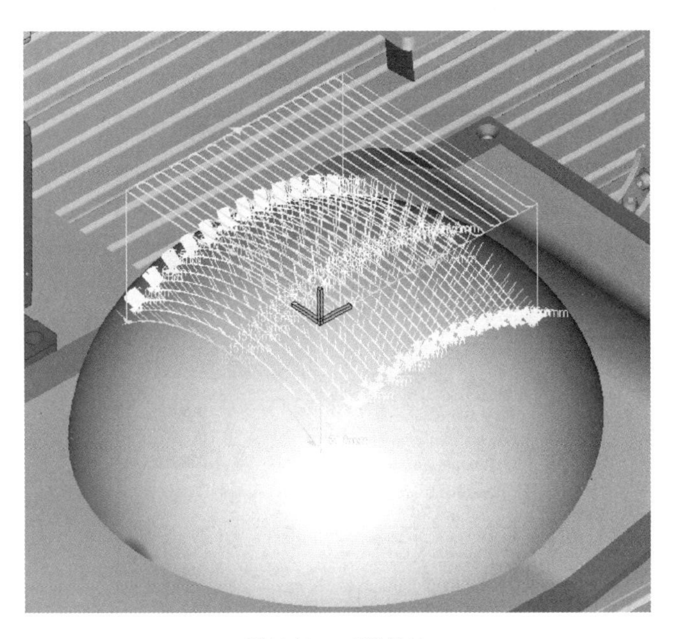

图 7-12　工程轨迹

扫一扫
见彩图

“HOME”程序为机器人回到安全位置的程序，“POLISHI_START”和“POLISHI_END”是控制打磨工具动作的程序。按照图 7-13 的设置，直接用轨迹程序来调用其他的程序，这样一来就不需要另外创建主程序将轨迹程序和其他程序进行整合，精简程序的数量。

图 7-13　程序调用的设置

（2）切换到“Pos Defaults”选项卡下，如图 7-14 所示。

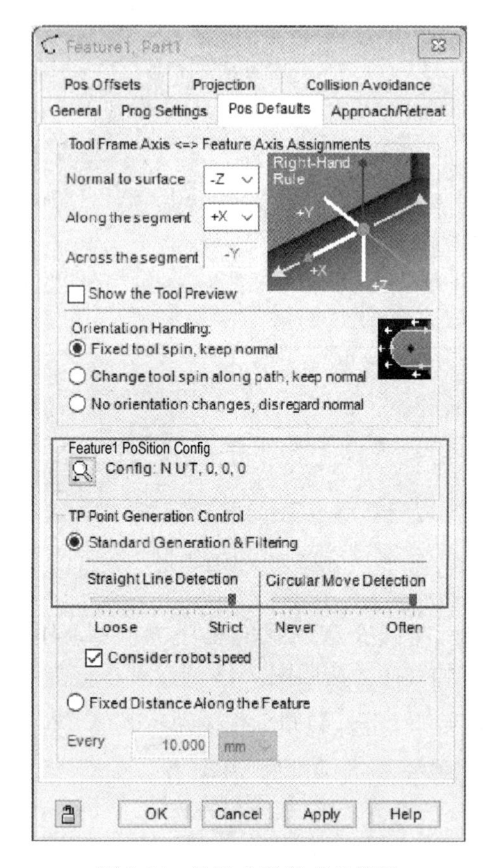

图 7-14 轨迹分段组成的设置

与汉字轨迹使用不同的是，这里采用直线检测和圆弧检测，而不是采用直线单位划分轨迹的方法。因为球面的轨迹是规则的圆弧，所以软件可以做到精确识别，同时又能减少关键点的数量，精简程序的大小。

（3）参考上一章的内容，设置程序的其他项目。所有设置完成后，单击“Apply”按钮生成程序。

四、程序的修改

如果试运行后发现程序需要修改，打开“Cell Browser”窗口，在“Parts”下，找到对应的工件和对应的轨迹“Feature1”，双击打开设置窗口。

修改完成后务必单击“Apply”按钮，再单击“Generate Feature TP Program”按钮重新生成程序。

第三节 实　训

采用“CAD-To-Path”功能规划机器人的轨迹在实际生产中是被广泛应用的。由此制作的轨迹不仅更精准，而且周期短。

在其他三维软件中制作一个工件模型，将工件的外轮廓与内轮廓进行去毛刺打磨。要求采用离线的方式进行编程，并采用程序修正的方法使离线程序适用于真实工作站。

第八章　基础焊接工作站操作编程

【学习目标】

（1）熟悉焊接工作站的布局及其设备，了解焊接工作站使用的意义。

（2）了解工作站新工具坐标系的意义，熟悉工作站工具坐标系、用户坐标系的设定方法。

（3）熟悉焊接指令的设定与使用方法。

（4）熟悉典型焊接轨迹的编程。

【知识储备】

（1）焊接工作站。机器人焊接工作站是从事焊接的工业机器人的系统集成，它主要包括工业机器人和电焊设备两部分。其中，工业机器人由机器人本体和控制柜（硬件及软件）组成；而电焊设备，以弧焊和点焊为例，则由焊接电源（包括其控制系统）、送丝机（弧焊）、焊枪（钳）、变位机等部分组成。对于智能机器人而言，还应配有传感系统，如激光或摄像传感器及其控制装置等。

典型的机器人焊接工作站主要包括工业机器人、控制柜、电焊设备、工装台、烟尘净化器、安全房等部分，另外工装台也可由变位机替代。

焊接机器人在整个工业机器人应用中占总量的40%以上，占比之所以如此之大，是与焊接这个行业的特殊性密不可分的。焊接被誉为工业“裁缝”，是工业生产中非常重要的加工手段，焊接质量的好坏对产品质量起决定性作用。但是由于焊接烟尘、弧光、金属飞溅的存在，使得焊接的工作环境非常恶劣。因此，焊接机器人的应用对焊接行业具有十分重要的意义。

1）稳定和提高了焊接质量，保证其均一性。焊接参数如焊接电流、电压、速度等对焊接结果均起着决定性的作用。人工焊接时，焊接速度等都是变化的，因此很难做到质量的均一性。采用机器人焊接时，对于每条焊缝来说焊接的参数都是恒定的，焊缝质量受人的因素影响较小，降低了对工人操作技术的要求，因此焊接质量是稳定的。

2）改善了工人的劳动条件。采用机器人焊接时，人员进行远程控制，远离了焊接弧光、烟雾和飞溅等；对于点焊来说，不再搬运笨重的手动焊钳，使工人从大强度的体力劳动中解脱出来。

3）提高了劳动生产率。机器人不会疲劳，可一天24小时连续生产；并且随着高速高效焊接技术的应用，机器人焊接效率的提高将更加明显。

4）产品周期明确，容易控制产品质量。机器人的生产节拍是固定的，因此安排生产计划非常明确。

5）可缩短产品改型换代的周期，减小相应的设备投资。机器人的运用既可以实现小批量产品的焊接自动化，又能通过修改程序用于不同工件的生产。

（2）电焊设备认知。电焊设备主要由焊接电源、自动送丝机和焊枪（钳）组成。

1）焊接电源。焊接电源是为焊接提供电流、电压，并具有适合该焊接方法所要求的输出特性的设备，如图 8-1 所示。

普通焊接电源的工作原理和变压器相似，是一个降压变压器，如图 8-2 所示。在二次线圈的两端是焊件和焊枪。引燃电弧，在电弧的高温中产生热源将焊件的缝隙和焊丝熔接。

图 8-1　林肯 IDEALARC®DC600 弧焊电源

扫一扫
见彩图

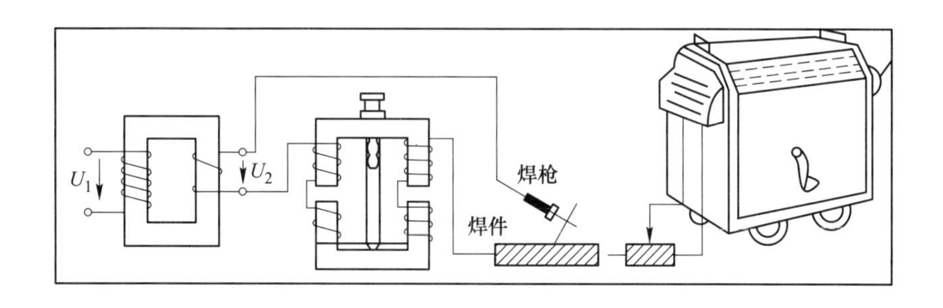

图 8-2　焊接电源的基础原理图

2）自动送丝机。自动送丝机是在微机控制下，可以根据设定的参数连续稳定地送出焊丝的自动化送丝装置，如图 8-3 所示。

自动送丝机一般由控制部分提供参数设置，驱动部分在控制部分的控制下进行送丝驱动，送丝嘴部分将焊丝送到焊枪位置。自动送丝机主要应用于手工焊接自动送丝、自动氩弧焊自动送丝、等离子焊自动送丝和激光焊自动送丝。

3）焊枪。焊枪是焊接过程中执行焊接操作的设备，它使用灵活、方便快捷、工艺简单。工业机器人焊枪还专门配有与机器人末端匹配的连接法兰，如图 8-4 所示。

图 8-3 自动送丝机

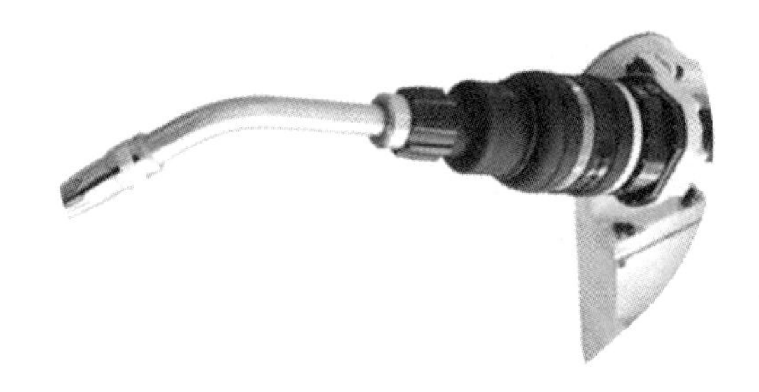

图 8-4 工业机器人的焊枪

焊枪功率的大小，取决于焊接电源的功率和焊接材质。焊枪将由焊接电源的高电流、高电压产生的热量聚集在焊枪终端，熔化焊丝。融化的焊丝材料渗透到需焊接的部位，冷却后焊丝材料将焊接的物体牢固地连接成一体。

第一节 焊接工作站设定

一、坐标系的标定

（一）工具坐标系的设定

工具坐标系在坐标系设定界面上进行定义，默认设置下可定义 10 个工具坐标系，并可根据情况进行切换，或者通过改写如下系统变量来定义：

在 $MNUTOOL[group,*i*]（坐标系号码 *i*=1，2，…，10）中设定值；

在 $MNUTOOLNUM[group]中，设定将要使用的工具坐标系号码。

如果 10 个工具坐标系无法满足任务的需求，也可通过以下方法将工具坐标系编号最多增加到 29 个：

（1）进行控制启动；

（2）按示教器上的〈MENU〉（主菜单）键；

（3）选择“4 系统变量”；

（4）将系统变量 SSCR. $MAXNUMUTOOL 的值改写为希望增大的值（最多 29 个）；

（5）执行冷启动。

设定工具坐标系的方法有三点示教法（TCP 点自动设定）、六点示教法、直接示教法和两点+Z 值示教法。

（1）三点示教法。三点示教法中，只可以设定工具中心点位置（X，Y，Z），工具姿势（W，P，R）中输入标准值（0，0，0）。在设定完位置后，以六点示教法或直接示教法来定义工具姿势。

（2）六点示教法。六点示教法与三点示教法一样地设定工具中心点，然后设定工具姿势（W，P，R）。六点示教法包括六点（XY）示教法和六点（XZ）示教法。六点（XZ）示教法中的其他三点包括空间的任意 1 点、与工具坐标系平行的 X 轴方向的 1 点、XZ 平面上的 1 点。

（3）直接示教法。直接示教法是直接输入 TCP 的位置 X、Y、Z 的值和机械接口坐标系的 X 轴、Y 轴、Z 轴周围的工具坐标系的回转角 W、P、R 的值。

（4）两点+Z 值示教法。两点+Z 值示教法可以设定无法相对于世界坐标系的 XY 平面使工具倾斜的机器人（主要是 4 轴机器人）的工具中心点。对于某个已被固定的点，在不同的姿势下以指向该点的方式示教接近点 1、2。由这两个接近点计算并设定工具坐标系的 X 和 Y，工具坐标系的 Z 值，通过规尺等测量并直接输入。同时直接输入工具姿势（W、P、R）的值（法兰盘面的朝向与工具姿势相同时，请全都设定为 0）。

（二）采用三点法设定工具坐标系

机器人默认的工具坐标系原点（TCP）在 J6 轴的法兰盘中心的位置。从事焊接的工业机器人需要在 J6 轴的法兰盘上安装上焊枪或者焊钳，因此新的 TCP 应该位于焊枪（钳）的焊接工作点上，所以在编程之前需要设定新的工具坐标系。

三点法就是使焊枪的尖点以三种不同的姿势指向空间内同一个点，并分别记录位置，由此自动计算新 TCP 的位置。为了保证新的 TCP 更精确，应使三种姿态的差异尽量大些。

具体步骤如下。

（1）按示教器上的〈MENU〉（主菜单）键，显示出菜单界面。

（2）选择“6 设置”。

（3）按〈F1〉键打开“类型”菜单，显示出界面切换菜单。

（4）选择“坐标系”。

（5）按〈F3〉键打开“坐标”菜单。

（6）选择“工具坐标系”，出现工具坐标系一览界面，如图 8-5 所示。

（7）将光标指向将要设定的工具坐标系号码所在行。

（8）按〈F2〉键选择“详细”，出现所选的坐标系号码的工具坐标系设定界面，如图 8-6 所示。

（9）按〈F2〉键打开“方法”菜单。

（10）选择“3 点记录”。

设置 坐标系 关节 30%

工具坐标系 /直接数值输入 1/9

	X	Y	Z	注释
1:	0.0	0.0	0.0	**********
2:	0.0	0.0	0.0	**********
3:	0.0	0.0	0.0	**********
4:	0.0	0.0	0.0	**********
5:	0.0	0.0	0.0	**********
6:	0.0	0.0	0.0	**********
7:	0.0	0.0	0.0	**********
8:	0.0	0.0	0.0	**********
9:	0.0	0.0	0.0	**********

选择完成的工具坐标号码[G:1]=1

[类型] 详细 [坐标] 清除 设定号码

图 8-5 工具坐标系一览界面

设置 坐标系 关节 30%

工具坐标系 3点记录 1/4

坐标系: 1

X:	0.0	Y:	0.0	Z:	0.0
W:	0.0	P:	0.0	R:	0.0

注释: Tool1

参照点1: 未示教

参照点2: 未示教

参照点3: 未示教

选择完成的工具坐标号码[G:1]=1

[类型] [方法] 坐标号码

图 8-6 工具坐标系设定界面

(11) 输入注释。

1) 将光标移动到注释行，按〈Enter〉键；

2) 选择使用单词、英文字母；

3) 按适当的功能键，输入注释；

4) 注释输入完后，按〈Enter〉键。

(12) 记录各参照点：

1) 将光标移动到各参照点；

2) 在点动方式下将机器人移动到应进行记录的点；

3) 在按住〈Shift〉键的同时，按〈F5〉键选择“位置记录”，将当前值的数据作为参照点输入，显示“记录完成”，如图 8-7 所示；

4) 对所有参照点都进行示教后，显示“设定完成”，工具坐标系即被设定，如图 8-8 所示。

(13) 在按住〈Shift〉键的同时按〈F4〉键选择“位置移动”，即可使机器人移动到所记录的点。

设置 坐标系 关节 30%

参照点1: 记录完成
参照点2: 记录完成
参照点3: 未示教

选择完成的工具坐标号码[G:1]=1
[类型] [方法] 坐标号码 位置移动 位置记录

图 8-7 显示“记录完成”

设置 坐标系 关节 30%
工具 坐标系 3点记录 4/4
坐标系: 1
X: 100.0 Y: 0.0 Z: 120.0
W: 0.0 P: 0.0 R: 0.0

注释: Tool1
参照点1: 设定完成
参照点2: 设定完成
参照点3: 设定完成

选择完成的工具坐标号码[G:1]=1
[类型] [方法] 坐标号码 位置移动 位置记录

图 8-8 显示“设定完成”

（14）要确认已记录的各点的位置数据，将光标指向各参照点，按〈Enter〉键，出现各点的位置数据的位置详细界面。要返回原先的界面，按〈PREV〉（返回）键。

（15）按〈PREV〉键，显示工具坐标系一览界面，如图 8-9 所示。可以确认所有工具坐标系的设定值。

设置 坐标系 关节 30%
工具坐标系 直接数值输入 1/9

	X	Y	Z	注释
1:	100.0	0.0	0.0	**********
2:	0.0	0.0	0.0	**********
3:	0.0	0.0	0.0	**********
4:	0.0	0.0	0.0	**********
5:	0.0	0.0	0.0	**********
6:	0.0	0.0	0.0	**********
7:	0.0	0.0	0.0	**********
8:	0.0	0.0	0.0	**********
9:	0.0	0.0	0.0	**********

选择完成的工具坐标号码[G:1]=1
[类型] 详细 [坐标] 清除 设定号码

图 8-9 工具坐标系一览界面

（16）要将所设定的工具坐标系作为当前有效的工具坐标系来使用，按〈F5〉键选择“设定号码”，并输入坐标系号码。

（17）要擦除所设定的坐标系的数据，按〈F4〉键选择“清除”。

（三）用户坐标系的设定

通过坐标系设定界面定义用户坐标系时，可定义 9 个用户坐标系，并可根据情况进行切换，下列系统变量将被改写：

在$MNUFRAME[group1,i]（坐标系号码 i=1，2，…，9）中设定值；

在$MNUFRAMENUM[group1] 中，设定将要使用的用户坐标系号码。

如果九个用户坐标系无法满足任务的需求，可通过如下方法来将用户坐标系编号最多增加到 61 个：

（1）进行控制启动；

（2）按示教器上的〈MENU〉（主菜单）键；

（3）选择“4 Variables”；

（4）将系统变量$SCR. $MAXNUMUFRAM 的值改写为希望增大的值（最多 61 个）；

（5）执行冷启动。

设定用户坐标系的方法有三点示教法、四点示教法和直接示教法。

（1）三点示教法。三点示教法是对 3 点，即坐标系的原点、X 轴方向的 1 点、XY 平面上的 1 点进行示教。

（2）四点示教法四点示教法。是对 4 点，即平行于坐标系的 X 轴的开始点、X 轴方向的 1 点、*XY* 平面上的 1 点、坐标系的原点进行示教。

（3）直接示教法。直接示教法是直接输入相对世界坐标系的用户坐标系原点的位置（X，Y，Z）和世界坐标系的 X 轴、Y 轴、Z 轴周围的回转角（W，P，R）的值。

（四）采用三点法设定用户坐标系

使焊枪的尖点靠近工件台的一个顶点，记录此位置作为坐标系的原点；机器人沿着工件台的某一边缘运动到下一点，记录位置作为 X 轴方向上的点，此运动方向为坐标系 X 轴正方向；机器人沿着与上次方向垂直并平行于工件台表面的方向运动到第三点，记录位置，此运动方向为坐标系 Y 轴正方向；Z 轴正方向则根据右手定则自动生成。

具体步骤如下。

（1）按示教器上的〈MENU〉（主菜单）键，显示出菜单界面。

（2）选择“6 设置”。

（3）按〈F1〉键打开“类型”菜单，显示出界面切换菜单。

（4）选择“坐标系”。

（5）按〈F3〉键打开“坐标”菜单。

（6）选择“用户坐标系”，出现用户坐标系一览界面，如图 8-10 所示。

（7）将光标指向将要设定的用户坐标系号码所在行。

（8）按〈F2〉键选择“详细”，出现所选的坐标系号码的用户坐标系设定界面，如图 8-11 所示。

（9）按〈F2〉键打开“方法”菜单。

（10）选择“3 点记录”。

（11）输入注释：

1）将光标移动到注释行，按〈Enter〉键；

设置 坐标系				关节 30%
用户 坐标系		/直接数值输入		1/9
	X	Y	Z	注释
1:	0.0	0.0	0.0	**********
2:	0.0	0.0	0.0	**********
3:	0.0	0.0	0.0	**********
4:	0.0	0.0	0.0	**********
5:	0.0	0.0	0.0	**********
6:	0.0	0.0	0.0	**********
7:	0.0	0.0	0.0	**********
8:	0.0	0.0	0.0	**********
9:	0.0	0.0	0.0	**********

选择完成的工具坐标号码[G:1]=1

[类型]　详细　[坐标]　清除　设定　>

图 8-10 用户坐标系一览界面

设置 坐标系　　关节 30%

用户 坐标系　3点记录　　1/4

坐标系: 1

X:	0.0	Y:	0.0	Z:	0.0
W:	0.0	P:	0.0	R:	0.0

1	注释:	**********
2	坐标原点:	未示教
3	X轴方向:	未示教
4	Y轴方向:	未示教

已经选择的用户坐标号码[G:1]=1

[类型] [方法]　坐标号码

图 8-11 用户坐标系设定界面

2）选择使用单词、英文字母中的一个来输入注释；

3）按适当的功能键，输入注释；

4）注释输入完后，按〈Enter〉键。

(12）记录各参考点：

1）将光标移动到各参考点；

2）在点动方式下将机器人移动到应进行记录的点；

3）在按住〈Shift〉键的同时，按〈F5〉键选择“位置记录”，将当前值的数据作为参考点输入，显示“记录完成”，如图 8-12 所示；

设置 坐标系　　关节 30%

2	坐标原点:	记录完成
3	X轴方向:	记录完成
4	Y轴方向:	未示教

[类型] [方法]　坐标号码　位置移动　位置记录

图 8-12 显示“记录完成”

4）对所有参考点都进行示教后，显示“设定完成”，用户坐标系即被设定，如图 8-13

所示。

(13) 在按住〈Shift〉键的同时按〈F4〉键选择“位置移动”，即可使机器人移动到所记录的点。

(14) 要确认已记录的各点的位置数据，将光标指向各参考点，按〈Enter〉键，出现各点的位置数据的详细界面。要返回原先的界面，按下〈PREV〉键。

(15) 按〈PREV〉键，显示用户坐标系一览界面，可以确认所有用户坐标系的设定值，如图 8-14 所示。

设置 坐标系 关节 30%
用户 坐标系 3点记录 4/4
坐标系: 1

X:	1243.6	Y:	0.0	Z:	10.0
W:	0.123	P:	2.34	R:	3.2

注释:	Basic frame
坐标原点:	设定完成
X轴方向:	设定完成
Y轴方向:	设定完成

已经选择的用户坐标号码[G:1]=1
[类型] [方法] 坐标号码 位置移动 位置记录

图 8-13 显示“设定完成”

设置 坐标系 关节 30%
用户 坐标系 3点记录 1/9

	X	Y	Z	注释
1:	1243.6	0.0	43.8	Basic frame
2:	0.0	0.0	0.0	
3:	0.0	0.0	0.0	
4:	0.0	0.0	0.0	
5:	0.0	0.0	0.0	
6:	0.0	0.0	0.0	
7:	0.0	0.0	0.0	
8:	0.0	0.0	0.0	
9:	0.0	0.0	0.0	

已经选择的用户坐标号码[G:1]=1
[类型] 详细 [坐标] 清除 设定 >

图 8-14 用户坐标系一览界面

(16) 要将所设定的用户坐标系作为当前有效的用户坐标系来使用，按〈F5〉键选择“设定”，并输入坐标系号码。

(17) 要擦除所设定的坐标系的数据，按〈F4〉键选择“清除”。

二、焊接数据的设定

焊接机器人的软件系统中包含专用的焊接程序，操作者可以通过对机器人焊接参数的设置来控制电焊设备工作。按示教器上的〈DATA〉键，会显示出焊接程序设定界面，如图 8-15 所示。

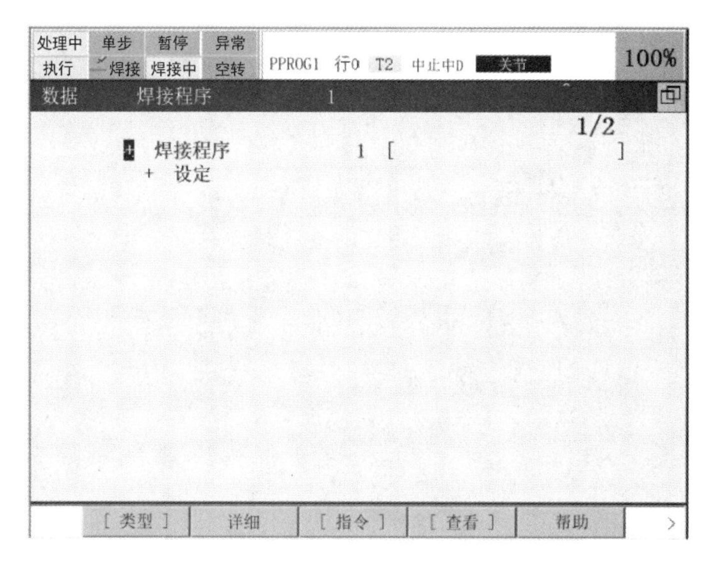

图 8-15　焊接程序设定界面

将光标移动到焊接程序前的“+”的位置，按〈F2〉键选择“详细”，展开程序的详细内容，如图 8-16 所示。焊接程序内的参数是对焊接过程中设备的焊接处理动作是否执行和执行条件的设定，具体说明见表 8-1。

表 8-1　焊接程序参数

项　目	说　　明
焊接设备	焊接设备的装置编号
焊机制造商	焊接装置的制造商名称
机种	焊接装置的种类
文件名称	保存有焊接数据的文件名
设定	每个焊接数据中能都定义的焊接条件数，可以进行变更
启动处理	启动处理是为了在焊接开始时使得焊接启动能够顺畅地进行，通常的指令值高于焊接条件
后处理	焊丝后处理功能用于在送丝结束后，在适当的时间，通过施加电压来放置焊丝和工件的熔敷
熔敷解除	熔敷解除功能是在弧焊结束时已经熔敷（焊丝黏合在工件上）的情况下，短时间内稍微施加电压来熔断熔敷的部位
焊接设定倾斜	启用该功能后，允许用户在指定区间内逐渐增减弧焊的指令值（电压、电流等），使焊接条件的参数平稳变化
气体清洗	到达焊接位置之前，预先喷出气体进行清洗处理
预送气	从到达焊接位置的时刻起到电弧信号产生的时刻为止喷出气体所需的时间
滞后送气	电弧信号结束后到喷出气体所需的时间
收弧时间	一般输入与弧坑处理时间相同的值，即可在机器人动作中执行弧坑处理

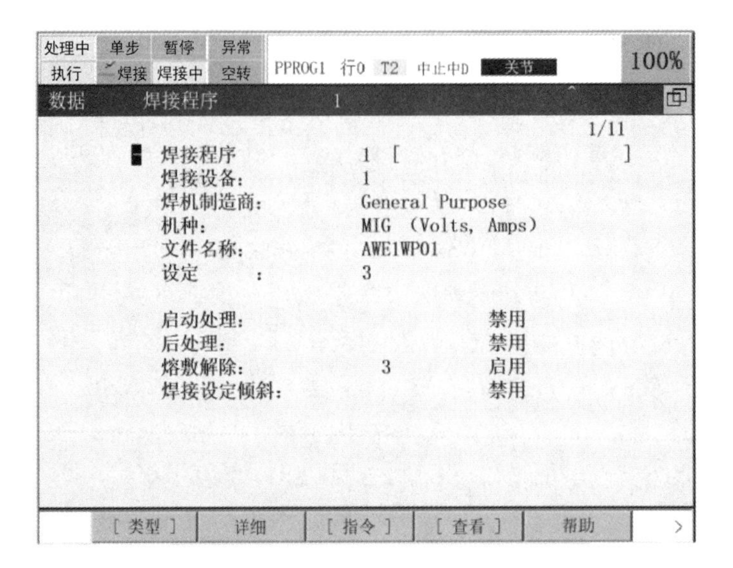

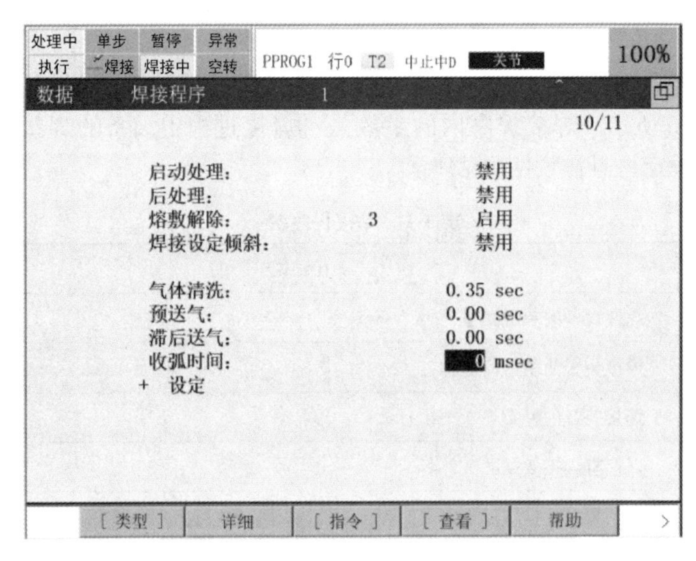

图 8-16 焊接程序详细内容

将光标移动到焊接程序前的“-”位置，按〈F2〉键选择“详细”，关闭程序详细内容。同理打开“设定”的详细内容，如图 8-17 所示。设定中的内容是关于焊接电压、电流以及焊接速度等，其说明见表 8-2。

表 8-2 焊接程序设定参数

项 目	说 明
Volts	焊接电压
Amps	焊接电流
速度	在电弧开始到电弧结束期间作为动作指令的速度来使用
时间	通过电弧结束指令所执行的弧坑处理的时间

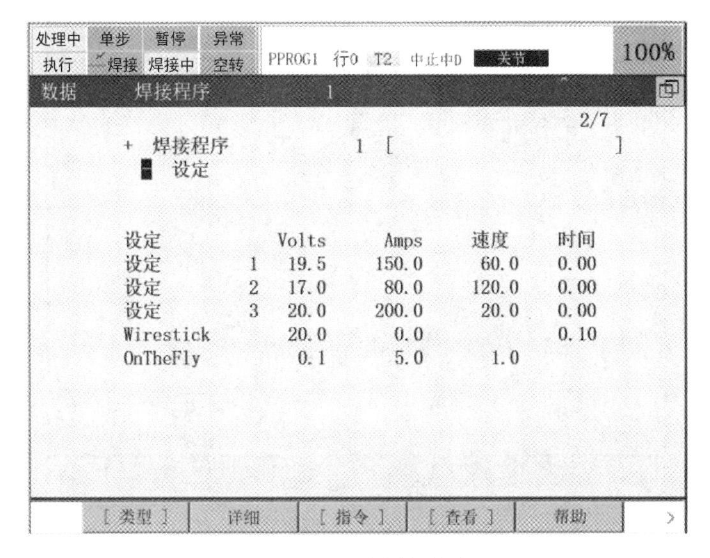

图 8-17　设定详细内容

针对每一台电焊设备可定义 20 组焊接数据（焊接程序），32 组焊接条件（设定）。那么如何创建一个新的焊接程序（焊接数据）？

（1）按〈F3〉键打开“指令”菜单，选择“创建程序”，如图 8-18 所示。

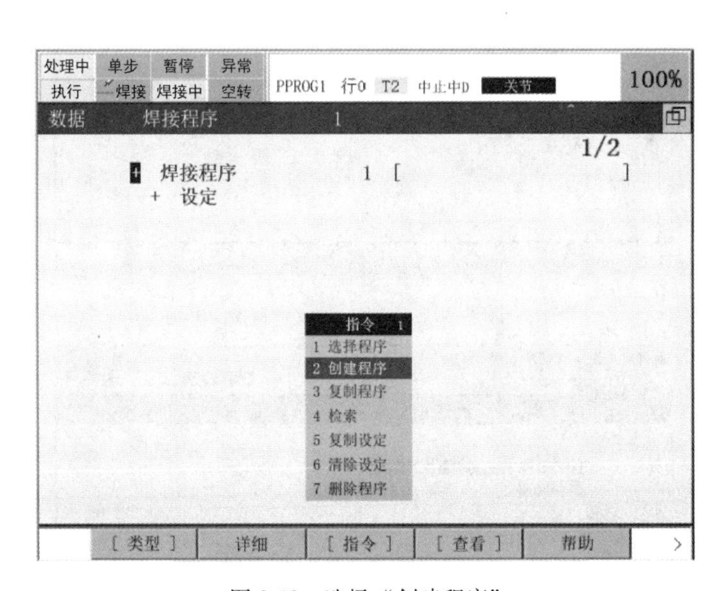

图 8-18　选择“创建程序”

（2）输入新的程序编号，按〈Enter〉键，如图 8-19 所示。

（3）机器人提供典型的焊接方案设置向导，如果不使用此方案，按〈F4〉键选择“否”，如果使用，按〈F3〉键选择“是”，如图 8-20 所示。

（4）使用设置向导后可对焊丝的直径、材质、焊接的类型等参数进行调整，按〈F5〉键选择“完成”，如图 8-21 所示。

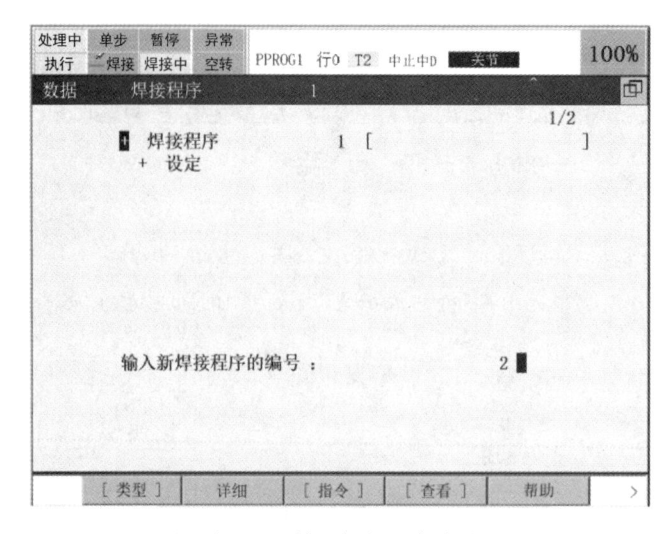

图 8-19 输入新的程序编号

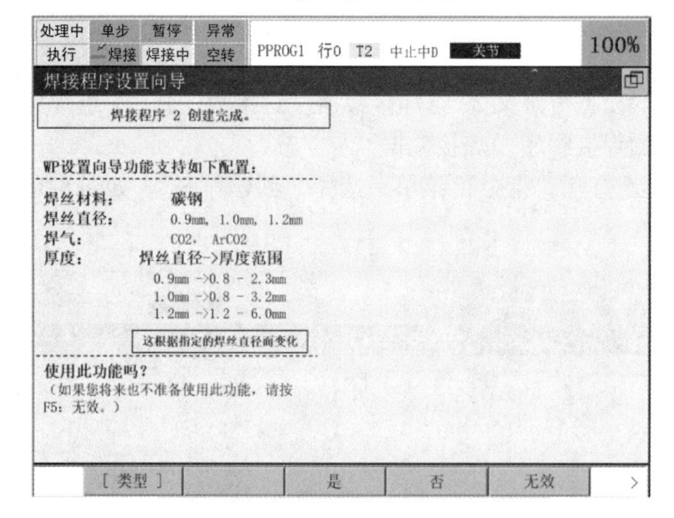

图 8-20 焊接方案设置向导

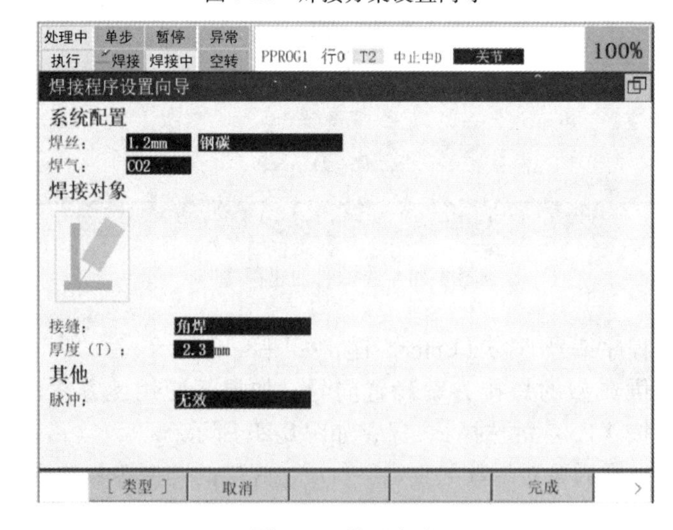

图 8-21 设置完成

（5）新的焊接程序创建完成后，如果界面没有显示，按〈F4〉键打开“查看”菜单，选择“单个/多个”，如图 8-22 所示。

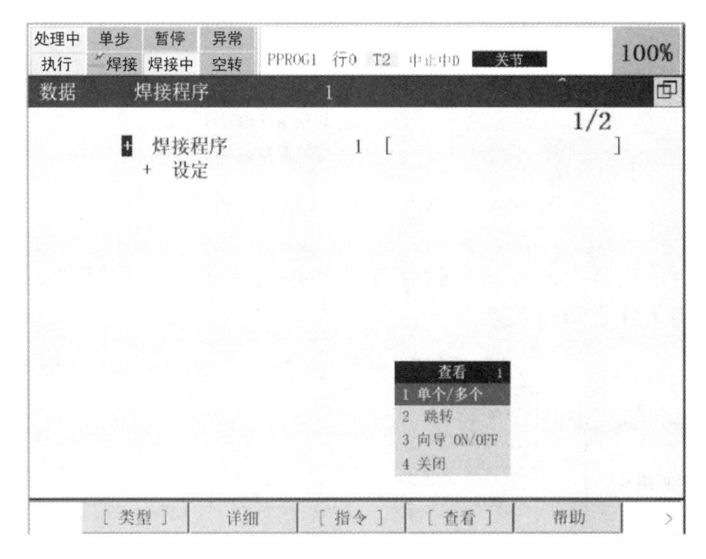

图 8-22　查看

第二节　焊接指令的使用

焊接指令是向机器人指定何时、如何进行焊接的指令。机器人在执行焊接开始指令和焊接结束指令之间所示教的动作语句的过程中进行焊接作业，如图 8-23 所示。

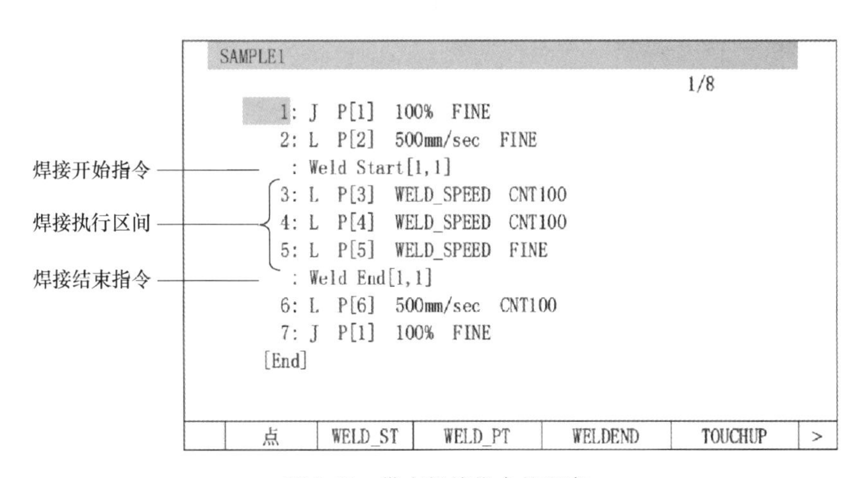

图 8-23　带有焊接指令的程序

焊接指令主要有焊接开始指令和焊接结束指令，其中各自包含两种设定形式，主要区别在于焊接电压和电流方面的设定。一种设定形式可以采用焊接程序中的预设定的数据，另一种设定形式是在指令中直接输入电压和电流的大小。

一、焊接开始指令

焊接开始指令（指定条件编号）如图 8-24 所示。

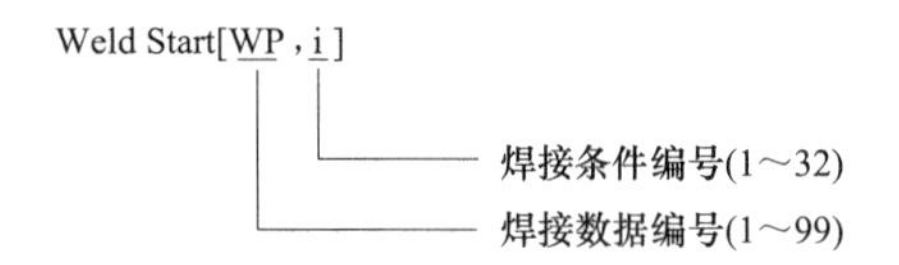

图 8-24 焊接开始指令（指定条件编号）

焊接开始指令是机器人开始执行焊接作业的控制指令，图 8-25 所示为焊接开始指令与焊接数据、焊接条件之间的关系。

Weld Start[2，1]

焊接数据编号

焊接条件编号
焊接电压：16.0 V
焊接电流：140.0 A

数据 焊接程序

1/14

\+ 焊接程序 1 [ ]
\+ 设定

\+ 焊接程序 2 [ ]
\- 设定

设定		Volts	Amps	速度	时间
设定	1	16.0	140.0	50.0	0.00
设定	2	18.0	160.0	50.0	0.00
设定	3	20.0	180.0	50.0	0.15
后处理		20.0	0.0		0.10
熔敷解除		20.0	0.0		0.10
焊接微调整		0.1	5.0	1.0	

[类型] 详细 [指令] [查看] 帮助

图 8-25 焊接开始指令与焊接数据、焊接条件的关系

当使用图 8-26 所示的焊接开始指令（设定条件值）时，可在 TP 程序中直接指定焊接电压和焊接电流（或送丝速度）后开始焊接。

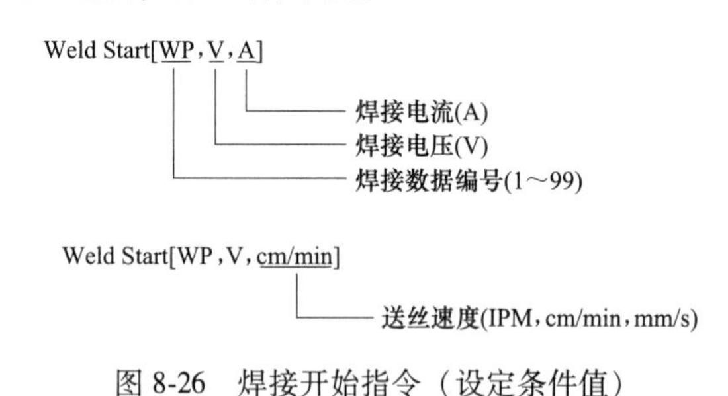

图 8-26 焊接开始指令（设定条件值）

二、焊接结束指令

焊接结束指令（指定条件编号）如图 8-27 所示。

焊接结束指令是机器人结束指定焊接作业的控制指令，图 8-28 所示为焊接结束指令与焊接数据、焊接条件之间的关系。

当使用图 8-29 所示的焊接结束指令时，可在 TP 程序中直接指定弧坑处理电压、弧坑处理电流（或送丝速度）和弧坑处理时间。

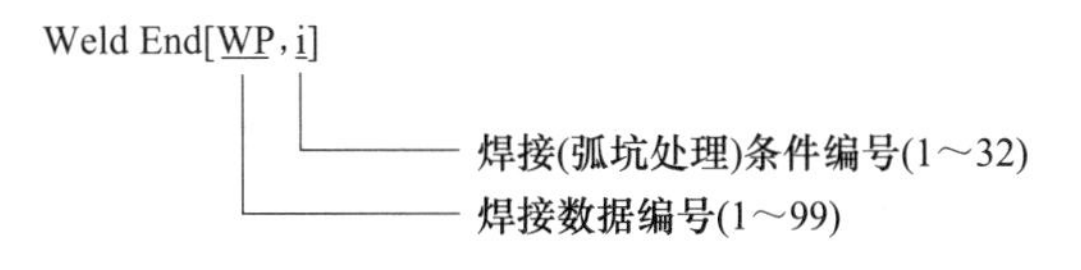

图 8-27　焊接结束指令（指定条件编号）

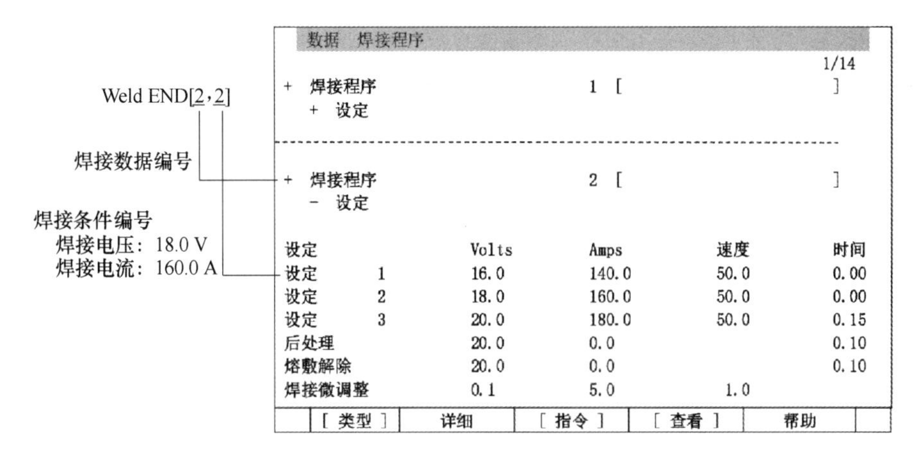

图 8-28　焊接结束指令与焊接数据、焊接条件的关系

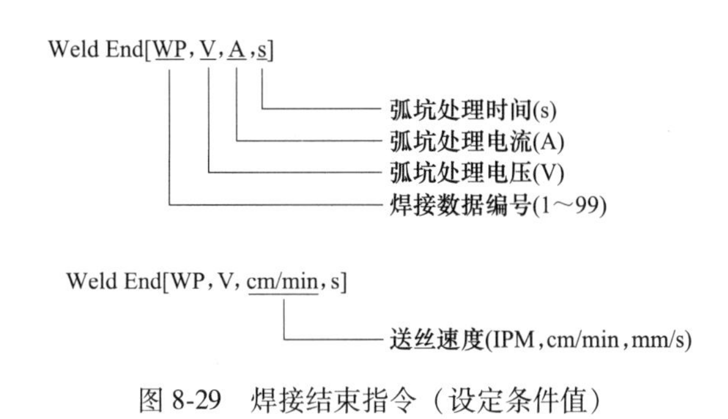

图 8-29　焊接结束指令（设定条件值）

第三节　焊接轨迹示教编程

ROBOGUIDE 软件中的虚拟仿真焊接工作站，选用焊接机器人 FANUC R-2000IB/165F 的三维模型。

工件焊缝由一段圆弧和一条直线构成，焊接过程是焊枪先抵达远端的圆弧的开始点，沿着圆弧运动，焊枪同步调整姿态，到达圆弧末端时再次调整姿态以进入直线段的焊接，并保持姿态固定直至焊接完成。

焊接程序如下：

1:J P[1]100% FINE　　（在机器人进行工作之前都应记录一个 HOME 点）
2:L P[2]1000 mm/sec FINE　　（TCP 到达焊接始端的接近点）

```
3:L P[3]100 mm/see FINE         (焊枪在接近点调整姿态)
4:L P[4]100 mm/sec FINE         (到达焊接开始点)
5:  Weld Start[1,1]             (启动焊接程序开始焊接)
6:C P[5]                        (圆弧轨迹的中间点)
 :   P[6]50 mm/sec FINE         (圆弧轨迹的末端)
7:L P[7]2000 mm/sec FINE        (焊枪在圆弧轨迹与直线轨迹汇合处调整姿态)
8:L P[8]50 mm/sec FINE          (到达焊接的末端点)
9:  Weld End[1,2]               (关闭焊接程序停止焊接)
10:L P[1]1000 mm/sec FTNE       (使机器人回到 HOME 点)
```

第四节 实 训

焊接工艺参数是指焊接时，为保证焊接质量而选定的各种物理量（如焊接电流、电弧电压、焊接速度、热输入等）的总称。焊条电弧焊的焊接工艺参数主要包括焊条直径、焊接电流、电弧电压、焊接速度和预热温度等。

请选取一种焊接参数，采用控制变量法，调研分析该参数的变化对焊接效果的影响。

第九章　带外部轴焊接工作站操作编程

【学习目标】

（1）认识外部轴的常见类型，了解不同外部轴的应用场景。
（2）认识外部轴的硬件，了解外部轴硬件连接。
（3）熟悉变位机的设置过程，掌握外部轴添加的方法。
（4）熟悉相关控制指令的使用，掌握带有变位机的机器人编程方法。

【知识储备】

（1）外部轴概述。在焊接、零部件加工、货物分类码垛等复杂的工况环境下，机器人并不是独立工作的，通常是和自身控制下的导轨、变位机、转台等外部附加的运动机构配合工作。这类能产生一定自由度，并且接受机器人伺服控制的运动机构被称为机器人的外部附加轴，简称外部轴或附加轴。

机器人与外部轴组成的工作站在焊接、搬运、码垛、喷涂等领域应用广泛，尤其是焊接领域，外部轴的应用不仅提高了机器人焊接的效率，而且对于复杂焊接工艺和施焊操作的实现起到了决定性的作用。

（2）外部轴的分类及应用。按照外部轴运动方式的不同，可以将其分成旋转轴和直线轴；按照所能实现的功能不同，可以将其分为变位机和行走轴。实际运用中变位机一般是旋转轴的形式，而行走轴一般是直线轴的形式。

1）变位机。变位机是专用的焊接辅助设备，适用于回转工作的焊接变位，包含一个或者多个变位机轴。变位机在焊接过程中使工件发生平移、旋转、翻转等位置变动，与机器人同步运动或者非同步运动，从而得到理想的加工位置和焊接速度。在复杂的焊接场景中，变位机还可与机器人之间实现协调运动。图 9-1 所示为一个焊接机器人和单回转式的变位机组成的焊接工作站。

变位机按照自由度划分可分为单回转式和双回转式，同种类型的变位机会根据不同的加工需求产生外形的差异。

单回转式变位机只能绕一个轴向旋转，旋转轴的位置和方向固定不变，如图 9-2 所示；双回转式变位机有两个旋转轴，回转轴的位置和轴向随着翻转轴的转动而发生变化，如图 9-3 所示。

2）行走轴。工业机器人本身的工作范围是有限的，而有些作业要求机器人拥有更大的工作空间。为了解决这一问题，需要让机器人本体的位置发生改变，这就需要通过为其安装行走系统来实现。行走轴可以使机器人整体在其世界坐标系某一轴向做平移运动。安装单个行走轴的机器人（一般为 6 轴）通常被称为 7 轴机器人，在直角坐标系运动中七个轴共同合成 TCP 的运动。

行走轴广泛适用于机床工件上下料、焊接、装配、喷涂、搬运、码垛等需要机器人做较大范围移动的作业场景。图 9-4 所示的机器人被安装在行走轴的滑动小车上，在其世界坐标系的 Y 轴方向上获得了非常大的活动空间。

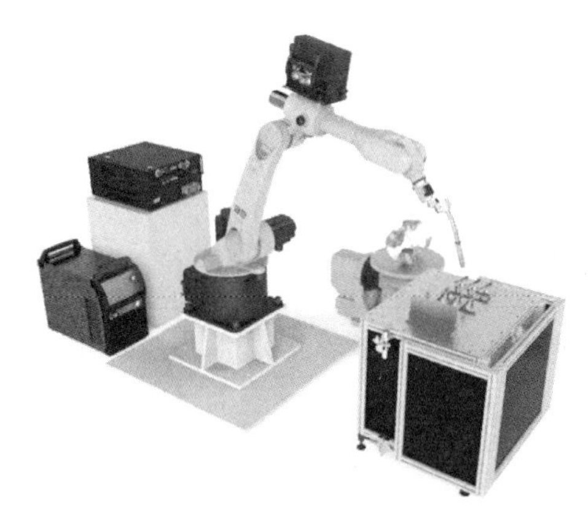

图 9-1 机器人与变位机组成的焊接工作站

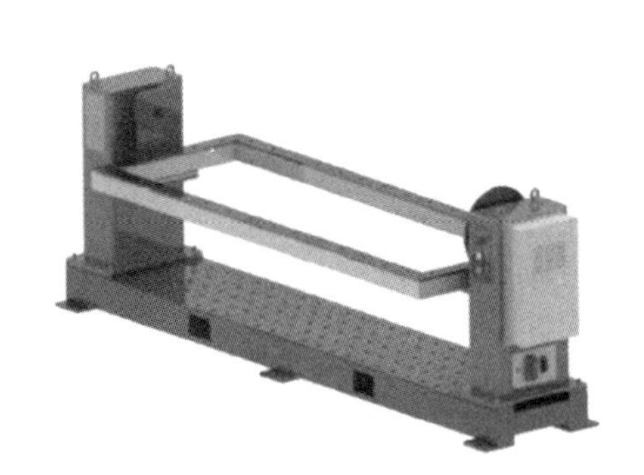

图 9-2 单回转式变位机

图 9-3 双回转式变位机

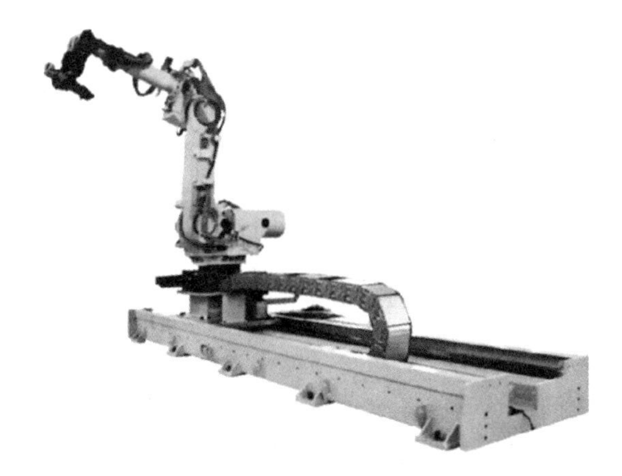

图 9-4 机器人与行走轴

第一节 硬件连接与设定

工业机器人外部轴系统由专用的硬件和软件作为支撑，并通过一系列的系统设置才能构建起来。外部轴不仅可以是变位机、行走轴这两种常见类型，在 FANUC 机器人中也可以为控制器添加另外一台机器人作为本体的外部轴。

为了对所有的轴进行合理控制，控制系统将机器人本体轴与外部轴进行分组（每组最多九个轴）。这些轴组称为动作组或者运动组，每个动作组都拥有自己的组坐标系，而且操作相互独立。整个系统在运行时，不同动作组之间可进行同步或者非同步运动。

一、外部轴系统硬件的组成

外部轴系统硬件由轴控制卡、连接光纤、外部轴伺服放大器、连接电缆、外部轴伺服电机、外部抱闸单元、电池单元和外部轴机械装置组成。单个外部轴的硬件连接如图 9-5 所示。机器人与外部轴组成的多动作组系统如图 9-6 所示。

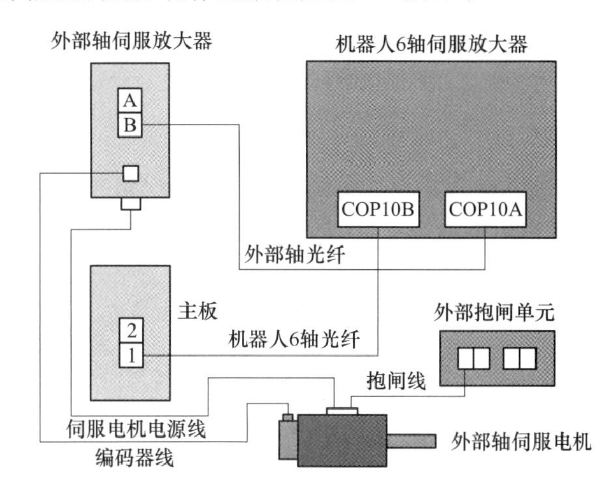

图 9-5　外部轴硬件连接示意图

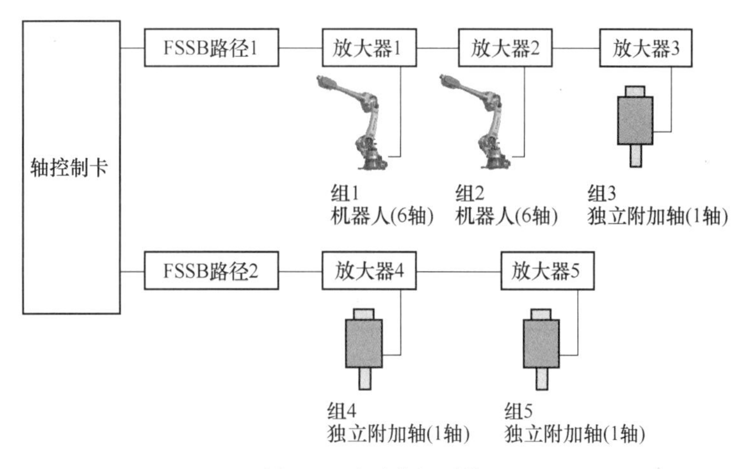

图 9-6　多动作组系统

（一）轴控制卡

轴控制卡位于机器人控制柜主板上，是建立 FSSB 路径的起始端。轴控制卡自带两个光纤接口，可建立两条 FSSB 路径，FSSB-3 和 FSSB-5 可通过在主板上添加附加轴卡的方式建立。

FSSB 路径是通过串联主板与各轴组（包括机器人轴组与外部轴组）而建立的一条伺服控制总线。

（二）连接光纤

光纤连接机器人控制柜主板和外部轴伺服放大器并建立 FSSB 路径。机器人通过 FSSB

路径与外部轴进行通信，传递控制信号及获取外部轴的位置信息。

(三) 外部轴伺服放大器

外部轴伺服放大器也叫外部轴伺服驱动器，按照其在光纤上的连接顺序自动编号，主要作用是接收来自机器人的控制信号，控制和驱动伺服电机。按照能同时驱动伺服电机的数量不同，外部轴伺服放大器有单轴、双轴和三轴之分。

(四) 连接电缆

连接电缆包括编码器线、伺服电机电源线和抱闸线。

(五) 外部轴伺服电机

外部轴伺服电机将电压信号转化为转矩和转速以驱动控制对象，能够控制速度和精确定位。伺服电机中安装有脉冲编码器，随时向机器人反馈自身的转速和位置信息。

(六) 外部抱闸单元

外部抱闸单元是为外部伺服电机提供抱闸的一个模块。每个抱闸模块有两个抱闸号，每个抱闸号有两个抱闸口，每个抱闸口可控制一台伺服电机。机器人本身的抱闸号为 1，并提供两个外部轴抱闸号，分别是 2 和 3。

(七) 电池单元

电池单元是为外部轴编码器供电的装置。

(八) 外部轴机械装置

外部轴机械装置是外部轴的表现形式，主要有行走轴和变位机。

二、外部轴控制软件和系统参数设定

(一) 外部轴控制软件

外部轴需要专用的控制软件支持，否则将不能添加到机器人系统中进行控制。根据外部附加轴的类型及用途，需安装相对应的软件。表 9-1 列举了常用外部轴控制软件及其功能。

表 9-1　常用外部轴控制软件及其功能

软件名称	软件代码	功 能 说 明
Basic Positioner	H896	用于变位机（能与机器人协调）
Independent Auxiliary Axis	H851	用于变位机（不能与机器人协调）
Extended Axis Control	J518	用于行走轴直线导轨
Multi-group Motion	J601	多组动作控制（必须安装）
Coord Motion Package	J686	协调运动控制（可选配）
Multi-robot Control	J605	多机器人控制

(二) FSSB 路径设置

FSSB 中存在有 1~3、5 共 4 路径，如图 9-7 所示，只要不是轴数较多的系统和多手臂系统（有 2 台以上机器人的系统），通常使用 FSSB 第 1 路径。只有在将附加轴连接于 FSSB 第 2 路径的情况下才需要设定连接于 FSSB 路径 1 的总轴数（轴数中也包含机器人的本体轴）。

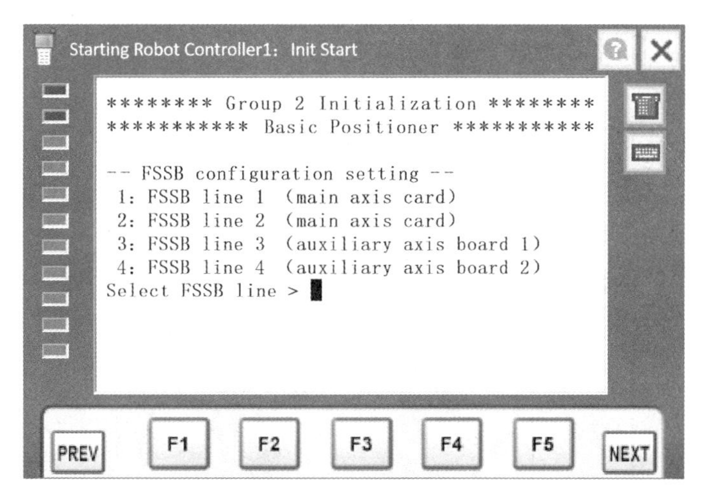

图 9-7 FSSB 路径系统设置

（三）外部轴开始轴号码

开始轴号码设定标准见表 9-2。

表 9-2 开始轴号码设定标准

FSSB 路径	有效的硬件开始轴号码
1	7～32（※1）
2	*～36（※2）
3	37～60（※3）
5	61～84（※4）

（1）机器人的轴数不到 6 轴时，也可以使用 7 以下的值。

（2）FSSB 第 2 路径的硬件开始轴号码的下限，根据连接在 FSSB 第 1 路径的轴数而不同。其中“*”等于连接于 FSSB 第 1 路径的轴数加 1。

（3）与连接于 FSSB 第 1、2 路径的轴数无关，FSSB 第 3 路径的硬件开始轴号码的下限为 37。

（4）与连接于 FSSB 第 1、2、3 路径的轴数无关，FSSB 第 5 路径的硬件开始轴号码的下限为 61。

示例：图 9-7 所示系统中各主要参数见表 9-3。

表 9-3 示例设定参考

运动组	FSSB 路径	硬件开始轴号码	放大器号码	FSSB 第 1 路径的总轴数
1	1	1	1	无须设定
2	1	7	2	无须设定
3	1	13	3	无须设定
4	2	14	4	13
5	2	15	5	13

第二节　单轴变位机焊接系统编程

单轴变位机常见的形式有焊接回转台和焊接翻转机，它们都只有一个回转轴或者翻转轴。焊接回转台是将工件绕垂直轴回转或者固定某一倾斜角度回转，主要用于回转体工件的焊接、堆焊与切割；焊接翻转机是将工件绕水平轴转动，使之处于有利的焊接位置，主要用于梁柱、框架的焊接。机器人与单轴变位机组成的系统如图 9-8 所示。

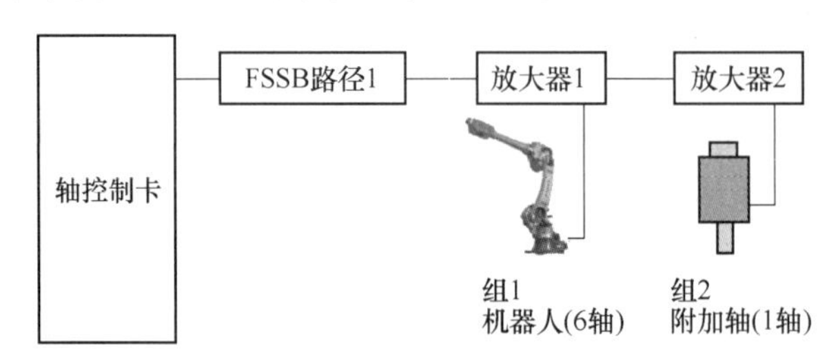

图 9-8　机器人与单轴变位机组成的系统

一、单轴变位机的系统设置

根据系统分析，变位机应属于不同于机器人（默认组 1 的运动组）的组。必须安装的软件是 Basic Positioner [H896] 和 Multi-group Motion [J601]，安装完成后系统中将产生第二个运动组。如果要实现变位机与机器人的协调动作可再追加 Coord Motion Package [J686]。软件安装完毕后，系统参数按照表 9-4 的内容进行配置。

表 9-4　单轴变位机系统配置

运动组	FSSB 路径	硬件开始轴号码	放大器号码	FSSB 第 1 路径的总轴数
1	1	1	1	无须设定
2	1	7	2	无须设定

注：运动组 2 是抱闸号取决于抱闸线连接的抱闸口，一般为 2 号抱闸。

变位机系统设置步骤如下。

(1) 执行控制开机操作。在按住〈PREV〉（返回）键和〈NEXT〉（下一页）键的同时，接通电源。然后选择“3：Controlled start”控制开机。

(2) 按示教器的〈MENU〉（主菜单）键，选择“9：MAINTENANCE”，出现轴组界面。将光标指向“Basic Positioner”，按〈F4〉键选择“MANUAL”。

(3) 进入 FSSB 路径设置界面，由于 GROUP2 位于 FSSB1，所以输入 1，按〈Enter〉键。

(4) 开始轴号取决于机器人轴数，以 6 轴机器人为例，所以第二组从第 7 轴开始。输入 7，按〈Enter〉键。

(5) 设置轴运动学类型。清楚各轴间的偏置量的情况下，选择“1：KnownKinematics”（运动学已知）；不清楚时，选择“2：Unknown Kinematics”（运动学未知）。一般选择 2，按〈Enter〉键。

（6）初始化设置。

1：显示或者修改。

2：增加轴。

3：删除。

4：退出。

输入2，按〈Enter〉键。

（7）进入电机设置界面。选择“1：StandardMethod”（标准方法）。

（8）选择电机的型号，参数在电机的标签上。如果当前界面没有发现匹配的电机型号，输入“0：Next page”。以aiF22为例，输入105，按〈Enter〉键。

（9）选择电机的转速。输入2，按〈Enter〉键。

（10）设定电机的最大电流控制值（放大器的最大允许电流值），输入7。

如果以上三步参数设置与实际不符则设置失败，必须返回重新设置。

（11）设置放大器编号。输入2，按〈Enter〉键。

（12）设置放大器种类：

“1”为机器人六轴放大器；

“2”为外部轴放大器。

输入2，按〈Enter〉键。

（13）设置轴的运动类型：

“1：Linear Axis”为直线运动。

“2：Rotary Axis”旋转运动。

输入2，按〈Enter〉键。

（14）设置轴绕着某一坐标轴旋转。输入3，按〈Enter〉键。

（15）输入轴的减速比，减速比的大小取决于减速器。假设齿轮的减速比为100，按〈Enter〉键。

（16）设置轴的最大速度。一般情况下保持默认，输入“2：No Change”，按〈Enter〉键。

（17）设置轴相对电机的方向。

若轴相对电机正转的旋转方向为正，则应输入TURE，有效；若为负，则应输入FALSE，无效。

输入“1：TURE”，按〈Enter〉键。

（18）设置轴运动范围上限值。以720°为例，输入720，按〈Enter〉键。

（19）设置轴运动范围下限值。以-720°为例，输入-720，按〈Enter〉键。

（20）设置零点标定位置。一般情况下以0°作为外部轴的零点。

（21）更改轴第一加减速时间常数设定。修改设置选择“1：Change”，使用当前建议值选择“2：No Change”。增加值的大小可使电机的加减速更平稳。

（22）若选择“1：Change”，则应输入值的大小。

（23）按照以上的方法设定轴第二加减速时间常数。

（24）设置指数加减速时间常数。需要更改时，输入“1：TURE”；不予更改时，输入“2：FALSE”。一般不予更改。

（25）设置最小加减速时间常数。需要更改时，输入“1：Change”；不予更改时，输入“2：No Change”。一般不予更改。

（26）设置相对电机轴换算总负载量的惯量比（相对转子惯量比）。不予设定输入“0：None”，一般情况下设置为3。

（27）设置抱闸号。根据硬件实际连接情况，一般设置为2。

（28）选择伺服是否自动关闭。有效的情况下，选择“1：TURE”，输入制动器控制延迟时间；不使用的情况下选择“2：FALSE”。一般情况下选择“1：TURE”。

（29）设定关闭伺服的延迟时间。一般设置10 s。

（30）确认后将返回步骤（6）界面。如果为多轴变位机请继续添加第二轴，也可删除已经添加的附加轴。

输入“4：Exit”，按〈Enter〉键系统将自行执行冷启动。

（31）冷启动完成后，外部轴需要进行脉冲复位和校准零点，完成后才可以进行示教编程。

二、组控制设置与相关指令

（一）变位机的手动控制

按示教器上的GROUP键，将机器人点动坐标系切换至“G2关节”，如图9-9所示。

ARC -121 Weld not performed (Sim mode)
PROG1 行0 自动 中止TED G2 关节

图9-9 将机器人点动坐标系切换至“G2关节”

按照点动机器人的方法，点动变位机即可。

（二）组掩码设置

在包含两个及以上动作组的系统中创建程序时，输入程序名称并按〈Enter〉键后会弹出图9-10所示的“程序详细”设置界面。组掩码中“1”的位置代表该程序以动作指令能控制的动作组，“*”的位置表示该程序不能以动作指令控制的动作组，可自定义程序控制的组号。图中表示的是“TEST001”这个程序以动作指令同时控制1组和2组运动。

为了方便理解，可以在“TEST001”程序中任意示教记录一个点的位置P[1]，并按〈F5〉键选择“位置HUP”，查看其位置信息，如图9-11所示。

图9-12所示为组1（机器人）在世界坐标系下TCP的位置。按〈F1〉键选择“组”，并输入2，会进入到组2位置信息的界面。图9-13显示的是组2的位置信息，因为变位机的运动形式为回转运动，所以记录的是角度信息。假设在组掩码设置中，该程序只控制机器人组，那么P[1]的位置信息将不包含变位机的角度信息。

以图9-11设置的程序为例，在组1世界坐标系下记录一点P[1]，点动机器人移动一个位置，切换至组2坐标系下并点动变位机转动一个角度，示教记录点P[2]的位置，两点确定一条轨迹。运行该程序，将会看到机器人和变位机先同时到达P[1]的位置，再同时到达P[2]的位置，最后同步停止。需要注意的是同步运行的速度是以同步组中最慢的一个组的最大限速为基准。

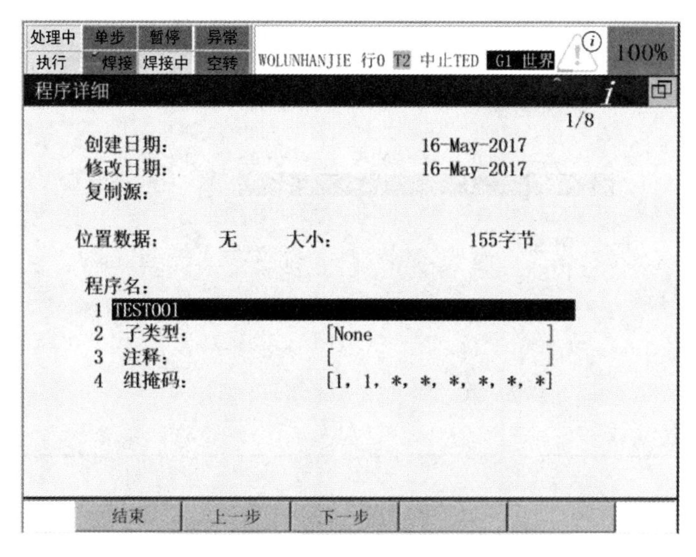

图 9-10 “程序详细”设置界面

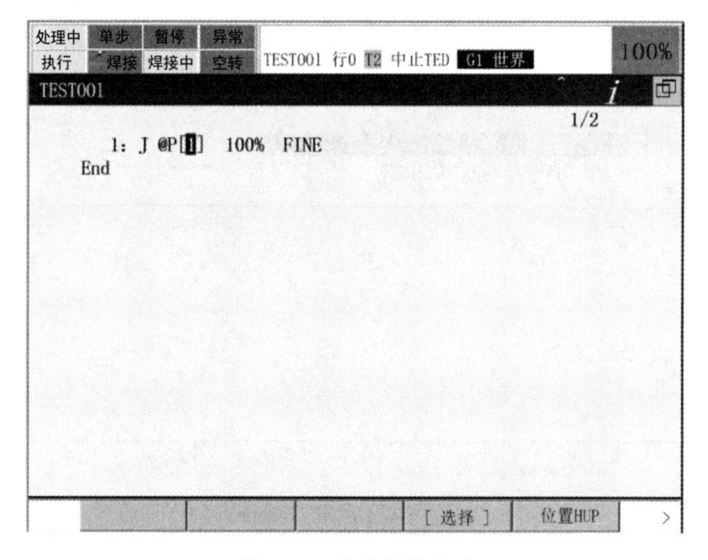

图 9-11 程序编辑界面

（三）多轴控制指令

要求机器人与外部轴的运动各自独立并且互不干扰时，可以使用多轴控制指令。多轴控制指令又称为程序执行指令，是用来控制多任务程序执行的指令，在程序执行中同时开始其他程序执行，如图 9-14 所示。

在使用多轴控制指令时要注意组掩码的设置。含有 RUN 指令的程序控制动作组与被执行的程序控制动作组不能有组掩码的交集，如图 9-15 所示。使用寄存器以及寄存器条件等待指令，可以使同时被执行的程序之间相互同步。

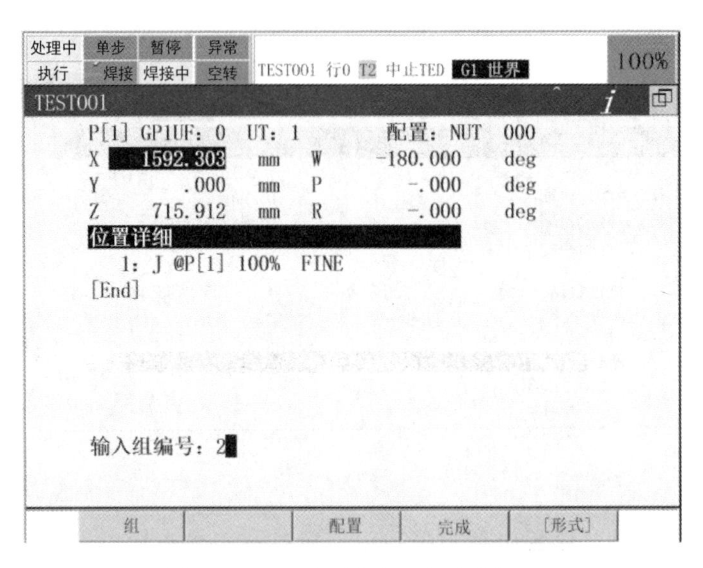

图 9-12 记录点动作组 1 的位置信息

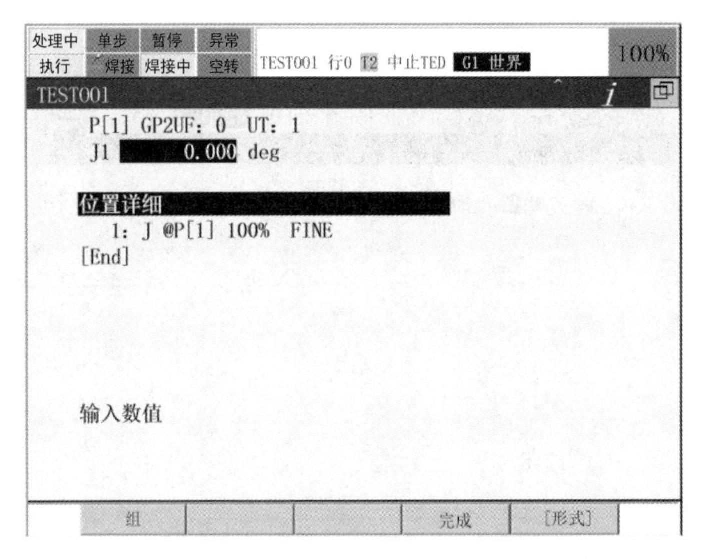

图 9-13 记录点动作组 2 的位置信息

RUN (程序名)

└── 希望执行的程序名

图 9-14 多轴控制指令

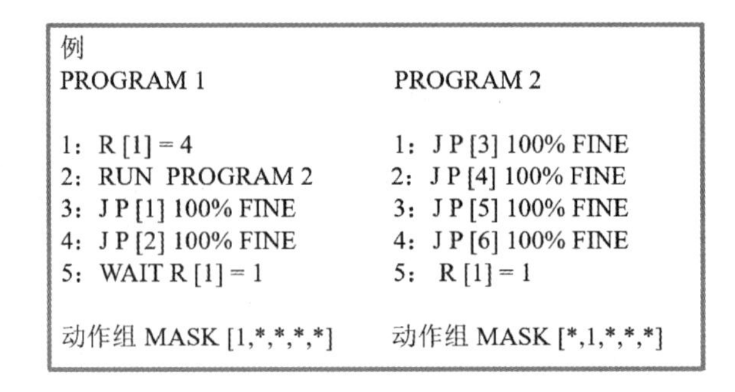
例

PROGRAM 1	PROGRAM 2
1: R [1] = 4	1: J P [3] 100% FINE
2: RUN PROGRAM 2	2: J P [4] 100% FINE
3: J P [1] 100% FINE	3: J P [5] 100% FINE
4: J P [2] 100% FINE	4: J P [6] 100% FINE
5: WAIT R [1] = 1	5: R [1] = 1
动作组 MASK [1,*,*,*,*]	动作组 MASK [*,1,*,*,*]

图 9-15 多轴控制指令应用

三、转移指令与位置补偿指令的使用

（一）转移指令

转移指令使程序的执行从程序某一行转移到其他行或者其他程序。转移指令有 4 类指令，分别是标签指令、程序结束指令、无条件转移指令和条件转移指令。

（1）标签指令。标签指令（LBL[i]）是用来表示程序的转移目的地的指令，如图 9-16 所示。标签可通过标签定义指令来定义。

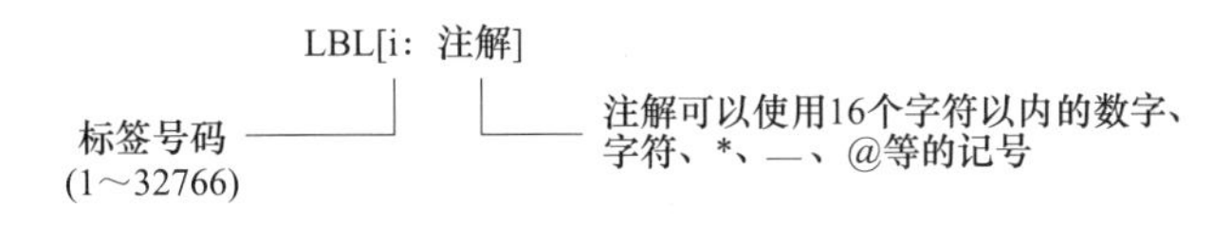

图 9-16　标签指令

为了说明标签，还可以追加注解。标签一旦被定义，就可以在条件转移和无条件转移中使用。标签指令中的标签号码，不能进行间接指定。将光标指向标签号码后按〈Enter〉键，即可输入注解。

（2）程序结束指令。程序结束指令（END）是用来结束程序执行的指令。若程序是由其他程序呼叫执行的，执行程序结束指令时，执行将返回呼叫源的程序。

（3）无条件转移指令。无条件转移指令一旦被执行，程序的执行必定会从程序的某一行转移到其他行或者其他程序。无条件转移指令有两类：跳跃指令，转移到所指定的标签；程序呼叫指令，转移到其他程序。

1）跳跃指令。跳跃指令（JMP LBL[i]）使程序的执行转移到相同程序内所指定的标签，如图 9-17 所示。

2）程序呼叫指令。程序呼叫指令（CALL（程序名））使程序的执行转移到其他程序（子程序）的第 1 行后执行该程序，如图 9-18 所示。被呼叫的程序执行结束时，返回到呼叫源程序（主程序）的程序呼叫指令下一行的指令。

图 9-17　跳跃指令　　图 9-18　程序呼叫指令

（4）条件转移指令。条件转移指令是一种逻辑判断指令，根据某一条件是否满足，从而决定程序的执行位置是否转移到指定行或其他指定程序，包括条件比较指令和条件选择指令。

1）条件比较指令。条件比较指令将寄存器的值、I/O 的值等和另外一方的值进行比较，若比较正确，就执行处理。几种条件比较指令如图 9-19~图 9-22 所示。

2）条件选择指令。条件选择指令由多个寄存器比较指令构成，将寄存器的值与几个值进行比较，选择正确的语句行，执行处理，如图 9-23 所示。

如果寄存器的值与其中一个值一致，则执行与该值相对应的跳跃指令或者子程序呼叫指令。

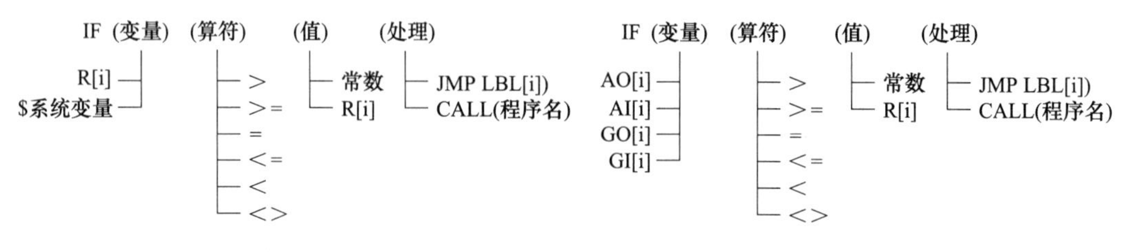

图 9-19　寄存器条件比较指令　　　　图 9-20　I/O 条件比较指令 1

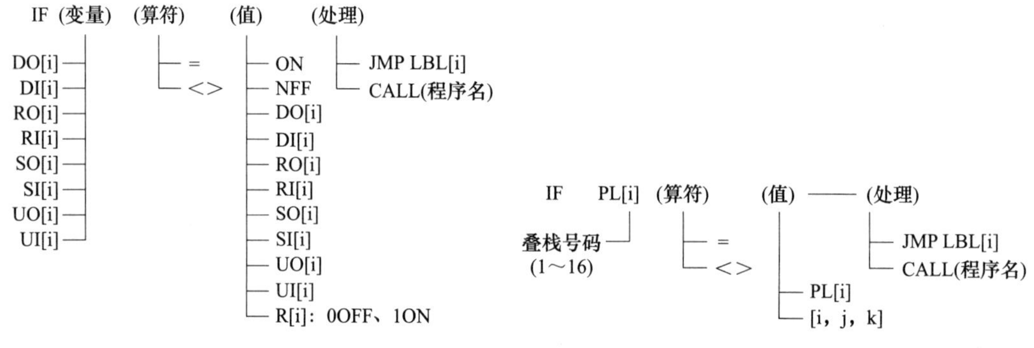

图 9-21　I/O 条件比较指令 2　　　　图 9-22　码垛寄存器条件比较指令

如果寄存器的值与任何一个值都不一致，则执行与 ELSE（其他）相对应的跳跃指令或者子程序呼叫指令。

（二）位置补偿条件指令和位置补偿指令

位置补偿条件指令预先指定位置补偿指令所使用的位置补偿条件，如图 9-24 所示。位置补偿条件指令需要在执行位置偏移指令前执行。曾被指定的位置补偿条件，在程序执行结束，或者执行下一个位置补偿条件指令之前有效。

图 9-23　条件选择指令　　　　图 9-24　位置补偿条件指令

位置寄存器指定偏移的方向和偏移量；位置数据为关节坐标值的情况下，使用关节的偏移量；位置数据为直角坐标值的情况下，指定作为基准的用户坐标系的用户坐标系号码。没有指定的情况下，使用当前所选的用户坐标系号码，如下。

```
1: OFFSET CONDITION PR[1]
2: J P[1]100% FINE
3: L P[2]500 mm/sec FINE OFFSET
```

四、离心式涡轮叶片焊接编程应用

离心式涡轮多用于离心泵、空气压缩机等设备中。叶片与涡轮盘的焊缝轨迹为弧线并且具有重复性。在没有变位机的情况下，机器人行走的轨迹为弧线，并且需要示教所有的关键点以保证轨迹与焊缝的吻合度。在焊接不同叶片时，机器人姿态都会发生改变，无法保证焊接的均一性。

实际上，叶片的曲线可以看作是直线运动与圆周运动的合成，如图 9-25 所示，即机器人 TCP 从距离圆心的某一点向外匀速直线运动，同时涡轮绕自身轴心做匀速圆周运动。单轴变位机实现工件的伺服旋转与机器人同步运动合成叶片轨迹，还可以将待焊接的叶片转动到统一位置，使机器人焊接不同叶片时始终能保持相同的焊接姿态，既简化了编程又提高了机器人工作效率。

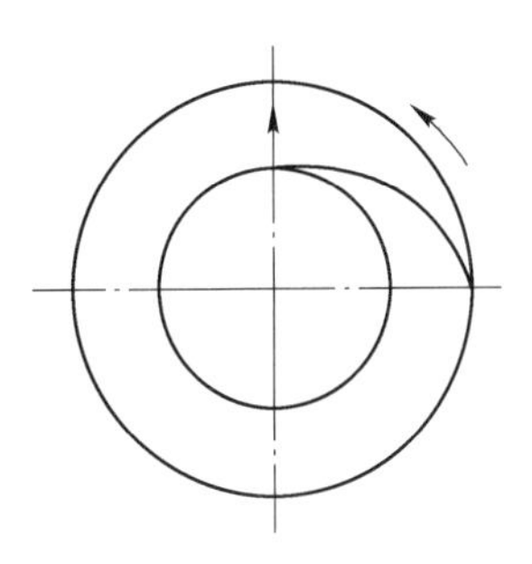

图 9-25　离心式涡轮叶片轨迹简图

创建机器人变位机联动程序（程序组掩码设置为双群组控制），完成的焊接程序如下。

程序	说明
1:J P[1:HOME]50% FINE	机器人与变位机同时回到 HOME 位置;
2:　PR[GP2:10]=JPOS	将变位机当前位置赋予位置寄存器 PR[10];
3:　PR[10]=PR[10]-PR[10]	位置寄存器数据清零,但是保留了记录对象及坐标形式;
4:　OFFSET CONDITION PR[10]	为偏移设置位置补偿条件 PR[10];
5:　R[1]=0	初始化数值寄存器 R[1];
6:　LBL[1]	设置标签,作为循环区间的起始位置;
7:J P[2]100% FINE Offset	焊接接近点,第一次执行时位置补偿条件为 0°,所以变位机的位置为初始示教位置;
8:L P[3]300 mm/sec FINE Offset	焊接开始点;
9:　Weld Start[1,1]	弧焊开始;
10:L P[4]200 cm/min FINE Offset	弧焊末端点;
11:　Weld End[1,1]	弧焊结束;
12:L P[5]500 mm/sec FINE Offset	焊接逃离点;
13: PR[GP2:10,1]=PR[GP2:10,1]+60	每完成一次焊接,位置寄存器将变位机轴的偏移条件增加 60°;
14:　R[1]=R[1]+1	每完成一次焊接,数值寄存器将增加 1;
15:　IF R[1]<6,JMP LBL[1]	判断焊接次数是否完成 6 次,没有跳回执行下一次焊接,完成则不再执行循环;
16:J P[1:HOME]100% FINE	机器人与变位机回到 HOME 位置。

第三节 双轴变位机焊接系统编程

双轴变位机比单轴变位机多了一个自由度，使得工件可以在不同的姿态下做回转运动。翻转和回转分别由两根轴驱动，夹持工件的工作台除能绕自身轴线回转外，还能绕另一根轴做倾斜或翻转运动。它可以将焊件上各种位置的焊缝调整到水平的或易焊位置施焊。常见的形式主要有 U 形变位机、C 形变位机、L 形变位机等，主要适用于焊缝路径与焊缝分布复杂的工件焊接。

一、双轴变位机的系统设置

机器人与双轴变位机组成的系统如图 9-26 所示。双轴变位机的两个轴同属于运动组 2，系统必须安装的软件是 Basic Positioner[H896] 和 Multi-group Motion[J601]，如果要实现变位机与机器人的协调动作可再追加 Coord Motion Package[J686]。软件安装完毕后，系统参数配置按照表 9-5 的内容进行。

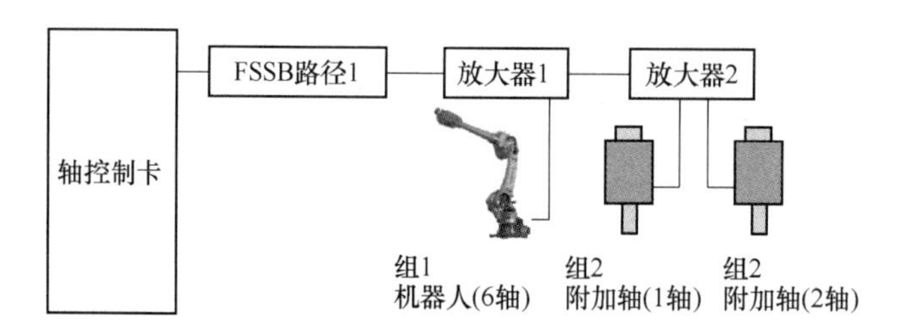

图 9-26 机器人与双变位机组成的系统

表 9-5 双轴变位机系统配置

运动组	FSSB 路径	硬件开始轴号码	放大器号码	FSSB 第 1 路径的总轴数
1	1	1	1	无须设定
2	1	7	2	无须设定

注：运动组 2 的抱闸号取决于抱闸线连接的抱闸口，一般为 2 号抱闸，2 号抱闸有两个抱闸口，可控制双轴变位机的两台伺服电机。

双轴变位机的设置步骤与单轴变位机相同，需要注意的是在添加完 1 轴后不要退出，应该在初始化界面中选择继续添加 2 轴，重复整个步骤设置 2 轴的参数。

二、机器人与变位机的协调设置

协调运动指的是机器人与变位机自始至终保持恒定的相对速度运动，自动规划工件与焊枪（机器人 TCP）同步运动的路径，自动调整工件的位置使机器人始终保持良好的焊接姿态。相比传统的同步运动，协调运动是在运动过程中使机器人与变位机保持恒定的相对速度，而不只是在起始点和终点使二者同步。协调控制的应用，大大简化了繁杂的编程记录工作，提高了机器人的工作效率。

（一）设置协调

按示教器上的 GROUP 键，将当前的活动群组坐标系切换至“G2 关节”。创建一个辅助程序（控制组 1 和组 2，组掩码设置保持默认），直接添加三条动作指令记录三点，如图 9-27 所示。

直接设置变位机的位置 P[1] 点为（-31°，0°），P[2] 点为（0°，0°），P[3] 点为（31°，0°）。

【注意】

角度差必须大于 30°。

（1）按示教器上的〈MENU〉键，选择“设置”→“协调”，进入“设置协调”界面，如图 9-28 所示。

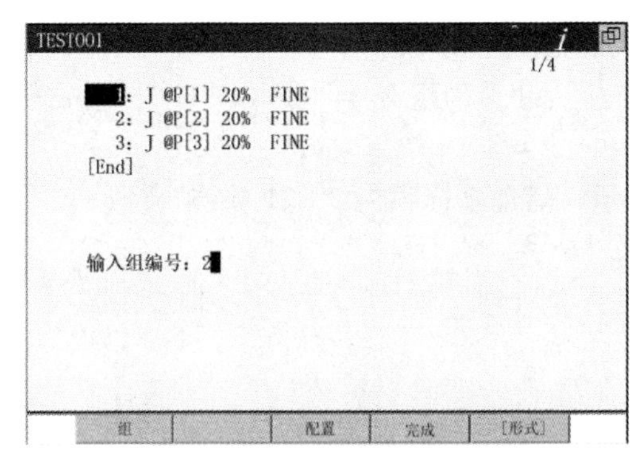

图 9-27　添加三条动作指令记录三点

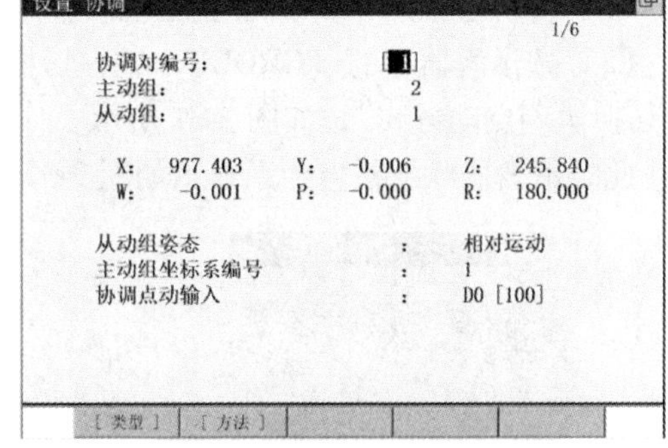

图 9-28　“设置协调”界面

（2）将主动组设置为组 2，从动组设置为组 1，从动组姿态设置为相对运动，即机器人配合变位机进行耦合运动。

（3）按〈F2〉键打开“方法”菜单，选择“变位机类型”，当前轴编号为 1（共计：2），即校准的是变位机的 1 轴。

（4）在变位机的工件夹具托盘上做一个合适的尖点记号，执行开始创建的辅助程序，使变位机运行到 P[1] 点。

（5）切换活动组，点动机器人，使 TCP 对准尖点记号，在图 9-29 所示界面中按〈Shift〉+〈F5〉键记录。

（6）使变位机分别运动到剩余两个点，按照上述方法进行记录。变位机 1 轴便校准完毕。

（7）将轴编号改为 2，如图 9-30 所示，开始校准变位机 2 轴。

（8）修改辅助程序的三个点位置数据：P[1] 点为（0°，-31°），P[2] 点为（0°，0°），P[3] 点为（0°，31°）。

（9）按照校准 1 轴的方法校准 2 轴。

（10）记录完两个轴共 6 个参照点后，按〈F3〉键选择“执行”，设置协调完成，系统重新启动后会自动生效。

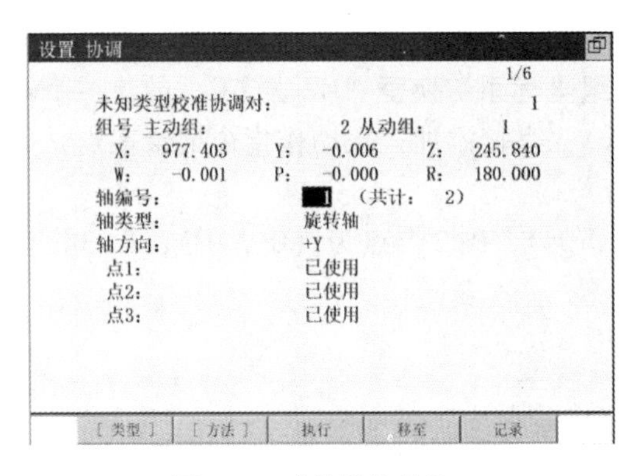

图 9-29 当前轴编号为 1

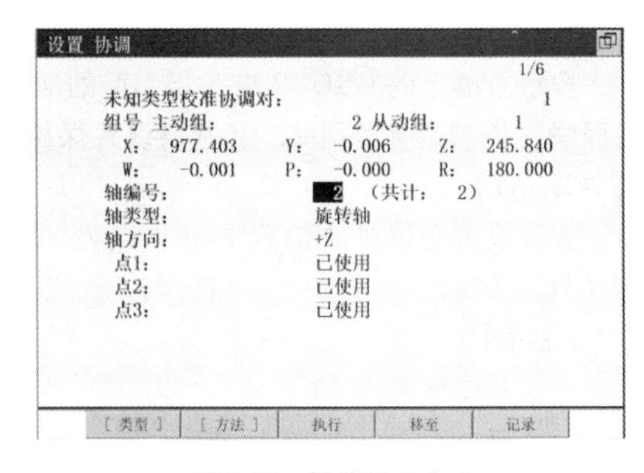

图 9-30 轴编号改为 2

（二）协调控制检验

（1）将机器人的 TCP 对准变位机两轴夹具托盘上任意一点。

（2）按示教器上的〈GROUP〉键，切换当前活动组为组 2。再按〈FCTN〉键，选择“8 切换协调点动方式”，如图 9-31 所示。

此时示教器状态栏坐标系显示如图 9-32 所示，活动坐标系为“C21 关节”。

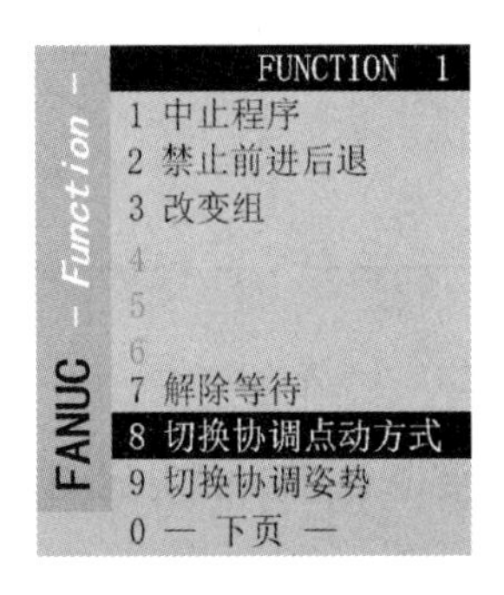

图 9-31 选择“8 切换协调点动方式”

TEST001 行0 T2 中止TED C21 关节

图 9-32 活动坐标系为“C21 关节”

（3）点动变位机的一轴或者两轴，观察机器人是否与变位机一起进行协调运动（TCP 的姿势和位置相对于变位机两轴始终不变）。如果符合，则证明设置成功。

三、含多个管路接头的箱体焊接编程应用

箱体工件如图 9-33 所示，箱体拥有四条连接外部的管路，每个接头与箱体之间的圆形结合处需要焊接进行组合。将工件固定在双轴变位机仿真焊接工作站变位机两轴的回转托盘上。

从图 9-33 工件外形可知，每条焊缝虽然是圆形，但是并不与变位机任何一个回转中心重合，所以不能单单依靠变位机某一轴回转完成焊接。此时，就需要使用机器人与变位机的协调运动机制，二者运动发生耦合，合成焊缝轨迹。

图 9-33 箱体工件

在协调模式下编程与一般情况下编程基本相同，可以假设成机器人的用户坐标系跟随变位机的运动而变化。机器人相对变位机的关系可以用人在高铁上的情形进行类比，虽然在高速行驶的列车上，但是人要完成走直线或者走曲线并不会受到列车运动的影响。

其中一条焊缝的焊接程序如下。

```
1: CALL HOME                                  机器人与变位机回到 HOME 点;
2:L P[1]500 mm/sec FINE COORD[2]              机器人到达焊接接近点;
3:L P[2]200 mm/sec FINE COORD[2]              焊接开始点;
 :    Weld Start[1,1]
4:C P[3]                                      焊接中间点;
 :  P[4]100 mm/sec CNT10 COORD[2]
5:C P[5]
 :  P[6]100 mm/sec CNT10 COORD[2]
6:C P[7]
 :  P[8]100 mm/sec CNT10 COORD[2]
7:C P[9]                                      P[10]为焊接结束点;
 :  P[10]100 mm/sec FINE COORD[2]
 :    Weld End[1,1]
8:L P[11]500 mm/sec FINE COORD[2]             机器人到达焊接逃离点;
9:  CALL HOME                                 机器人与变位机回到 HOME 点。
```

在动作指令的后方加入附加指令协调指令“COORD”或者协调先导指令“COORD[...]”，目的是让机器人 TCP 与变位机进行协调运动。

按照相同的方法示教其他三条焊缝的焊接程序。

第四节　行走轴焊接系统编程

行走轴主要由地面固定直线导轨和安装机器人的行走车两部分构成。行走轴的运动方向可以设置为机器人世界坐标系 X、Y、Z 轴的任意一个方向。带有行走轴的焊接机器人适用于大型工件超长焊缝的焊接、大型工件焊缝分布范围广以及一机多工作台焊接等场景。

一、行走轴的系统设置

不同于变位机的是行走轴属于机器人动作组，如图 9-34 所示，需要安装的软件是 Extended Axis Control[J51]，安装完成后就可以进行系统设置。系统参数配置按照表 9-6 的内容进行。

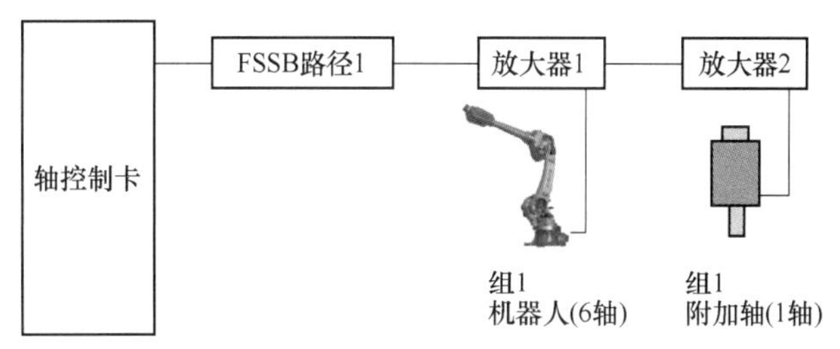

图 9-34　单机+行走轴系统

表 9-6 行走系统参数配置

运动组	FSSB 路径	硬件开始轴号码	放大器号码	FSSB 第 1 路径的总轴数
1	1	7	2	无须设定

注：运动组 1 的抱闸号取决于抱闸线连接的抱闸口，一般为 1 号抱闸。

行走轴设置步骤如下所示。

（1）执行控制开机操作。在按住〈PREV〉（返回）键和〈NEXT〉（下一页）键的同时，接通电源。然后选择“3：Controlled Start”控制开机。

（2）按下示教器的〈MENU〉（主菜单）键，选择“9：MAINTENANCE”。将光标移动至“Extended Axis Control”并按〈F4〉键选择“Manual”。

（3）将行走轴添加到机器人组，输入 1 选择“1. Group 1”。

（4）设置开始轴号，输入 7。

（5）选择“2：Add Ext axes”添加轴。

（6）设置要增加几个行走轴，输入 1 确认添加 1 轴。

（7）输入“1：Standard Method”，用标准方法设定电机。

（8）选择电机的型号。此页显示种类不完整，输入 0 选择“0：Next page”，可查看下一页。以“ai S8”为例，输入 62。

（9）选择电机转速，输入 11。

（10）设置电机的最大电流控制值，输入 7。

（11）选择附加轴的类型。

Intergrated：将附加轴的位移量累加到机器人坐标上，即移动附加轴世界坐标系不会改变。

Auxiliary：不将附加轴的位移量累加到机器人坐标上，即移动附加轴时世界坐标系和机器人一起移动。

Linear axis：直线轴；

Rotary axis：旋转轴。

输入 1。

（12）设置附加轴安装方向相对于世界坐标系哪个轴平行，输入 2 使机器人可在 Y 轴方向平移。

（13）输入齿轮减速比，以 100 为例。

（14）附加轴最大速度设定。

1：修改，2：不修改。

输入 2 使用默认值。

（15）设置附加轴相对于电机的方向。若附加轴相对电机正转的可动方向为正，输入“1：TRUE”；若为负，输入“2：FALSE”。

（16）设置轴移动的上限，以 4 m 导轨为例，输入 2000。

（17）设置轴移动的下限，输入-2000。

（18）设置轴的零点，输入0。

（19）设置轴的第一、第二加减速时间常数，可自行设定或使用建议值。输入2：不修改。

（20）设置最小加减速时间常数，输入2：不修改。

（21）设置相对电机转子的惯量比。不设置(“0：None”）输入0，若设置请输入1~5的数。

（22）设置放大器号码，输入2。

（23）设置放大器种类，输入2。

（24）设置抱闸号，输入2。

（25）选择伺服自动关启用。有效的情况下，选择“1：Enable”，输入自动关闭延迟时间；不使用的情况下选择“2：Disable”。

（26）输入4：退出。

（27）输入0：退出。

（28）按〈FCIN〉键，选择“1START（COLD）”，系统将执行冷启动。

（29）冷启动完成后，行走轴需要进行脉冲复位和校准零点，完成后才可以进行示教编程。

二、汽车框架多焊点编程应用

汽车制造是工业机器人应用最为广泛的领域之一，整车制造流水线中使用的机器人类型包括焊接、喷涂、组装等。汽车某些整体框架较大，焊点分布较广，行走轴系统的应用解决了焊接机器人数量不足的情况下，使用单机器人对整体框架的焊接作业。

（一）点动行走轴

当前活动坐标系为“G1”时，如图9-35所示，按示教器的-J7或者+J7键左右移动行走轴。

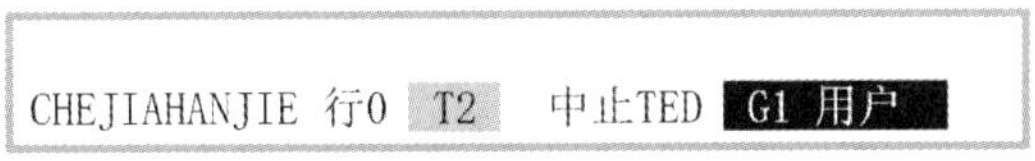

CHEJIAHANJIE 行0 T2 中止TED G1 用户

图9-35　当前活动坐标系为“G1”

当前活动坐标系为“G1 S”时，如图9-36所示，按示教器的-J1或者+J1键左右移动行走轴。

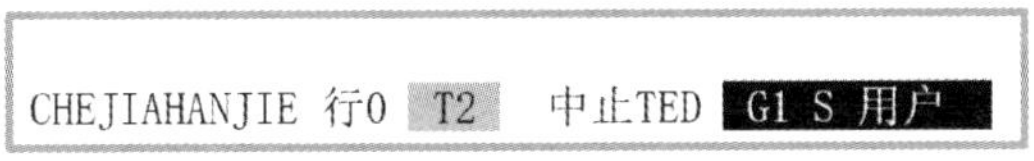

CHEJIAHANJIE 行0 T2 中止TED G1 S 用户

图9-36　当前活动坐标系为“G1 S”

（二）查看和修改记录点中行走轴的位置数据

记录点位置信息界面如图9-37所示，按〈F2〉键选择“页面”，则会显示行走轴的当前位置，直接输入数值可进行修改，如图 9-38 所示。

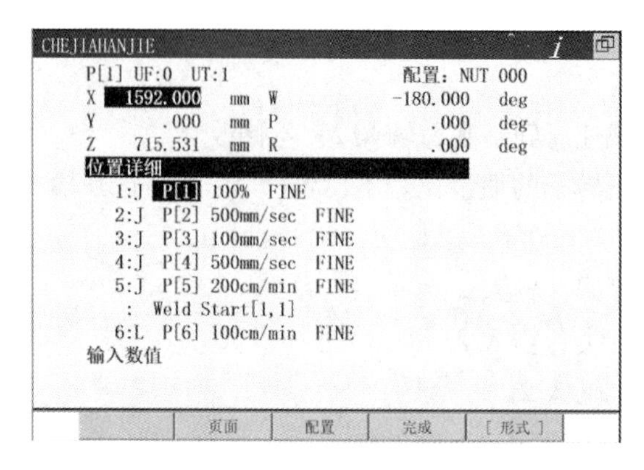

图 9-37 记录点位置信息

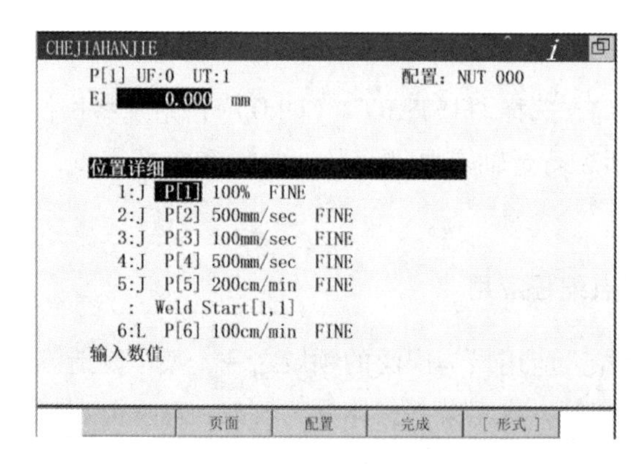

图 9-38 行走轴位置数据

（三）机器人行走轴联动焊接的示教编程

1:J P[1]100% FINE （机器人处于 HOME 位置）
2:L P[2]500 mm/sec FINE （开始趋近焊接位置）
3:L P[3]100 mm/sec FINE （调整焊枪姿态）
4:L P[4]500 mm/sec FINE （到达焊接位置的接近点）
5:L P[5]200 cm/min FINE （到达焊接位置）
: Weld Start[1,1] （开始焊接）
6:L P[6]100 cm/min FINE （焊缝末端）
: Weld End[1,1] （结束焊接）
7:L F[7]500 mm/sec FINE （离开焊接位置）
8:L P[1]500 mm/sec FINE （回到 HOME 点）
9:J P[14]100% FINE （导轨运动使机器人整体移动到下一个便于焊接的位置）（下面过程与上面类似，只是位置发生了变动。）
10:L F[8]500 mm/sec FINE
11:L P[9]100 mm/sec FINE
12:L P[10]500 mm/sec FINE
13:L P[11]200 cm/min FINE

```
  :  Weld start[1,1]
14:L P[12]100 cm /min FINE
  :  Weld End[1,1]
15:L P[13]500 mm/sec FINE
16:L P[14]500 mm/sec FINE
17:J P[1]100% FINE
```

第五节　实　　训

协调功能不仅适用于机器人与变位机之间，也适用于机器人与机器人之间，组成多手臂的协调控制系统。

选择合适的机器人（M-10iA 系列，两组机器人的型号最好相同），设置机器人的协调功能，以第 2 组为主导。在第 2 组手臂末端安装一个篮球，用第 1 组机器人的末端 TCP 刻画篮球线。

参 考 文 献

[1] 李清江，蒋莉，张宇．工业机器人离线编程与仿真［M］．北京：化学工业出版社，2022.
[2] 李艳晴，林燕文．工业机器人现场编程（FANUC）［M］．北京：人民邮电出版社，2018.
[3] 张明文．工业机器人离线编程与仿真（FANUC 机器人）［M］．北京：人民邮电出版社，2020.
[4] 胡毕富，陈南江，林燕文．工业机器人离线编程与仿真（Robot Studio）［M］．北京：高等教育出版社，2019.
[5] 张玲玲，姜凯．FANUC 工业机器人仿真与离线编程［M］．北京：电子工业出版社，2019.
[6] 陈南江，郭炳宇，林燕文．工业机器人离线编程与仿真（ROBOGUIDE）［M］．北京：人民邮电出版社，2018.
[7] 双元教育．工业机器人离线编程与仿真［M］．北京：高等教育出版社，2018.
[8] 林燕文，陈南江，许文稼．工业机器人技术基础［M］．北京：人民邮电出版社，2019.
[9] 黄维，余攀峰．FANUC 工业机器人离线编程与应用［M］．北京：机械工业出版社，2020.
[10] 林燕文，陈伟国，程振中．工业机器人编程与仿真［M］．北京：高等教育出版社，2020.
[11] 黄忠慧．工业机器人现场编程（FANUC）［M］．北京：高等教育出版社，2018.
[12] 张明文．工业机器人编程操作（FANUC 机器人）［M］．北京：人民邮电出版社，2020.
[13] 宋云艳，周佩秋．工业机器人离线编程与仿真［M］．北京：机械工业出版社，2017.
[14] 叶晖．工业机器人典型应用案例精析［M］．北京：机械工业出版社，2013.
[15] 孟庆波．工业机器人离线编程（FANUC）［M］．北京：高等教育出版社，2018.